안전관리책임자
안전담당부서
산업안전관리자
PSM담당자
관리감독자

Process Safety Management

공정안전보고서PSM
공정안전자료 작성실무

차유미 · 홍은주 · 노병우 · 강양현 공저

라온안전
SAFETY PLANNING & MANAGEMENT

지오북스

안전관리헌장

오늘날 우리는 태풍·지진·화재·교통사고·전염병 등 갖가지 예측하기 어려운 재난으로부터 안전을 위협받고 있다.

재난은 언제 어디서나 일어날 수 있다는 것을 깊이 인식하고, 국민의 생명과 재산을 보호하기 위해 정부와 기관·단체 그리고 학교와 기업은 안전관리에 앞장서 노력하여야 하며, 국민 모두는 스스로 참여하고 협력하여야 한다.

우리의 번영은 안전문화의 터전 위에서 이루어지며, 안전을 위한 노력과 투자는 우리와 후손의 행복을 위한 것이다. 이에 우리는 안전한 국가를 지향하는 새로운 가치관을 정립하고 성실한 실천을 다짐한다.

Ⅰ. 국가, 지방자치단체, 공공기관·단체, 기업 그리고 국민은 모든 일에서 안전을 최우선으로 고려한다.

Ⅰ. 가정, 학교, 직장 그리고 사회의 각 분야에서 교육과 홍보를 통하여 안전관리를 생활화하도록 한다.

Ⅰ. 위험에 대한 정보를 신속하고 정확하게 제공하여 미리 안전을 확보할 수 있도록 한다.

Ⅰ. 국가기반체계는 각종 재난으로부터 안전하게 보호되어야 한다.

Ⅰ. 생활 주변 시설과 사업장 그리고 위험지역은 안전하게 관리되어야 한다.

Ⅰ. 자원봉사 기관, 자원봉사자, 시민단체 그리고 전문가의 협력을 통하여 안전관리의 효율을 높인다.

Ⅰ. 과학적 안전관리를 위한 연구에 힘쓰고 안전산업을 육성한다.

PREFACE

“라온은 ‘즐거운’, ‘기쁜’이라는 뜻의 순수 우리말로 산업안전 전문 컨설팅 및 교육 서비스를 통해 귀사의 미래에 즐거움과 기쁨을 선사하고자 하는 바람을 담았습니다. PSM · 장외영향평가 · 폭발위험장소설정 관련 다년간의 실무경험과 전문자격을 가진 컨설턴터들의 탁월한 기술력과 노하우로 산업안전, 환경 분야 등 다방면의 컨설팅을 진행합니다. 고객의 니즈(needs)와 만족을 최고의 가치로 삼고 라온(LAON)만의 전문성과 차별화된 시스템을 통해 최고의 솔루션을 제공함으로써 무한 신뢰의 파트너십(Partnership)을 형성하겠습니다”

위의 문장은 「라온안전」을 설립하고 컨설팅을 하기 위한 저의 기본다짐을 담은 의미로서 항상 변하지 않을 기본자세를 의미합니다. 또한 이 책을 준비하고 자료를 수집하면서, 그동안 현장의 자체감사 과정에서 공정안전 자료와 관련된 지적사항을 정리하였기 때문에 PSM 담당자에게 많은 도움이 될 것을 확신합니다. 이 자료는 산업안전보건법에 따라 정기적으로 실시되는 이행상태평가에 대비하기 위한 참고자료로 활용이 가능합니다. 또한 보다 다양한 항목별의 자세한 사항은 관련 KOSHA 지침서를 활용하면 많은 이해가 될 것입니다. 그동안 지적사항을 정리하고 동고동락하는 라온안전의 모든 직원에게 감사의 인사를 드리고, 특히 존경하는 강양현 박사님의 자문과 지도에 의미 있는 감사를 드립니다.

끝으로 이 책이 모든 사업장의 산업재해를 예방하는 데 도움이 되기를 간절히 기원합니다.

2021년 9월

라온안전 대표 차유미

CONTENTS

CHAPTER 01

공정안전보고서(PSM)

제1장에서는 공정안전보고서의 법령 근거를 확인하여 공정안전보고서에 대한 전체적인 관계를 이해하고 필요 시 참고하도록 하였다.

1. 개요

1.1 "공정안전관리(PSM, Process Safety Management)"란 중대산업사고를 야기할 가능성이 있는 공정·설비들을 체계적이고 지속적으로 관리하기 위해 사업주가 잠재된 사고의 위험요인을 사전에 발굴·제거하여 중대산업사고를 체계적으로 예방하는 제도를 말한다.

1.2 "공정안전관리 사업장"이란 산업안전보건법(이하 "법"이라 한다) 제49조의2에 따른 공정안전보고서를 작성·제출한 사업장을 말한다.

1.3 "중대산업사고예방센터(이하 '중방센터'라 한다)"란 법 제49조의2에 따라 중대산업사고를 예방하기 위해 지방고용노동관서(이하 "지방관서"라 한다) 근로감독관과 한국산업안전보건공단(이하 "공단"이라 한다) 직원으로 구성된 조직을 말하며,「화학재난 합동방재센터의 설치 및 운영에 관한 규정」(고용노동부훈령 제106호, 이하 "방재센터 운영규정"이라 한다)에서는 "산업안전팀"으로 칭한다.

1.4 "공정안전보고서 자체감사"라 함은 사업장에서 작성한 공정안전보고서 내용을 공정안전보고서의 자체감사 지침에 따라 각 담당 부서에서 성실히 이행하고 있는지 여부를 사업장 스스로 주기적으로 확인하는 것을 말한다.

1.5 그 밖에 이 예규에서 사용하는 용어의 뜻은 이 예규에 특별한 규정이 없으면 법, 「산업안전보건법 시행령」(이하 "영"이라 한다),「산업안전보건법 시행규칙」(이하 "규칙"이라 한다), 「산업안전보건기준에 관한 규칙」(이하 "안전보건규칙"이라 한다), 방재센터 운영규정에서 정하는 바에 따른다.

2. 산업안전보건법령과 공정안전보고서

1.1 산업안전보건법

1) 제 4조 : 정부의 책무

정부는 산업재해를 예방하고 쾌적한 작업환경을 조성함으로써 근로자의 안전과 보건을 유지 · 증진함을 위하여 "사업장에 대한 재해 예방 지원 및 지도"를 이행하여야 한다.

2) 제44조(공정안전보고서의 제출 등)

① 대통령령으로 정하는 유해 · 위험설비를 보유한 사업장의 사업주는 그 설비로부터의 위험물질 누출, 화재, 폭발 등으로 인하여 사업장 내의 근로자에게 즉시 피해를 주거나 사업장 인근지역에 피해를 줄 수 있는 사고로서 대통령령으로 정하는 사고(이하 이 조에서 "중대산업사고"라고 한다)를 예방하기 위하여 대통령령으로 정하는 바에 따라 공정안전보고서를 작성하여 고용노동부 장관에게 제출하여 심사를 받아야 한다. 이 경우 공정안전보고서의 내용이 중대산업사고를 예방하기 위하여 적합하다고 통보받기 전에는 관련 설비를 가동하여서는 아니 된다.

② 사업주는 공정안전보고서를 작성할 때에는 산업안전보건위원회의 심의를 거쳐야 한다. 다만, 산업안전보건위원회가 설치되어 있지 아니한 사업장의 경우에는 근로자대표의 의견을 들어야 한다.

③ 고용노동부 장관은 제출받은 공정안전보고서를 고용노동부령으로 정하는 바에 따라 심사하여야 하며, 근로자의 안전 및 보건의 유지 · 증진을 위하여 필요하다고 인정하는 경우에는 그 공정안전보고서의 변경을 명할 수 있다.

④ 고용노동부 장관은 제출받은 공정안전보고서를 심사한 결과 그 내용이 중대산업사고를 예방하기 위하여 적합하다고 인정하는 경우 사업주에게 그 결과를 서면으로 통보하여야 한다.

⑤ 사업주는 공정안전보고서의 심사 결과를 통보받으면 그 공정안전보고서를 사업장에 갖추어 두어야 한다.

⑥ 사업주는 고용노동부령으로 정하는 바에 따라 공정안전보고서 내용의 실제 이행 여부에 대한 고용노동부 장관의 확인을 받아야 한다.

⑦ 사업주와 근로자는 공정안전보고서의 내용을 지켜야 한다.

⑧ 사업주는 사업장에 갖춰 둔 공정안전보고서의 내용을 변경하여야 할 사유가 발생한 경우에는 지체 없이 이를 보완하여야 한다.

⑨ 고용노동부 장관은 고용노동부령으로 정하는 바에 따라 공정안전보고서의 이행 상태를 정기적으로 평가할 수 있다.

⑩ 고용노동부 장관은 공정안전보고서의 이행 상태를 평가한 결과 보완 상태가 불량한 사업장의 사업주에게는 공정안전보고서를 다시 제출하도록 명할 수 있다.

1.2 산업안전보건법 시행령

1) 제43조(공정안전보고서의 제출 대상)

① 법 제44조에서 "대통령령으로 정하는 유해 · 위험설비"란 다음 각호의 어느 하나에 해당하는 사업을 하는 사업장의 경우에는 그 보유설비를 말하고, 그 외의 사업을 하는 사업장의 경우에는 별표 10에 따른 유해 · 위험물질 중 하나 이상을 같은 표에 따른 규정량 이상 제조 · 취급 · 저장하는 설비 및 그 설비의 운영과 관련된 모든 공정 설비를 말한다.

(1) 원유 정제처리업
(2) 기타 석유정제물 재처리업
(3) 석유화학계 기초화학물질 제조업 또는 합성수지 및 기타 플라스틱 물질 제조업. 다만, 합성수지 및 기타 플라스틱 물질 제조업은 별표 10의 제1호 또는 제2호에 해당하는 경우로 한정한다.
(4) 질소, 인산 및 칼리질 비료 제조업(인산 및 칼리질 비료 제조업에 해당하는 경우는 제외한다)
(5) 복합비료 제조업(단순혼합 또는 배합에 의한 경우는 제외한다)
(6) 농약 제조업(원제 제조만 해당한다)
(7) 화약 및 불꽃제품 제조업

② 법 제44조에서 "대통령령으로 정하는 사고"란 다음 각호의 어느 하나에 해당하는 사고를 말한다.

(1) 근로자가 사망하거나 부상을 입을 수 있는 제1항에 따른 설비(제2항에 따른 설비는 제외한다. 이하 제2호에서 같다)에서의 누출 · 화재 · 폭발 사고
(2) 인근지역의 주민이 인적 피해를 입을 수 있는 제1항에 따른 설비에서의 누출 · 화

재 · 폭발 사고

2) 제44조(공정안전보고서의 내용)

법 제44조 제1항 전단에 따른 공정안전보고서에는 다음 각호의 사항이 포함되어야 한다.

① 공정안전자료
② 공정위험성 평가서
③ 안전운전계획
④ 비상조치계획
⑤ 그 밖에 공정상의 안전과 관련하여 고용노동부 장관이 필요하다고 인정하여 고시하는 사항

3) 제45조(공정안전보고서의 제출)

① 사업주는 제43조에 따른 유해 · 위험설비를 설치(기존 설비의 제조 · 취급 · 저장 물질이 변경되거나 제조량 · 취급량 · 저장량이 증가하여 별표 10에 따른 유해 · 위험물질 규정량에 해당하게 된 경우를 포함한다) · 이전하거나 고용노동부 장관이 정하는 주요 구조 부분을 변경할 때에는 고용노동부령으로 정하는 바에 따라 법 제44조 1항 전단에 따른 공정안전보고서를 작성하여 고용노동부 장관에게 제출하여야 한다. 이 경우 「화학물질관리법」에 따라 사업주가 제출하여야 하는 같은 법 제23조에 따른 유해화학물질 화학사고 장외영향평가서(이하 이 항에서 "장외영향평가서"라 한다) 또는 같은 법 제41조에 따른 위해관리계획서(이하 이 항에서 "위해관리계획서" 라고 한다)의 내용이 제44조에 따라 공정안전보고서에 포함시켜야 할 사항에 해당하는 경우에는 그 해당 부분에 대해서 장외영향평가서 또는 위해관리계획서 사본의 제출로 갈음할 수 있다.

② 제1항의 경우에 제출하여야 할 공정안전보고서가 「고압가스 안전관리법」 제2조에 따른 고압가스를 사용하는 단위공정 설비에 관한 것인 경우로서 해당 사업주가 같은 법 제11조에 따른 안전관리규정과 같은 법 제13조의2에 따른 안전성향상계획을 작성하여 공단 및 같은 법 제28조에 따른 한국가스안전공사가 공동으로 검토 · 작성한 의견서를 첨부하여 허가 관청에 제출한 경우에는 해당 단위공정 설비에 관한 공정안전보고서를 제출한 것으로 본다.

4) 시행령 [별표 10] : 유해 · 위험물질 규정량(제43조제1항 관련)

번호	유해 · 위험물질	규정량(kg)
1	인화성 가스	제조 · 취급 : 5,000(저장 : 200,000)
2	인화성 액체	제조 · 취급 : 5,000(저장 : 200,000)
3	메틸 이소시아네이트	제조 · 취급 · 저장 : 1,000
4	포스겐	제조 · 취급 · 저장 : 500
5	아크릴로니트릴	제조 · 취급 · 저장 : 10,000
6	암모니아	제조 · 취급 · 저장 : 10,000
7	염소	제조 · 취급 · 저장 : 1,500
8	이산화황	제조 · 취급 · 저장 : 10,000
9	삼산화황	제조 · 취급 · 저장 : 10,000
10	이황화탄소	제조 · 취급 · 저장 : 10,000
11	시안화수소	제조 · 취급 · 저장 : 500
12	불화수소(무수불산)	제조 · 취급 · 저장 : 1,000
13	염화수소(무수염산)	제조 · 취급 · 저장 : 10,000
14	황화수소	제조 · 취급 · 저장 : 1,000
15	질산암모늄	제조 · 취급 · 저장 : 500,000
16	니트로글리세린	제조 · 취급 · 저장 : 10,000
17	트리니트로톨루엔	제조 · 취급 · 저장 : 50,000
18	수소	제조 · 취급 · 저장 : 5,000
19	산화에틸렌	제조 · 취급 · 저장 : 1,000
20	포스핀	제조 · 취급 · 저장 : 500
21	실란(Silane)	제조 · 취급 · 저장 : 1,000
22	질산(중량 94.5% 이상)	제조 · 취급 · 저장 : 50,000
23	발연황산(삼산화황 중량 65% 이상 80% 미만)	제조 · 취급 · 저장 : 20,000
24	과산화수소(중량 52% 이상)	제조 · 취급 · 저장 : 10,000
25	톨루엔 디이소시아네이트	제조 · 취급 · 저장 : 2,000
26	클로로술폰산	제조 · 취급 · 저장 : 10,000
27	브롬화수소	제조 · 취급 · 저장 : 10,000

번호	유해 · 위험물질	규정량(kg)
28	삼염화인	제조 · 취급 · 저장 : 10,000
29	염화 벤질	제조 · 취급 · 저장 : 2,000
30	이산화염소	제조 · 취급 · 저장 : 500
31	염화 티오닐	제조 · 취급 · 저장 : 10,000
32	브롬	제조 · 취급 · 저장 : 1,000
33	일산화질소	제조 · 취급 · 저장 : 10,000
34	붕소 트리염화물	제조 · 취급 · 저장 : 10,000
35	메틸에틸케톤과산화물	제조 · 취급 · 저장 : 10,000
36	삼불화 붕소	제조 · 취급 · 저장 : 1,000
37	니트로아닐린	제조 · 취급 · 저장 : 2,500
38	염소 트리플루오르화	제조 · 취급 · 저장 : 1,000
39	불소	제조 · 취급 · 저장 : 500
40	시아누르 플루오르화물	제조 · 취급 · 저장 : 2,000
41	질소 트리플루오르화물	제조 · 취급 · 저장 : 20,000
42	니트로 셀롤로오스(질소 함유량 12.6% 이상)	제조 · 취급 · 저장 : 100,000
43	과산화벤조일	제조 · 취급 · 저장 : 3,500
44	과염소산 암모늄	제조 · 취급 · 저장 : 3,500
45	디클로로실란	제조 · 취급 · 저장 : 1,000
46	디에틸 알루미늄 염화물	제조 · 취급 · 저장 : 10,000
47	디이소프로필 퍼옥시디카보네이트	제조 · 취급 · 저장 : 3,500
48	불산(중량 10% 이상)	제조 · 취급 · 저장 : 10,000
49	염산(중량 20% 이상)	제조 · 취급 · 저장 : 20,000
50	황산(중량 20% 이상)	제조 · 취급 · 저장 : 20,000
51	암모니아수(중량 20% 이상)	제조 · 취급 · 저장 : 50,000

비고

1. "인화성 가스"란 인화한계 농도의 최저한도가 13% 이하 또는 최고한도와 최저한도의 차가 12% 이상인 것으로서 표준압력(101.3kPa)에서 20℃에서 가스 상태인 물질을 말한다.
2. 인화성 가스 중 사업장 외부로부터 배관을 통해 공급받아 최초 압력조정기 후단 이후의 압력이 0.1 MPa(계기압력) 미만으로 취급되는 사업장의 연료용 도시가스(메탄 중량성분 85% 이상으로 이 표에

따른 유해·위험물질이 없는 설비에 공급되는 경우에 한정한다)는 취급 규정량을 50,000 kg으로 한다.

3. 인화성 액체란 표준압력(101.3kPa)에서 인화점이 60℃ 이하이거나 고온 · 고압의 공정운전조건으로 인하여 화재 · 폭발위험이 있는 상태에서 취급되는 가연성 물질을 말한다.
4. 인화점의 수치는 태그밀폐식 또는 펜스키마르테르식 등의 밀폐식 인화점 측정기로 표준압력(101.3 kPa)에서 측정한 수치 중 작은 수치를 말한다.
5. 유해 · 위험물질의 규정량이란 제조 · 취급 · 저장 설비에서 공정과정 중에 저장되는 양을 포함하여 하루 동안 최대로 제조 · 취급 또는 저장할 수 있는 양을 말한다.
6. 규정량은 화학물질의 순도 100%를 기준으로 산출하되, 농도가 규정되어 있는 화학물질은 그 규정된 농도를 기준으로 한다.
7. 사업장에서 다음 각 목의 구분에 따라 해당 유해 · 위험물질을 그 규정량 이상 제조 · 취급 · 저장하는 경우에는 유해 · 위험설비로 본다.
   가. 한 종류의 유해 · 위험물질을 제조 · 취급 · 저장하는 경우 : 해당 유해 · 위험물질의 규정량 대비 하루 동안 제조 · 취급 또는 저장할 수 있는 최대치 중 가장 큰 값($\frac{C}{T}$)이 1 이상인 경우
   나. 두 종류 이상의 유해 · 위험물질을 제조 · 취급 · 저장하는 경우 : 유해 · 위험물질별로 가목에 따른 가장 큰 값($\frac{C}{T}$)을 각각 구하여 합산한 값(R)이 1 이상인 경우, 그 계산식은 다음과 같다.

$$R=\frac{C_1}{T_1}+\frac{C_2}{T_2}\cdots$$

주) Cn : 유해 · 위험물질별(n) 규정량과 비교하여 하루 동안 제조 · 취급 또는 저장할 수 있는 최대치 중 가장 큰 값

Tn : 유해 · 위험물질별(n) 규정량

8. 가스를 전문으로 저장 · 판매하는 시설 내의 가스는 이 표의 규정량 산정에서 제외한다.

1.3 산업안전보건법 시행규칙

1) 제50조(공정안전보고서의 세부 내용 등)

공정안전보고서에 포함하여야 할 세부 내용은 다음 각호와 같다.

① 공정안전자료

가. 취급 · 저장하고 있거나 취급 · 저장하려는 유해 · 위험물질의 종류 및 수량

나. 유해 · 위험물질에 대한 물질안전보건자료

다. 유해 · 험설비의 목록 및 사양

라. 유해 · 위험설비의 운전방법을 알 수 있는 공정도면

마. 각종 건물 · 설비의 배치도

바. 폭발위험장소 구분도 및 전기단선도

사. 위험설비의 안전설계 · 제작 및 설치 관련 지침서

② 공정위험성 평가서 및 잠재위험에 대한 사고예방 · 피해 최소화 대책

공정위험성 평가서는 공정의 특성 등을 고려하여 다음 각 목의 위험성평가 기법 중 한 가지 이상을 선정하여 위험성평가를 한 후 그 결과에 따라 작성하여야 하며, 사고예방 · 피해최소화 대책의 작성은 위험성평가 결과 잠재위험이 있다고 인정되는 경우만 해당한다.

가. 체크리스트(Check List)

나. 상대위험순위 결정(Dow and Mond Indices)

다. 작업자 실수 분석(HEA)

라. 사고 예상 질문 분석(What-if)

마. 위험과 운전 분석(HAZOP)

바. 이상위험도 분석(FMECA)

사. 결함 수 분석(FTA)

아. 사건 수 분석(ETA)

자. 원인 결과 분석(CCA)

차. 가목부터 자목까지의 규정과 같은 수준 이상의 기술적 평가기법

③ 안전운전계획

가. 안전운전지침서

나. 설비점검 · 검사 및 보수계획, 유지계획 및 지침서

다. 안전작업허가

라. 도급업체 안전관리계획

마. 근로자 등 교육계획

바. 가동 전 점검지침

사. 변경요소 관리계획

아. 자체감사 및 사고조사계획

자. 그 밖에 안전운전에 필요한 사항

④ 비상조치계획

가. 비상조치를 위한 장비 · 인력보유현황

나. 사고발생 시 각 부서 · 관련 기관과의 비상연락 체계

다. 사고발생 시 비상조치를 위한 조직의 임무 및 수행 절차

라. 비상조치계획에 따른 교육계획

마. 주민홍보계획

바. 그 밖에 비상조치 관련 사항

2) 제51조(공정안전보고서의 제출 시기)

사업주는 영 제41조1항에 따라 유해 · 위험설비의 설치 · 이전 또는 주요 구조 부분의 변경공사의 착공일(기존 설비의 제조 · 취급 · 저장 물질이 변경되거나 제조량 · 취급량 · 저장량이 증가하여 영 별표 10에 따른 유해 · 위험물질 규정량에 해당하게 된 경우에는 그 해당일을 말한다) 30일 전까지 공정안전보고서를 2부 작성하여 공단에 제출하여야 한다.

3) 제52(공정안전보고서의 심사 등)

① 공단은 제51조에 따라 공정안전보고서를 제출받은 경우에는 30일 이내에 심사하여 1부를 사업주에게 송부하고, 그 내용을 지방고용노동관서의 장에게 보고하여야 한다.

② 공단은 제1항에 따라 공정안전보고서를 심사한 결과 「위험물안전관리법」에 따른 화재의 예방 · 소방 등과 관련된 부분이 있다고 인정되는 경우에는 그 관련 내용을 관할 소방관서의 장에게 통보하여야 한다.

4) 제50조(작성기준 등)

공정안전보고서의 작성기준, 작성자 및 심사기준, 그 밖에 심사에 필요한 사항은 고용노동부 장관이 정한다.

5) 제53조(확인 등)

① 공정안전보고서를 제출하여 심사를 받은 사업주는 법 제49조의2제6항에 따라 다음 각호의 시기별로 공단의 확인을 받아야 한다. 다만, 화공안전 분야 산업안전지도사, 대학에서 조교수 이상으로 재직하고 있는 사람으로서 화공 관련 교과를 담당하고 있는 사람, 그 밖에 자격 및 관련 업무 경력 등을 고려하여 고용노동부 장관이 정하여 고시하는 요건을 갖춘 사람에게 제50조제3호 아목에 따른 자체감사를 하게 하고 그 결과를 공단에 제출한 경우에는 공단은 확인을 생략할 수 있다.

가. 신규로 설치될 유해 · 위험설비에 대해서는 설치 과정 및 설치 완료 후 시운전 단계에서 각 1회

나. 기존에 설치되어 사용 중인 유해 · 위험설비에 대해서는 심사 완료 후 3개월

이내

다. 유해 · 위험설비와 관련한 공정의 중대한 변경의 경우에는 변경 완료 후 1개월 이내

라. 유해 · 위험설비 또는 이와 관련된 공정에 중대한 사고 또는 결함이 발생한 경우에는 1개월 이내. 다만, 법 제47조에 따른 안전 · 보건진단을 받은 사업장 등 고용노동부 장관이 정하여 고시하는 사업장의 경우에는 확인을 생략할 수 있다.

② 공단은 사업주로부터 확인 요청을 받은 날부터 1개월 이내에 제50조제1호부터 제4호까지의 내용이 현장과 일치하는지 여부를 확인하고, 확인한 날부터 15일 이내에 그 결과를 사업주에게 통보하고 지방고용노동관서의 장에게 보고하여야 한다.

③ 제1항 및 제2항에 따른 확인의 절차 등에 관하여 필요한 사항은 고용노동부 장관이 정하여 고시한다.

6) 제54조(공정안전보고서 이행 상태의 평가)

① 법 제46조제4항에 따라 고용노동부 장관은 같은 조 제2항에 따른 공정안전보고서의 확인(신규로 설치되는 유해 · 위험설비의 경우에는 설치 완료 후 시운전 단계에서의 확인을 말한다) 후 1년이 경과한 날부터 2년 이내에 공정안전보고서 이행 상태의 평가(이하 "이행상태평가"라 한다)를 하여야 한다.

② 고용노동부 장관은 제1항에 따른 이행상태평가 후 4년마다 이행상태평가를 하여야 한다. 다만, 다음 각 호의 어느 하나에 해당하는 경우에는 1년 또는 2년마다 실시할 수 있다.

가. 이행상태평가 후 사업주가 이행상태평가를 요청하는 경우

나. 법 제155조에 따라 사업장에 출입하여 검사 및 안전 · 보건점검 등을 실시한 결과 제50조제1항제3호 사목에 따른 변경요소 관리계획 미준수로 공정안전보고서 이행상태가 불량한 것으로 인정되는 경우 등 고용노동부 장관이 정하여 고시하는 경우

③ 이행상태평가는 제50조1항 각호에 따른 공정안전보고서의 세부 내용에 관하여 실시한다.

④ 이행상태평가의 방법 등 이행상태평가에 필요한 세부적인 사항은 고용노동부 장관이 정한다.

1.4 고용노동부 장관의 고시

“공정안전보고서의 제출 · 심사 · 확인 및 이행상태평가 등에 관한 규정” 고시의 내용은 부록으로 첨부하였으니 참고하기 바란다.

CHAPTER 02

공정안전자료

1. 사업개요

<table>
<tr><td colspan="3">사업장명:</td><td colspan="2" rowspan="2">사업의 구분</td><td rowspan="2">□ 설치 · 이전
□ 변경
□ 기존설비</td></tr>
<tr><td colspan="3">사업자 등록번호:</td></tr>
<tr><td colspan="3">대표자 성명:</td><td colspan="2" rowspan="2">심사대상 설비명</td><td rowspan="2"></td></tr>
<tr><td colspan="3">표준산업분류(업종분류):</td></tr>
<tr><td colspan="3">예상근무 근로자수:</td><td colspan="2">전기계약용량</td><td>kW</td></tr>
<tr><td>보고서 작성자
(작성참여자 모두 기재)</td><td colspan="2">1.1 참고</td><td colspan="2">작성자 자격</td><td>1.2 참고</td></tr>
<tr><td>컨설팅업체
(컨설팅업체에서 작성한 경우)</td><td colspan="5">업체명 : 사업자등록번호 :
주 소 : 전화 :
작성지원 내용 :</td></tr>
<tr><td rowspan="4">사 업
주요내용</td><td></td><td>품명</td><td colspan="2">사용량 또는 생산량</td><td>주요용도</td></tr>
<tr><td>주원료 또는 재료</td><td></td><td colspan="2"></td><td></td></tr>
<tr><td>주생산품</td><td></td><td colspan="2"></td><td></td></tr>
<tr><td>주요사업 내용 또는 변경내용</td><td colspan="4"></td></tr>
<tr><td rowspan="4">사업장의
위치 및 부지</td><td rowspan="2">위 치</td><td colspan="2" rowspan="2"></td><td colspan="2">전화번호:</td></tr>
<tr><td colspan="2">전송번호:</td></tr>
<tr><td>부 지</td><td colspan="4">m²(평)</td></tr>
<tr><td>주요건물</td><td colspan="4">동 층 연면적 : m²(평)</td></tr>
<tr><td rowspan="3">추진일정</td><td>총사업기간</td><td colspan="4">년 월 일 ~ 년 월 일</td></tr>
<tr><td>착공예정일</td><td colspan="4">년 월 일</td></tr>
<tr><td>시운전기간</td><td colspan="4">년 월 일 ~ 년 월 일</td></tr>
</table>

1.1. 보고서 작성자

사업주는 보고서를 작성할 때 다음 각호의 어느 하나에 해당하는 사람으로서 공단이 실시하는 관련 교육을 28시간 이상 이수한 사람 1명 이상을 포함시켜야 한다.

1) 기계, 금속, 화공, 요업, 전기, 전자, 안전관리 또는 환경 분야 기술사 자격을 취득한 사람
2) 기계, 전기 또는 화공안전 분야의 산업안전지도사 자격을 취득한 사람
3) 제1호에 따른 관련분야의 기사 자격을 취득한 사람으로서 해당 분야에서 5년 이상 근무한 경력이 있는 사람
4) 제1호에 따른 관련분야의 산업기사 자격을 취득한 사람으로서 해당 분야에서 7년 이상 근무한 경력이 있는 사람
5) 4년제 이공계 대학을 졸업한 후 해당 분야에서 7년 이상 근무한 경력이 있는 사람 또는 2년제 이공계 대학을 졸업한 후 해당 분야에서 9년 이상 근무한 경력이 있는 사람
6) 「초·중등교육법」에 따른 특성화 고등학교 또는 이와 같은 수준 이상의 학교를 졸업하고 해당 분야에서 11년 이상 근무한 경력이 있는 사람

1.2 공단에서 실시하는 관련 교육은 다음 각호의 어느 하나의 교육을 말한다.

1) 위험과 운전분석(HAZOP)과정
2) 사고빈도 분석(FTA, ETA)과정
3) 보고서 작성·평가 과정
4) 사고결과 분석(CA)과정
5) 설비 유지 및 변경관리(MI, MOC)과정
6) 그 밖에 고용노동부 장관으로부터 승인받은 공정안전관리 교육과정

2. 물질목록

화학물질	CAS No	분자식	폭발한계(%)		노출기준	독성치	인화점(℃)	발화점(℃)	증기압(20℃, mmHg)	부식성 유무	이상반응 유무	일일사용량(kg)	저장량(kg)	비고
			하한	상한										
메틸에틸케톤(MEK)	78-93-3	$C_2H_5COCH_3$	1,8	11.5	200ppm,	LD50(경구,rat) : 2,483mg/kg LD50(경피,rabbit) : 5,000mg/kg LC50(4hr,rat) :	-9	505	10.5kpa	×	클로로폼 + 알칼리에서 격렬하게 반응함	100	8,300	

주1)

① 유해 · 위험물질은 제출대상 설비에서 제조 또는 취급하는 모든 화학물질을 기재합니다.

② 증기압은 상온에서 증기압을 말합니다.

③ 부식성 유무는 있으면 ○, 없으면 ×로 표시합니다.

④ 이상 반응 여부는 그 물질과 이상반응을 일으키는 물질과 그 조건(금수성 등)을 표시하고 필요시 별도로 작성합니다.

⑤ 노출기준에는 시간가중평균노출기준(TWA)을 기재합니다.

⑥ 독성치에는 LD50(경구, 쥐), LD50(경피, 쥐 또는 토끼) 또는 LC50(흡입, 4시간 쥐)을 기재합니다.

⑦ 보고서의 대상 설비에서 취급 · 저장하는 원료, 부원료, 첨가제, 촉매, 촉매보조제, 부산물, 중간 생성물, 중간제품, 완제품 등 모든 유해 · 위험 물질을 기재하여야 합니다.

⑧ 저장량은 설비의 최대 저장량을, 취급량은 그 설비에서 하루 동안 취급할 수 있는 최대량을 기재하여야 합니다.

⑨ 유해 · 위험물질목록에는 산업안전보건법에 따라 작성된 물질안전보건자료를 첨부하여야 합니다.

2.1 작성방법

※ 중요 사항으로 PSM에서 요구하는 모든 문서에서는 빈칸이 있으면 안 된다. 즉 “자료 없음” 또는 “해당 없음”으로 표기하여 공정안전자료의 내용을 충실히 작성하였음을 나타내야 한다. 다음은 자료 없음과 해당 없음을 구분하는 내용으로 작성 시에 참고한다.

2.1.1 자료 없음 : 자료라 함은 연구나 조사 등 어떤 일의 바탕이 되는 재료로서 알아야 할 사항이지만 현재의 실험이나 연구가 되지 않아 필요한 내용을 알지 못하는 경우에 표기하며, 예를 들어 인화성은 가지고 있지만 관련 실험이 진행된 자료가 없는 경우에 “자료 없음”으로 표기한다.

2.1.2 해당 없음 : 작성항목에 범위나 조건 따위에 바로 들어맞거나 속하지 않은 경우에 표기는 것으로, 예를 들어 인화성물질이 아닌데 인화점을 기재하여야 하는 경우에 “해당 없음”으로 표기한다.

2.2 화학물질

이 항목은 제출대상 설비에서 제조 또는 취급하는 모든 화학물질(원료, 부원료, 첨가제, 촉매, 촉매보조제, 부산물, 중간생성물, 중간제품, 완제품 등)을 작성하여야 하며, 원칙적으로 PSM 대상 설비에서 취급되는 모든 화학물질을 빠짐없이 기록하여야 한다.

2.3 CAS(Chemical Abstract Service)

CAS는 American Chemical Society의 한 부서로서 화학 분야에 대한 가장 방대한 자료를 수집하고 제공하는 기관으로 1907년에 설립되었으며 현재는 사실상 전 세계 화학정보 센터 역할을 하고 있다. 따라서 CAS가 작성하는 화학정보 데이터베이스는 세계 최대이다. 또한 CAS는 세계의 화학문헌을 망라한 Chemical Abstracts를 발행하고 있다. 보통 화학상품에는 CAS 넘버(번호)가 부여되고 있으며, CAS NO를 확인하기 위해서는 화학물질정보시스템(http://ncis.nier.go.kr/main.do)을 검색하면 찾을 수 있다.

2.4 분자식(molecular formula, 分子式)

분자식은 분자를 이루는 원자의 수를 원소 기호의 오른쪽 아래에 작은 숫자로 표시하며,

분자의 개수는 분자식 앞에 숫자로 표시해 나타낸다. 예를 들어 에틸렌과 프로필렌의 분자식인 C_2H_4와 C_3H_6는 각 물질의 분자에 존재하는 모든 원자의 수와 종류를 말하고 있다. 이처럼 분자식을 사용하면 분자를 이루는 원자의 종류와 수를 알 수 있을 뿐만 아니라 많은 물질을 쉽게 구별할 수 있다. 분자식은 MSD의 자료에서 쉽게 확인할 수 있다.

2.5 폭발한계(Explosion mixture limits, 爆發限界)

"폭발한계(Explosion limit)"라 함은 가스 등의 농도가 일정한 범위 내에 있을 때 폭발현상이 일어나는 것으로, 그 농도가 지나치게 낮거나 지나치게 높아도 폭발은 일어나지 않는 범위를 폭발한계라 말한다.

2.5.1 "폭발하한계(Lower explosive limit, LEL)"라 함은 가스 등이 공기 중에서 점화원에 의하여 착화되어 화염이 전파되는 가스 등의 최소농도를 말한다.

2.5.2 "폭발상한계(Upper explosive limit, UEL)"라 함은 가스 등이 공기 중에서 점화원에 의하여 착화되어 화염이 전파되는 가스 등의 최대농도를 말한다.

2.5.3 대기 중 폭발 상·하한계를 기입하며 관련 자료는 MSDS(물질안전보건자료)를 확인하면 알 수 있다.

2.5.4 주요가스의 폭발한계는 다음과 같다.

가스	하한계 [vol%]	상한계 [vol%]	가스	하한계 [vol%]	상한계 [vol%]
이황화탄소	1.2	44	암모니	15	28
아세틸렌	2.5	81	메탄	5	15
수소	4	75	에탄	3	12.4
일산화탄소	12.5	74	프로판	2.1	9.5
에틸렌	2.7	32	부탄	1.8	8.4

2.6 노출기준(TWA, ppm 또는 mg/kg)

고용노동부 장관이 고시한 「화학물질 및 물리적인자의 노출기준」에 따른 시간가중평균노출기준을 기재하며, MSDS 또는 고용노동부고시(화학물질 및 물리적 인자의 노출기준)를 확인하여 작성한다.

2.6.1 "노출기준"이란 근로자가 유해인자에 노출되는 경우 노출기준 이하 수준에서는 거의 모든 근로자에게 건강상 나쁜 영향을 미치지 아니하는 기준을 말하며, 1일 작업시간 동안의 시간가중평균노출기준(Time Weighted Average, TWA), 단시간 노출기준(Short Term Exposure Limit, STEL) 또는 최고노출기준(Ceiling, C)으로 표시한다.

2.6.2 "시간가중평균노출기준(TWA)"이란 1일 8시간 작업을 기준으로 하여 유해인자의 측정치에 발생 시간을 곱하여 8시간으로 나눈 값을 말하며, 다음 식에 따라 산출한다.

$$\text{TWA 환산값} = \frac{C1 \cdot T1 + C2 \cdot T2 + \cdot \cdot \cdot \cdot \cdot \cdot \cdot + Cn \cdot Tn}{8}$$

주) C : 유해인자의 측정치(단위 : ppm, ㎎/㎥ 또는 개/㎤)

T : 유해인자의 발생 시간(단위 : 시간)

2.6.3 "단시간노출기준(STEL)"이란 15분간의 시간가중평균노출값으로서 노출농도가 시간가중평균노출기준(TWA)을 초과하고 단시간노출기준(STEL) 이하인 경우에는 1회 노출 지속시간이 15분 미만이어야 하고, 이러한 상태가 1일 4회 이하로 발생하여야 하며, 각 노출의 간격은 60분 이상이어야 한다.

2.6.4 "최고노출기준(C)"이란 근로자가 1일 작업시간 동안 잠시라도 노출되어서는 아니되는 기준을 말하며, 노출기준 앞에 "C"를 붙여 표시한다.

2.6.5 다음 표는 물질의 노출기준(예)을 나타내고 있다.

일련번호	유해물질의 명칭		화학식	노출기준				비 고 (CAS번호 등)
	국문표기	영문표기		TWA		STEL		
				ppm	㎎/㎥	ppm	㎎/㎥	
1	가솔린	Gasoline	-	300	-	500	-	[8006-61-9] 발암성 1B, (가솔린 증기의 직업적 노출에 한정함), 생식세포 변이원성 1B
2	개미산	Formic acid	HCOOH	5	-	-	-	[64-18-6]

일련번호	유해물질의 명칭		화학식	노출기준				비 고 (CAS번호 등)
	국문표기	영문표기		TWA		STEL		
				ppm	mg/㎥	ppm	mg/㎥	
3	게르마늄 테트라 하이드 라이드	Germanium tetrahydride	GeH_4	0.2	-	-	-	[7782-65-2]
4	고형 파라핀 흄	Paraffin wax fume	-	-	2	-	-	[8002-74-2]
5	곡물분진	Grain dust	-	-	4	-	-	-
6	곡분분진	Flour dust(Inhalable fraction)	-	-	0.5	-	-	흡입성
7	과산화 벤조일	Benzoyl peroxide	$(C_6H_5CO)_2O_2$	-	5	-	-	[94-36-0]
8	과산화 수소	Hydrogen peroxide	H_2O_2	1	-	-	-	[7722-84-1] 발암성 2
9	광물털 섬유	Mineral wool fiber	-	-	10	-	-	발암성 2, (알칼리 산화물 및 알칼리토금속 산화물의 중량비가 18% 이상인 불특정 모양의 인공 유리규산 섬유에 한정함)
10	구리(분진 및 미스트)	Copper(Dust & mist, as Cu)	Cu	-	1	-	2	[7440-50-8]
11	구리(흄)	Copper(Fume)	Cu	-	0.1	-	-	[7440-50-8]
12	규산칼슘	Calcium silicate	$CaSiO_3$	-	10	-	-	[1344-95-2]
13	규조토	Diatomaceous earth	-	-	10	-	-	-
14	글루타르 알데히드	Glutaraldehyde	$OCH(CH_2)_3CHO$			C 0.05	-	[111-30-8]
15	글리세린 미스트	Glycerin mist	$CH_2OHCHOH \cdot CH_2OH$	-	10	-	-	[56-81-5]

일련번호	유해물질의 명칭		화학식	노출기준				비 고 (CAS번호 등)
	국문표기	영문표기		TWA		STEL		
				ppm	mg/㎥	ppm	mg/㎥	
16	글리시돌	Glycidol	$C_3H_6O_2$	2,3-에폭시-1-프로판올 참조				
17	글리콜 모노에틸 에테르	Glycol monoethyl ether	$C_2H_5OCH_2CH_2OH$	2-에톡시에탄올 참조				
18	금속 가공유 (혼합용매 추출물)	Metal Working Fluids (as mixed solvent soluble aerosol)	-	-	0.8	-	-	-
19	나프탈렌	Naphthalene	$C_{10}H_8$	10	-	15	-	[91-20-3] 발암성 2, Skin
20	날레드	Naled	$C_4H_7Br_2Cl_2O_4P$	디메틸-1,2-디브로모-2,2-디클로로에틸 포스페이트 참조				

[주]

1. Skin 표시 물질은 점막과 눈 그리고 경피로 흡수되어 전신 영향을 일으킬 수 있는 물질을 말함(피부자극성을 뜻하는 것이 아님)
2. 발암성 정보물질의 표기는 「화학물질의 분류 · 표시 및 물질안전보건자료에 관한 기준」에 따라 다음과 같이 표기함
   가. 1A : 사람에게 충분한 발암성 증거가 있는 물질
   나. 1B : 시험동물에서 발암성 증거가 충분히 있거나, 시험동물과 사람 모두에서 제한된 발암성 증거가 있는 물질
   다. 2 : 사람이나 동물에서 제한된 증거가 있지만, 구분1로 분류하기에는 증거가 충분하지 않은 물질
3. 생식세포 변이원성 정보물질의 표기는 「화학물질의 분류 · 표시 및 물질안전보건자료에 관한 기준」에 따라 다음과 같이 표기함
   가. 1A : 사람에게서의 역학조사 연구 결과 양성의 증거가 있는 물질
   나. 1B : 다음 어느 하나에 해당하는 물질
      ① 포유류를 이용한 생체 내(in vivo) 유전성 생식세포 변이원성 시험에서 양성
      ② 포유류를 이용한 생체 내(in vivo) 체세포 변이원성 시험에서 양성이고, 생식세포에 돌연변이를 일으킬 수 있다는 증거가 있음
      ③ 노출된 사람의 정자 세포에서 이수체 발생빈도의 증가와 같이 사람의 생식세포 변이원성 시험에서 양성
   다. 2 : 다음 어느 하나에 해당되어 생식세포에 유전성 돌연변이를 일으킬 가능성이 있는 물질
      ① 포유류를 이용한 생체 내(in vivo) 체세포 변이원성 시험에서 양성

② 기타 시험동물을 이용한 생체 내(in vivo) 체세포 유전독성 시험에서 양성이고, 시험관내(in vitro) 변이원성 시험에서 추가로 입증된 경우
③ 포유류 세포를 이용한 변이원성시험에서 양성이며, 알려진 생식세포 변이원성 물질과 화학적 구조 활성 관계를 가지는 경우

4. 생식독성 정보물질의 표기는 「화학물질의 분류 · 표시 및 물질안전보건자료에 관한 기준」에 따라 다음과 같이 표기함
   가. 1A : 사람에게 성적기능, 생식능력이나 발육에 악영향을 주는 것으로 판단할 정도의 사람에서의 증거가 있는 물질
   나. 1B : 사람에게 성적기능, 생식능력이나 발육에 악영향을 주는 것으로 추정할 정도의 동물시험 증거가 있는 물질
   다. 2 : 사람에게 성적기능, 생식능력이나 발육에 악영향을 주는 것으로 의심할 정도의 사람 또는 동물시험 증거가 있는 물질
   라. 수유독성 : 다음 어느 하나에 해당하는 물질
      ① 흡수, 대사, 분포 및 배설에 대한 연구에서, 해당 물질이 잠재적으로 유독한 수준으로 모유에 존재할 가능성을 보임
      ② 동물에 대한 1세대 또는 2세대 연구 결과에서, 모유를 통해 전이되어 자손에게 유해영향을 주거나, 모유의 질에 유해영향을 준다는 명확한 증거가 있음
      ③ 수유기간 동안 아기에게 유해성을 유발한다는 사람에 대한 증거가 있음
5. 발암성, 생식세포 변이원성 및 생식독성 물질의 정의는 「산업안전보건법」 시행규칙 [별표 11의 2] 유해인자의 분류기준 제1호나목 6) 발암성 물질, 7) 생식세포 변이원성 물질, 8) 생식독성 물질 참조
6. 화학물질이 IARC 등의 발암성 등급과 NTP의 R등급을 모두 갖는 경우에는 NTP의 R등급은 고려하지 아니함
7. 혼합용매 추출은 에텔에테르, 톨루엔, 메탄올을 부피비 1:1:1로 혼합한 용매나 이외 동등 이상의 용매로 추출한 물질을 말함
8. 노출기준이 설정되지 않은 물질의 경우 이에 대한 노출이 가능한 한 낮은 수준이 되도록 관리하여야 함

2.6.6 노출기준의 활용은 독성(H_2S 등)물질 가스누출감지기의 경보설정값 기준을 결정하는 데 활용이 가능하다.

2.7 독성치

물질의 액체 · 고체 · 기체 상태에 관계없이 모든 독성 값(경구 · 경피 · 흡입)을 기재한다.

2.7.1 고체, 액체(mg/kg) : LD50(경구, 쥐) 또는 LD50(경피, 쥐 또는 토끼)

2.7.2 기체(ppm) : LC50(흡입, 4시간 쥐)

2.7.3 LD(Lethal dose 50) : 비 보호된 노출 개체의 50%를 사망시킬 수 있는 액체 작용제의 양으로 단위는 체중 1 kg당 작용제의 노출량(mg/kg)으로 나타내며, LD50은 Lithal dose for 50% kill의 약자로 이해할 수 있다.

2.7.4 LC50 (50% Lethal Concentration, 반수치사농도) : 시험물질에 노출 후 일정 시간 또는 노출 중에 시험동물의 반수를 사망시킬 수 있는 물질의 농도를 말하며, LC50의 단위는 증기(vapor) 및 분진(dust)/미스트(mist)등은 표준부피당 시험물질의 무게(mg/L) 또는 백만분율(ppm)로 표시한다.

2.7.5 가스상 급성 독성물질 : 상온 및 상압에서 가스 상태로 존재하거나 끓는점이 35 ℃ 이하인 물질로써, 산업안전보건기준에 관한규칙 별표 1의 7호 다항에 해당되는 물질을 말한다. 즉, 쥐에 대한 4시간 동안의 흡입 실험에 의하여 실험동물의 50%를 사망시킬 수 있는 물질의 농도(LC50 쥐, 4시간 흡입)가 가스인 경우 2500 ppm 이하인 화학물질, 증기인 경우 10 mg/L 이하인 화학물질, 분진 또는 미스트인 경우 1 mg/L 이하인 화학물질을 말한다.

2.7.6 작성 시 주의할 사항으로 해당 물질이 액체인 경우는 LD50을 기록하고, 기체인 경우는 LC50을 MSDS 자료를 확인하여 기록한다. 또한 MSDS에 LD50과 LD50이 동시에 작성되어 있는 경우에는 공정안전자료에도 동일하게 작성하여야 한다. 자체감사 및 심사에서 많이 지적받는 부분으로는 MSDS자료와 안전자료가 불일치하게 작성되는 점과 LD50 또는 LC50이라고 기록하고 값을 기재하지 않는 경우도 발견된다.

2.7.7 독성치(H2S 등)는 장치 및 설비/배관의 비파괴검사, 후 열처리 실시 검토 및 급성독성물질 방유제 설치 등의 자료로 활용이 가능하다.

※ 급성독성물질의 정의
- LD50(경구, 쥐) : 300 mg/kg(체중) 이하
- LD50(경피, 쥐 또는 토끼) : 1,000 mg/kg(체중) 이하
- LC50(쥐 4시간 흡입) : 2,500 ppm(체중) 이하

2.8 인화점

휘발 물질의 인화점(引火點)은 공기에 가연성 물질을 만들어내어 인화할 수 있게 하는 가장 낮은 온도를 가리키며, 인화 온도라고도 한다. 인화란 공기 중에 놓여진 액체 또는 고체의

주위에 다른 화원부터 불이 붙어 확산하는 것을 의미하고 인화점이란 그와 같은 상태로 될 때의 액체 또는 고체의 온도를 말한다.
인화하기 위해서는 액체가 증발해서 또는 고체가 승화해서 주위의 공기와 가연성 혼합기를 형성하는 것이 필요하므로 인화점은 액체 또는 고체에서 발하는 가연성가스의 증기압이 불가연 한계에 도달하는 온도이다. 액체 연료의 저장 중 혹은 운반 중에 있어서의 화재, 폭발에 대한 안전성이 지침으로서 사용된다.

2.8.1 인화점 개론

1) 인화점은 액체가 점화원의 존재하에 연소하기 시작하는 온도이다. 공기 중에서 가연성액체의 액면 가까이에 생기는 가연성증기가 작은 불꽃에 의하여 연소될 때의 당해 가연성물체의 최저온도를 말한다.
2) 가연성물질과 산소(공기)가 혼합되어 있는 연소범위 내에서 가연성의 액체나 고체가 타기 위해서는 그 표면에 가연성 혼합기가 형성되기까지의 온도에 달해 있지 않으면 안 된다. 여기에 착화원의 존재에 의해 발화가 일어나는데 이와 같이 점화원(착화원) 존재 시 발화가 일어날 수 있는 최저온도를 인화점이라 한다.

2.8.2 인화성액체 분류

1) "등급 Ⅰ 액체 (Class Ⅰ liquid)"라 함은 인화점이 37.8℃ 미만이고 37.8℃에서의 증기압이 2070 mmHg 이하인 인화성 액체를 말한다.
2) "등급 Ⅱ 액체 (Class Ⅱ liquid)"라 함은 인화점이 37.8℃ 이상, 60℃ 미만인 인화성 액체를 말한다.
3) "등급 Ⅲ 액체 (Class Ⅲ liquid)"라 함은 다음의 인화성 액체를 말한다.
   (1) "등급 ⅢA 액체"라 함은 인화점이 60℃ 이상, 93℃ 미만인 인화성 액체를 말한다.
   (2) "등급 ⅢB 액체"라 함은 인화점이 93℃ 이상인 인화성 액체를 말한다.

2.8.3 작성

MSDS를 확인하여 인화점을 작성하고 인화성물질이 아닌 경우에는 "해당 없음"으로 표기한다.

2.9 발화점(자연발화온도)

발화점이란, 화재 또는 전기불꽃 등의 점화원의 영향 없이 물질을 공기 중에서 가열한 경우 스스로 불꽃을 발생되어 연소가 시작되는 온도를 의미한다. 발화점을 착화점 또는 착화온도라고 부르며 보편적으로 인화점보다 수백 도씩 높은 온도이다. 발화점의 쉬운 이해로는 큰 가마솥에 톱밥이나 가연성물질을 넣고 그 아래에서 장작불이나 버너를 이용하여 가열을 하면 어느 순간 불이 확하고 일어나게 된다. 그때의 온도를 발화점이라 할 수 있다. 가끔씩 주방에서 튀김을 하기 위하여 식용유를 가열하다 깜박 잊고 지속적으로 가열이 되어 불이 발생하기도 하는데 이때 가스불과 식용유가 직접 만나지 않아도 불이 발생하는 것이다. 이와 같이 불꽃의 접촉 없이 자발적으로 식용유에서 불이 생겨나게 하는 식용유의 온도가 발화점이다. 인화점과 발화점의 차이는 인화점은 불꽃을 직접 접촉하여 점화가 일어나는 현상이고 발화점은 불꽃의 접촉이 없다는 점이 차이이다.

2.9.1 다음은 불을 대지 않아도 물질이 연소하기 시작할 때의 온도를 예시로 나타내고 있다.

〈가연물질의 발화점〉

물질	발화점(℃)	물질	발화점(℃)
황린	34	셀룰로이드	180
이황화탄소	100	무연탄	440~500
적린	260	목탄	320~400
에틸알코올	363	고무	400~450
탄소	800	프로판	423
목재	400~450	일산화탄소	609
견사	650	헥산	223
휘발유	257	암모니아	351
부탄	365	산화에틸렌	429

2.9.2 일반적으로 발화점이 낮아지는 이유

1) 분자의 구조가 복잡할수록
2) 발열량이 높을수록
3) 압력, 화학적 활성도가 클수록
4) 산소와 친화력이 클수록
5) 금속의 열전도율과 습도가 낮을수록 등

2.9.3 발화점이 달라지는 요인

1) 가연성가스와 공기의 조성비
2) 발화를 일으키는 공간의 형태와 크기
3) 가열속도와 가열시간
4) 발화원의 종류와 가열방식 등

2.9.4 작성

MSDS를 확인하여 발화점을 표기하고 인화성물질이 아닌 경우에는 "해당 없음"으로 표기한다.

※ 차이점

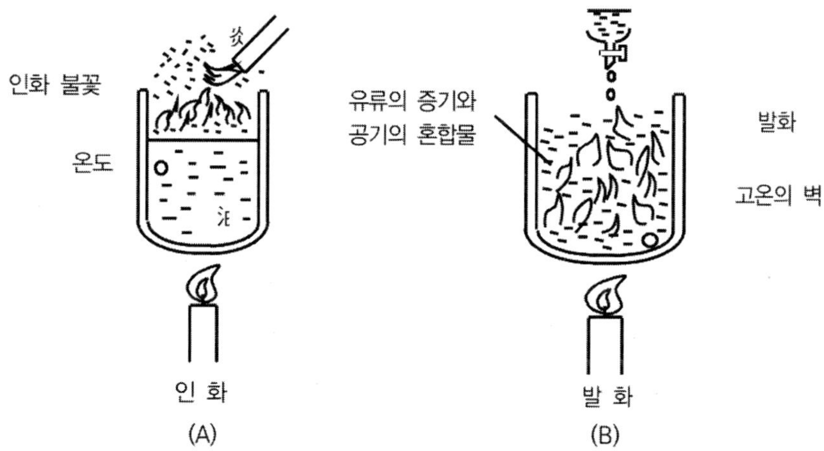

〈인화와 발화의 차이〉

2.10 증기압

증기의 압력을 말한다. 일정한 온도에 있어서 액상 또는 고상으로 평형하게 있을 때의 증기상의 압력을 말하며, 포화 증기압이라고도 한다. 고상과 평형에 있는 증기압은 승화압이라고도 한다. A성분들 간의 분자 간 상호작용 및 B성분들 간의 분자 간 상호작용에 비하여 A-B 간 상호작용이 약할 경우 A와 B는 섞이기 어렵고 섞이면 분자 간의 연결이 약해져 증발하기 쉬워진다. 즉 증기압이 상승한다.
어떤 물질의 액체나 고체가 같은 물질의 증기와 평형상태로 공존할 때 기상(氣相)이 차지한 공간은 그 액체나 고체의 증기에 의해 포화상태에 이르며 이 상태의 증기를 포화증기라고 한다. 어떤 일정한 온도에서 포화증기의 압력을 포화증기압 또는 단순히 증기압이라고 하며, 각 온도에 대하여 각각 일정한 값을 준다. 이 값은 물질에 따라 다르며, 일반적으로는 온도의 상승과 함께 증가한다. 문서작성에서 오류를 범하는 부분이 증기압의 단위는 [20℃, mmHg]로 표기하고 실제 작성되는 단위는 [kpa]로 작성하는 경우가 많으므로 단위를 통일하여야 한다.

2.11 부식성 유무

MSDS의 10번 항목 안정성 및 반응성 부분을 참고하여 부식성이 있는 경우 ○, 없는 경우 ×로 표기한다. 부식 정도(mm/yr)의 자료가 있는 경우 기재한다. 또한 물질에 대한 부식성 재료가 있는 경우 그 재질을 표기한다. 사용물질이 수소, NaOH, H_2S 등이면 접촉 물질에 의한 방지하기 위한 재질을 검토한다. 필요한 경우 부식성 물질의 유출을 방지하기 위한 방유제의 설치를 검토한다.

2.12 이상반응 유무

MSDS의 10번 항목[안전성 및 반응성]을 참고하여 해당 물질과 이상반응을 일으키는 물질과 그 조건(금수성 등)을 표시하고 필요 시 별도로 작성한다. 다음은 반응 유무의 예시를 나타낸 사항으로 최소 1개 이상을 작성하도록 한다.

2.12.1 물과 (격렬히)반응하여 부식성/독성가스를 방출함
2.12.2 금속을 부식시켜 가연성 수소가스를 발생할 수 있음

2.13 일일 사용량 : 설비에서 하루 동안 취급(제조, 사용)할 수 있는 최대량을 기록하며,

단위를 정확하게 작성한다.

2.14 저장량 : 저장설비의 설계용량을 기입하여야 하는데 평상시 저장량을 기록하는 경우도 있다. 10톤의 탱크에 평소에 2톤만 저장하므로 2톤으로 기록하는 경우이다. 그리고 저장량의 단위를 일치시킨다.

2.15 물질안전보건자료 첨부 : 사용하는 모든 유해·위험물질목록을 작성하며 목록과 물질안전보건자료(MSDS)의 수량을 일치시킨다.

2.15.1 목록작성

No.	화 학 물 질 명
1	메틸에틸케톤
2	질소
3	천연가스
4	에틸렌
5	부탄
6	아세틸렌
7	염소
8	일산화탄소
9	이산화탄소
10	암모니아
11	프로판가스
12	-
13	-
14	-
15	-
16	-

첨부 : 물질안전보건자료

구분	세부내용
1. 취급물질의 일반정보	가. 물질명 : 메틸에틸케톤
	나. 유사명 : • Acetone, methyl • Aethylmethylketon (GERMAN) • Butanone • 2-Butanone • 3-Butanone • Butanone 2 (FRENCH) • Caswell No 569 • Pesticide code : 044103 • EPA Pesticide chemical code 044103 • Ethylmethylcetone (French) • Ethylmethylketon (DUTCH) • FEMA no 2170 • Meetco • MEK • Metiletilcetona (Spanish) • Metiletilchetone (ITALIAN) • Metyloetyloketon (POLISH) • AI3-07540 (USDA) • 2-Oxobutane • Butanone technical • BP, 34170, 34171, 34172 • Shell 83202 • Era MEK • Redox • Exxon MEK • Parks • Chemport 3108LD • Jasol MEK • 솔벤트 #3(SCOTCH-GRIP (R) BRAND SOLVENT #3 (3M)) • 제거제(STOP, SHIELD, PEEL REDUCER (PYRAMID PLASTICS,

<table>
<tr><td></td><td>INC.))
• 스타본드 C-신나(STABOND C-THINNER (STABOND CORP.))
• 크리너(OATEY CLEANER (OATEY COMPANY)</td></tr>
<tr><td></td><td>다. CAS 번호 : 78-93-3</td></tr>
<tr><td></td><td>라. UN 번호 : 1193</td></tr>
<tr><td></td><td>마. 유해화학물질 관리번호 : 97-1-81(유독물)</td></tr>
<tr><td></td><td>바. 농도(또는 함량 %) : 100%</td></tr>
<tr><td></td><td>사. 일일사용량 : 1,400 kg</td></tr>
<tr><td></td><td>아. 연간취급량 : 193,000 kg</td></tr>
<tr><td></td><td>자. 최대저장량 : 8,300 kg</td></tr>
<tr><td></td><td>차. 용도
• 시험용, 연구용 및 산업용 등
• 음용불가, 시험용, 연구용 및 산업용 외의 용도로 사용 할 수 없음</td></tr>
<tr><td></td><td>카. 제조자 정보
• 회사명 : EXXON MOBIL CHEMICAL
• 긴급전화번호 : 65-6885-8000</td></tr>
<tr><td></td><td>타. 공급자/유통업자 정보
• 회사명 : 삼영무역(주)
• 주소 : 서울시 마포구 서교동 374-5
• 긴급전화번호 : 02-320-4000</td></tr>
<tr><td rowspan="2">2. 위험·유해성 분류 및 표시정보</td><td>가. 유해성 분류
• 인화성 액체 : 구분2
• 피부 부식성/피부 자극성 : 구분2
• 심한 눈 손상성/눈 자극성 : 구분2
• 특정표적장기 독성(1회 노출) : 구분2
• 특정표적장기 독성(1회 노출) : 구분3(호흡기계 자극)
• 특정표적장기 독성(1회 노출) : 구분1
• 특정표적장기 독성(반복 노출) : 구분1
• 흡인 유해성 : 구분</td></tr>
<tr><td>나. 그림문자</td></tr>
</table>

다. 신호어 : 위험

라. 유해 · 위험 문구

- H2AMB : 고인화성 액체 및 증기
- H305 : 삼켜서 기도로 유입되면 유해할 수 있음
- H315 : 피부에 자극을 일으킴
- H319 : 눈에 심한 자극을 일으킴
- H335 : 호흡기계 자극을 일으킬 수 있음
- H370 : 신체 중 (...)에 손상을 일으킴
- H371 : 신체 중 (...)에 손상을 일으킬 수 있음
- H372 : 장기간 또는 반복 노출되면 신체 중 (...)에 손상을 일으킴

마. 예방조치 문구

〈예방〉

- P210 : 열 · 스파크 · 화염 · 고열로부터 멀리하시오 - 금연
- P233 : 용기를 단단히 밀폐하시오.
- P240 : 용기와 수용설비를 접합시키거나 접지하시오.
- P241 : 폭발 방지용 전기 · 환기 · 조명 · (...) · 장비를 사용하시오.
- P242 : 스파크가 발생하지 않는 도구만을 사용하시오.
- P243 : 정전기 방지 조치를 취하시오.
- P260 : (분진 · 흄 · 가스 · 미스트 · 증기 · 스프레이)를 흡입하지 마시오.
- P261 : (분진 · 흄 · 가스 · 미스트 · 증기 · 스프레이)의 흡입을 피하시오.
- P264 : 취급 후에는 취급 부위를 철저히 씻으시오.
- P270 : 이 제품을 사용할 때에는 먹거나, 마시거나 흡연하지 마시오.
- P271 : 옥외 또는 환기가 잘 되는 곳에서만 취급하시오.
- P280 : (보호장갑 · 보호의 · 보안경 · 안면보호구)를(을) 착용하시오.

〈대응〉

- P301+P310 : 삼켰다면 즉시 의료기관(의사)의 진찰을 받으시오.
- P302+P352 : 피부에 묻으면 다량의 비누와 물로 씻으시오.

	• P303+P361+P353 : 피부(또는 머리카락)에 묻으면 오염된 모든 의복은 벗거나 제거하시오. 피부를 물로 씻으시오/샤워하시오 . • P304+P340 : 흡입하면 신선한 공기가 있는 곳으로 옮기고 호흡하기 쉬운 자세로 안정을 취하시오. • P305+P351+P338 : 눈에 묻으면 몇 분간 물로 조심해서 씻으시오. 가능하면 콘택트렌즈를 제거하시오. 계속 씻으시오. • P307+P311 : 노출되면 의료기관(의사)의 진찰을 받으시오. • P309+P311 : 노출되거나 불편함을 느끼면 의료기관(의사)의 진찰을 받으시오. • P312 : 불편함을 느끼면 의료기관(의사)의 진찰을 받으시오. • P314 : 불편함을 느끼면 의학적인 조치 · 조언을 구하시오. • P321 : (…) 처치를 하시오.P331 : 토하게 하지 마시오. • P332+P313 : 피부 자극이 생기면 의학적인 조치 · 조언을 구하시오. • P337+P313 : 눈에 자극이 지속되면 의학적인 조치 · 조언을 구하시오. • P362 : 오염된 의복은 벗고 다시 사용 전 세탁하시오. • P370+P378 : 화재 시 불을 끄기 위해 (…) 을(를) 사용하시오. 〈저장〉 • P403+P233 : 용기는 환기가 잘 되는 곳에 단단히 밀폐하여 저장하시오. • P403+P235 : 환기가 잘 되는 곳에 보관하고 저온으로 유지하시오. • P405 : 잠금장치가 있는 저장장소에 저장하시오. 〈폐기〉 • P501 : (관련 법규에 명시된 내용에 따라) 내용물 용기를 폐기하시오.
3. 물리 · 화학적 성질	가. 물질의 상태 : 액체
	나. 구조식 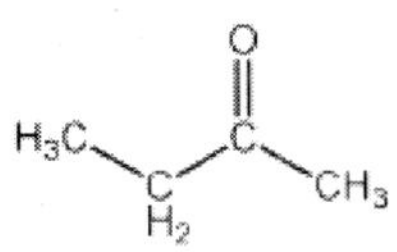
	다. 분자량 : 72.11
	라. 냄새 : • 달콤한 좋은 자극적 냄새

	• 중간 정도의 자극적, 향기로운 민트- 혹은 아세톤 비슷한 냄새
	마. pH : 적용 안 됨
	바. 끓는점 : • 79.59 ℃ • 78-80 ℃
	사. 녹는점 : • -86.64 ℃ • -85.9 ℃
	아. 증기압 : • 90.6 mmHg at AMB℃ • 71.AMB mmHg at 20℃
	자. 증기밀도 : • 2.41(공기=1) • 2.4 at 20℃(공기=1)
	차. 용해도(물) : • 353 g/L at 10 ℃ ; 190 g/L at 90 ℃ • 223 g/L at AMB ℃ • 부분적으로 혼합됨
	카. 용해도(용매) • 벤젠, 알코올 그리고 에테르에서 용해됨 • 에탄올, 에테르, 아세톤, 벤젠, 클로로폼, 오일류, 알코올, 하이드로카본 용액류, 휘발유, 기타 알코올음료류에서 혼합됨
	타. 옥탄올/물 분배계수 • 0.29 • 0.26-0.69
	파. 밀도 : 0.81 g/cm^3 at 20℃
	하. 비중 : • 0.83 at 0℃/4℃ • 0.81 at 20℃/4℃ • 0.80 at AMB℃/4℃
	가. 입도분석 : 자료 없음
	나. 점도 : 0.40 cP at AMB℃

	다. 해리상수 : 자료 없음
4. 화재 · 폭발 위험 특성	가. 화재 및 폭발가능성 • 고인화성 물질 : 열, 스파크 또는 화염에 의해 쉽게 점화됨 • 증기는 공기와 결합하여 폭발성 혼합물을 형성할 수 있음 • 증기는 점화원까지 상당한 거리를 이동할 수 있고 역화할 수 있음 • 대부분의 증기는 공기보다 무거워 지면을 따라 퍼지고 낮거나 밀폐된 지역(하수구, 지하실, 탱크)에 모임 • 실내외 또는 하수구에서 증기폭발 위험성이 있음 • 하수로 흐르는 유출물질은 화재나 폭발 위험성이 있을 수 있음 • 용기는 가열되면 폭발할 수 있음 • 많은 액체상 물질은 물보다 가벼움 • 고인화성 액체
	나. 인화점 : • -9℃(밀폐된 용기) • -19.78℃(열려진 용기) • 23.11℃
	다. 발화점 : • 404℃ • 501.89℃
	라. 발화등급 : • IB(인화성 액체) • IB 와 IC (인화성 액체 및 거의 모든 표준온도상태에서 쉽게 점화할 수 있는 물질들)
	마. 폭발한계(하한값 ~ 상한값) : 1.4 ~ 12.0%
	바. 연소/열분해 생성물 • 공기에 메틸에틸케톤은 광화학적 진행에 의하여 빠르게 분해됨. 주로 하이드록실 자유 라디칼 산화를 통하여 몇몇 분해는 광분해 작용에 의해 이루어짐. 도시 대기 내의 광화학적 분해의 반감기는 5.4 시간임 • 가열시 분해되어 매캐한 연기와 흄을 방출함 • 화재는 자극성, 부식성 그리고/또는 독성 가스를 발생할 수 있음 • 일산화탄소, 자극적인 독성 흄과 가스, 이산화탄소

<table>
<tr><td rowspan="3">5안정/반응
위험 특성</td><td>가. 반응성(안정성, 산화성 등)
• 열, 화염, 스파크에 노출시 에틸 메틸 케톤은 폭발하여 증기를 형성함
• 칼륨 tert-뷰톡사이드(potassium tert-butoxide)와 접촉 시 점화됨. 강산화물류와 반응하여, 융해되거나 일부 플라스틱을 연화시킴
• 2-프로판올(2-propanol) 혼합물은 저장 기간 동안 폭발성 있는 과산화물(peroxides)을 형성할 수 있음
• 알칼리 (수산화 나트륨, 수산화 칼륨), 클로로설폰산, 발연황산(fuming sulfuric acid(oleum)) 존재시 클로로폼과 격렬하게 반응함
• 질산(nitric acid) 존재 시 과산화수소(hydrogen peroxide)와 반응하여, 열과 충격에 민감한 폭발력이 있는 아세톤 과산화물을 형성함
• 강산화제류와 무기산과의 격렬한 반응은 화재와 폭발 위험을 일으킴
• 일부의 플라스틱을 손상함
• 메틸 에틸 케톤과 클로로설폰산 혼합물 혹은 밀폐용기 내의 발연황산은 온도와 압력의 증가를 일으킬 수 있음
• 과산화수소(hydrogen peroxide) + 질산(nitric acid)과 반응하여 열과 충격에 민감한 폭발력이 있는 생성물을 형성함
• 칼륨 t-뷰톡사이드(potassium t-butoxide)와 접촉 시 점화됨
• 2-프로판올과 결합한 혼합물은 보관 기간 동안 폭발력이 있는 과산화물을 생성함
• 클로로폼 + 알칼리에서 격렬하게 반응함</td></tr>
<tr><td>나. 부식성 : 자료없음</td></tr>
<tr><td>다. 피해야 할 조건
• 구리를 피해야 함
• 클로로폼, 과산화수소(hydrogen peroxide), 질산(nitric acid), 칼륨 t-뷰톡사이드(potassium t-butoxide)와 2-프로판올과 혼합을 금지해야 함
• 강산화제, 아민류, 암모니아, 무기산, 중화제, 구리, 아이소사이안산(isocyanates), 피리딘(pyridines)
• 클로로설폰산, 발연황산과 혼합을 금지해야 함
• 점화의 위험이 있으므로 산화제에 의한 오염을 피해야함 즉 질산염(nitrates), 산화성산(oxidising acids), 염소 표백제(chlorine</td></tr>
</table>

	bleaches), 염소계 살균제(pool chlorine) 등
6. 인체 유해성	가. 급성독성(경구, 경피, 흡입) • 경구 : LD50 5400 mg/kg Rat • 경피 : LD50 8000 mg/kg Rabbit • 흡입 : LC50 34500 mg/L 4 hr Rat
	나. 피부 부식성 또는 자극성 : 중정도 자극 (Rabbit)
	다. 심한 눈 손상 또는 눈 자극성 • 사람에서 증기 노출에 의해 안(눈) 자극성이 나타남
	라. 호흡기 또는 피부 과민성 • 호흡기 과민성 : 자료 없음 • 피부 과민성 : 자료 없음
	마. 생식세포 변이원성 - 포유류 적혈구를 이용하는 소핵시험 음성
	바. 발암성 17 % 메틸 에틸 케톤(MEK) 용액 50 mg을 국소적으로 주에 2번 1년 동안 한 쪽 귀에 적용한 이후, 피부 종양은 관찰되지 않음
	사. 생식/발달 독성 흰쥐에서 흡입 노출에 의해 태아의 골지연, 변이가 보였지만 기형으로는 판단되지 않음
	아. 기타 특이사항 • 특정 표적장기 독성 (1회노출) : - 흰쥐 및 마우스에서 흡입 노출 시험 결과 비교적 저농도에서 중추신경계에 영향이 나타남 - 흰쥐에서 중정도의 농도에서 신장에 영향이 나타남 - 사람에서 흡입 노출시 기도 자극성이 나타남 • 특정 표적장기 독성 (반복노출) : - 사람에서 손 및 팔의 감각 마비가 나타남 - 중추신경 장해가 나타남 • 흡인유해성 : 탄소원자가 13개 미만인 케톤류
7. 환경 유해성	가. 환경매체(대기, 수질, 토양) 간 이동정보(휘발성, 흡착/이동성 포함) • 분류표에 근거하여, 측정된 Koc=29-34에 근거 하여, 부유물질 및 침전물에 흡수될 것으로 예상되지 않음

	• 헨리상수 5.69×10^{-5} atm-m^3/mole에 근거하여, 수표면으로부터 휘발이 예상되지 않음 • 헨리상수 5.69×10^{-5} atm-m^3/mole와 증기압 90.6 mmHg에 근거하여, 습윤토양과 건조토양 표면으로부터 휘발할 것으로 예상됨
	나. 수생생물독성(급성/만성) • 어류 : LC50 〉 100 ㎎/ℓ 96 hr Pimephales promelas • 갑각류 : LD50 5091 ㎎/ℓ 48 hr Daphnia magna • 조류 : EC 〉 50 ㎎/ℓ 96 hr Skeletonema costatum
	다. 육상생물독성(급성/만성) : 자료 없음
	라. 생물농축성 • 농축성 : 자료 없음 • 생분해성 : 89% 20 day
	마. 잔류성 및 분해성 : 자료 없음
8. 취급방법	가. 취급 시 주의사항 • (분진 · 흄 · 가스 · 미스트 · 증기 · 스프레이)의 흡입을 피하시오. • 개봉 전에 조심스럽게 마개를 여시오. • 공학적 관리 및 개인보호구를 참조하여 작업하시오. • 물질 취급 시 모든 장비를 반드시 접지하시오. • 스파크가 발생하지 않는 도구만을 사용하시오. • 압력을 가하거나, 자르거나, 용접, 납땜, 접합, 뚫기, 연마 또는 열에 폭로, 화염, 불꽃, 정전기 또는 다른 점화원에 폭로하지 마시오. • 옥외 또는 환기가 잘 되는 곳에서만 취급하시오. • 용기가 비워진 후에도 제품 찌꺼기가 남아 있을 수 있으므로 모든 MSDS/라벨 예방조치를 따르시오. • 이 제품을 사용할 때에는 먹거나, 마시거나 흡연하지 마시오. • 장기간 또는 지속적인 피부접촉을 막으시오. • 저지대 밀폐공간에서 작업 시 산소결핍의 우려가 있으므로 작업 중, 공기 중 산소농도 측정 및 환기를 하시오 • 정전기 방지 조치를 취하시오. • 취급 후에는 취급 부위를 철저히 씻으시오. • 취급/저장에 주의하여 사용하시오. • 폭발 방지용 전기 · 환기 · 조명 · (...) · 장비를 사용하시오. • 피해야 할 물질 및 조건에 유의하시오

	나. 안전한 저장방법 • 빈 드럼통은 완전히 배수하고 적절히 막아 즉시 드럼 조절기에 되돌려 놓거나 적절히 배치하시오. • 열 · 스파크 · 화염 · 고열로부터 멀리하시오. - 금연 • 용기는 환기가 잘 되는 곳에 단단히 밀폐하여 저장하시오. • 음식과 음료수로부터 멀리하시오. • 피해야 할 물질 및 조건에 유의하시오. • 환기가 잘 되는 곳에 보관하고 저온으로 유지하시오.
	다. 폐기방법 및 폐기 시 주의사항 • 폐기방법 : 폐기물관리법에 명시된 경우 규정에 따라 내용물 및 용기를 폐기하시오. • 화학물질 및/또는 약품 폐기물을 허용하기 위해 특별히 허가받은 매립지에 묻거나 적절한 가연성물질과 혼합한 후에 허가받은 소각장치에서 소각할 것 • 빈 용기는 제독(decontamination)하며, 용기를 세척하고 파기할 때까지 라벨의 모든 안전규칙을 지킬 것 • 폐기 시 주의사항 : 폐기물관리법에 명시된 경우 규정에 명시된 주의사항을 고려하시오. • 가능한 장소 어디에서든 재활용할 것 • 만약 적합한 처리 방법이나 처리 시설이 없다면 제조업자에게 재활용 방안에 대해 문의하거나 지역 폐기물 관리자에게 자문을 구할 것
9. 사고대응 정보	가. NFPA 코드(건강/화재/반응/특수 위험성) • 건강위험성 : 1(약간 유해한 물질) • 화재위험성 : 3(상온에서 쉽게 점화될 수 있는 물질 등) • 반응위험성 : 0(화재에 노출되어도 안전, 물과 반응하지 않는 물질) • 특수위험성 : 자료 없음
	나. 노출방지 및 개인 보호구 • 피부접촉 방지를 위해 적절한 보호복을 착용할 것 • 눈 접촉 방지를 위해 적절한 눈 보호 장비를 착용할 것 • 안전 장비 공급자/제조업자는 작업자가 작업하는 물질에 대해 적절한 보호장갑/보호복을 추천할 수 있음. 뷰틸고무 그리고 클로로뷰틸고무는 권장 보호 물질 • 안약은 작업자가 물질에 노출될 가능성이 있는 지역에 제공되어야 함 ; 시력 보호의 구별 없이, 권고장에 관련 없이 착용되어야 할 것

	• 양압의 자급식 공기호흡기를 착용할 것 • 구조적으로 소방관용 보호복의 경우 제한적인 보호수준을 제공함 (분진 · 흄 · 가스 · 미스트 · 증기 · 스프레이)의 흡입을 피하시오. • 노출물을 만지거나 걸어 다니지 마시오. • 들어갈 필요가 없거나 보호장비를 갖추지 않은 사람은 출입하지 마시오. • 매우 미세한 입자는 화재나 폭발을 일으킬 수 있으므로 모든 점화원을 제거하시오. • 모든 점화원을 제거하시오. • 물질 취급 시 모든 장비를 반드시 접지하시오 • 엎질러진 것을 즉시 닦아내고, 보호구 항의 예방조치를 따르시오. • 오염 지역을 격리하시오. • 위험하지 않다면 누출을 멈추시오. • 증기 발생을 줄이기 위해 증기 억제 포말을 사용할 수 있음 • 피해야 할 물질 및 조건에 유의하시오.
	다. 누출 시 방제요령(적정 방제약품 및 장비 등) • 방제 약품 및 장비 - 증기발생을 줄이기 위해 증기억제 폼(foam)을 사용할 수 있음 - 호흡기와 보호장갑을 착용할 것 - 모든 점화원을 제거할 것(흡연, 불꽃, 스파크나 화염) - 제품 취급 시 사용하는 모든 장비는 반드시 접지할 것 - 누출된 물질 위를 걷거나 만지지 말 것 - 만약 위험하지 않다면 누출을 멈추게 할 것 - 수로, 하수, 지하실 또는 밀폐된 장소로 들어가는 것을 방지할 것 - 건토, 건사 용기에 수거하여 옮길 것 • 소규모 유출 - 모든 유출물은 즉각적으로 수거할 것 - 증기 흡입이나 피부, 눈과의 접촉을 피할 것 - 보호장비를 착용하고 개인 접촉을 통제할 것 - 소량 유출의 경우 질석 또는 기타 흡수제에 흡수시킨 후 용기에 수거할 것 - 잔류물은 닦아낼 것 - 폐 용기 내에 남아 있는 인화성 잔류물은 수거할 것

	• 대규모 유출 - 액체누출의 경우 처리를 위해 도랑을 파거나 제방을 쌓을 것 - 화재 진압 시 물 스프레이의 사용이 증기를 줄일 수는 있으나 닫힌 공간에서의 점화는 막을 수 없음 - 사람들의 접근을 막고 풍상지역(맞바람이 부는 곳)으로 이동할 것 - 소방서에 신고하여 위치와 위험성을 알릴 것 - 격렬하고 폭발적인 반응이 일어날 수 있음 - 호흡기와 보호장갑을 착용할 것 - 모든 가능한 방법을 동원해 유출액이 하수구나 수계로 흘러 들어가는 것을 막을 것 - 환기를 강화할 것 - 유출물 수거 시에는 스파크가 발생하지 않는 삽과 방폭 장비를 사용할 것 - 회수 가능한 물질은 재활용을 위해 라벨을 부착한 용기에 수집할 것 - 고체 잔류물은 처리를 위해 라벨을 부착한 드럼통에 수거하여 밀봉할 것 - 오염지역을 청소한 처리수가 하수구로 흘러 들어가지 않도록 주의할 것 - 만약 하수나 수로에 오염이 발생했다면 비상 대응기관에 알리고 자문을 구할 것 - 화학물질류 : 케톤 - 육지에 누출된 경우, 우선순위 목록에 있는 권장 흡수제를 사용할 것 - 물 스프레이 또는 물안개가 증기 흡수를 위한 분산제로 사용될 수 있음 - 모래, 흙 또는 질석에 누출물을 흡수시켜 용기에 수거할 것 - 잔류물은 모래, 흙 또는 질석에 흡수시킬 것
	라. 화재대응정보(적정소화제 및 장비, 진압요령, 주의사항 등) • 적정소화제 및 장비 - 다량의 안개형 물 분무를 사용할 것 - 알코올 포, 분말 소화약제 또는 이산화탄소를 사용할 것 - BCF (규정상 승인받은 것)

	• 진압요령 및 주의사항 - 유출을 멈추게 할 수 없다면 소화 시도를 하지 말 것 - 직수 분사는 소화에 효력이 없을 수 있음 - 화재에 노출된 용기는 다량의 물로 냉각시킬 것 - 가능한 멀리서 물을 뿌릴 것 - 소방서에 신고하여 화재 위치와 위험성을 알릴 것 - 격렬하게 또는 폭발적으로 반응할 수 있음 - 호흡보호구와 보호 장갑을 착용할 것 - 모든 수단을 동원해, 수로나 배수구로의 유출을 차단할 것 - 대피를 고려할 것(혹은 보호할 것) - 안전거리를 유지하며 적절한 보호하에 화재를 진압할 것 - 만약 안전하게 할 수 있다면 증기로 인한 화재 위험이 제거될 때까지 전기 장치들의 스위치를 꺼둘 것 - 미세한 물분무로 화재를 진압하고 인접 지역을 냉각시킬 것 - 누출액체가 고여있는 웅덩이에 물을 뿌리지 말 것 - 뜨거울 것으로 의심되는 용기에는 접근하지 말 것 - 만약 안전하게 할 수 있다면 용기는 화재진행 경로에서 제거할 것
	마. 노출 시 응급조치요령(흡입, 피부, 안구, 경구) • 눈에 들어갔을 때 - 우선, 환자의 콘택트 렌즈 착용 여부를 확인하고 착용 시 제거할 것 - 환자의 눈을 물 또는 생리식염수로 20 ~ 30분간 씻어주면서, 동시에 병원 또는 중독관리센터에 연락을 취할 것 - 의사의 지시가 없이, 환자의 눈에 연고, 오일 또는 다른 약물을 투여하지 말 것 - 홍반이나 자극과 같은 증상이 없더라도, 눈을 씻어낸 후, 즉시 병원으로 환자를 옮길 것 - 종종 눈꺼풀을 위아래로 들어 올려, 최소한 15분 정도, 다량의 물로 눈을 씻을 것 - 환자가 눈을 비비거나 눈을 계속 감고 있지 못 하게 할 것 • 피부에 접촉했을 때 - 오염된 옷을 제거하고 격리하는 동안, 즉각 다량의 물로 노출된 피부를 씻어낼 것

	- 모든 노출 부위를 비누와 물로 천천히 씻어낼 것 - 홍반이나 자극이 생기면 즉시 의사에게 연락을 하고 환자를 병원에 옮기도록 준비를 할 것 - 의학적 조치를 취할 것 - 영향 부위를 다량의 물로 적어도 15분 이상 씻어낼 것 - 오염된 옷과 신발을 벗을 것 • 흡입했을 때 - 즉시 오염 지역을 벗어나, 신선한 공기로 이동시켜 깊게 호흡하게 할 것 - 기침이나 호흡 곤란, 입, 후두나 가슴이 타는 듯한 느낌 등과 같은 증상이 있으면 즉시 의사를 호출하고, 병원으로 환자를 옮길 준비를 할 것 - 확인되지 않은 대기 조건에서, 환자를 구조하는 경우 적절한 호흡 보호장치를 제공할 것 - 자급식 공기호흡기의 사용이 가능하다면 사용하고, 그렇지 않은 경우에는 보호의에 권고된 이상의 보호 단계로 조치할 것 - 즉시 의사의 도움을 받을 것 - 호흡이 곤란하면, 산소를 공급할 것 - 구강 대 구강 인공호흡은 피할 것 - 호흡 정지 시, 산소와 백 및 마스크와 같은 적절한 의학 장비를 이용하여 인공호흡을 실시할 것 • 먹었을 때 - 구토를 유도하지 말 것 - 휘발성 물질은 구토 중 폐로 흡인됨으로써 의학적 문제를 야기시킬 위험이 높음 - 환자가 의식이 있으면서 경련하지 않으면, 화학물질을 희석하기 위해서 물을 1잔 내지 2잔을 주고, 즉시 병원이나 중독관리센터에 전화할 것 - 즉시 환자를 병원으로 수송할 것 - 만약 환자에게 경련이 있거나 의식이 없으면, 입으로 어떤 것도 공급해서는 안 되고, 환자의 기도를 열고, 한쪽 옆으로 머리를 몸보다 낮게 하여 눕힐 것 - 환자가 의식이 있으면, 2~4컵 정도 우유나 물을 줄 것 - 즉시 의사의 도움을 받을 것

10. 관련 법령에 의한 규제 정보	가. 규제현황(산업안전보건법, 위험물안전관리법, 고압가스안전관리법 등) • 화학물질관리법 : 유독물, 사고대비물질 (메틸 에틸 케톤 및 이를 AMB% 이상 함유한 혼합물질) • 위험물안전관리법 : 제4류 제 1석유류 (비수용성) • 산업안전보건법 : 노출기준설정물질, 작업환경측정물질, 관리대상 유해물질, 노출기준설정물질 • 고압가스 안전관리법 : 해당사항 없음 • 해양위험유해물질(HNS) : 해당됨. 국가긴급방제계획에 포함됨
	나. 노출기준(작업장 허용노출기준, 위험노출수준 등) • 작업장 허용노출기준 - [노동부]TWA : 200 ppm, 590 mg/m^3 - [노동부]STEL : 300 ppm, 885 mg/m^3 - [ACGIH]TLV-TWA 200 ppm - [ACGIH]TLV-STEL 300 ppm - [OSHA]PEL-TWA 200 ppm, 590 mg/m^3 (1989년에 폐지되었지만 몇몇 주에서는 실시되고 있음) - [OSHA]PEL-STEL 300 ppm, 885 mg/m^3 (피부) (1989년에 폐지되었지만 몇몇 주에서는 실시되고 있음) • 위험노출수준 - [NIOSH] IDLH 3000 ppm
11. 기타 참고사항	가. 상기 자료의 출처 • 국립환경과학원, 화학물질 안전관리 정보시스템(KISChem) (http://kischem.nier.go.kr/kischem2/wsp/main/main.jsp) • IUCLID Chemical Data Sheet, EC-ECB • The Chemical Database, The Department of Chemistry at the University of Akron(http://ull.chemistry.uakron.edu/erd) • 위험물정보관리시스템,소방방재청(http://hazmat.nema.go.kr) • ECB-ESIS(European chemical Substances Information System)(http://ecb.jrc.it/esis) • ECOTOX Database, EPA(http://cfpub.epa.gov/ecotox) • TOXNET, U.S. National Library of Medicine(http://toxnet.nlm.nih.gov)

	• Corporate Solution From Thomson Micromedex(http://csi.micromedex.com) • International Chemical Safety Cards(ICSC)(http://www.nihs.go.jp/ICSC) • HSDB : RTECS; EHC; LUCLID; QSAR
	나. 기타 사항

3. 동력기계 목록

동력기계 번 호	동 력 기계명	명 세	주요재질	전동기용량 (kW)	방호·보호 장치의 종류	비고
P-540	Glycol Circulation Pump	Capacity : 6.0 m^3/hr Discharge P : 0.4 MPa RPM : 1,750	Casing:A216-WCB Impeller:A743 Gr. CA15 Shaft:A322 Ty4140	15	Safety Guard / EMPR	Y-△ (원심펌프)

주1)

① 방호 · 보호장치의 종류에는 법적인 안전/방호장치와 모터보호장치(THR, EOCR, EMPR 등) 등을 기재합니다.

② 비고에는 인버터 또는 기동방식 등을 기재합니다.

주2)

① 대상 설비에 포함되는 동력기계는 모두 기재합니다.

② "명세" 란에는 펌프 및 압축기의 시간당 처리량, 토출측의 압력, 분당 회전속도 등, 교반기의 임펠러의 반경, 분당 회전속도 등, 양중기의 들어 올릴 수 있는 무게, 높이 등 그 밖에 동력기계의 시간당 처리량 등을 기재합니다.

③ "주요재질" 란에는 해당 기계의 주요 부분의 재질을 재질분류기호로 기재합니다.

④ "방호장치의 종류"란에는 해당 설비에 필요한 모든 방호장치의 종류를 기재합니다.

THR : 열동계전기 (THermal Relay)

EOCR : 전자과부하릴레이 (Electronic Overload Current Relays)

EMPR : 전자식모터 보호계전기(Electronic Motor Protection Relay

◈ 작성방법

3.1 동력기계번호 : 해당 설비의 P&ID 도면에 기록되어 있는 번호와 일치하게 기입하여야 하지만, 일부 도면과 비교했을 때 서로 상이하게 작성되어 있는 경우도 있다.

3.2 동력기계명 : 펌프류, 압축기류, Fan류, 교반기류, 전동셔터, Crane/Hoist, 콘베이어, 원심기, 기타 Machinery 류의 명칭을 작성한다.

3.3 명세 : 명세란 해당 설비에 대하여 분명하고 자세한 내용을 기록하는 부분으로 구체적인 능력을 작성한다.

3.3.1 펌프류 : 용량(㎥/hr)×토출압력(MPa)×분당회전수(RPM)

3.3.2 압축기 : 용량(㎥/hr)×토출압력(MPa)×분당회전수(RPM)

3.3.3 Fan 류 : 용량(㎥/hr)×토출압력(MPa)×분당회전수(RPM)

3.3.4 교반기 : 임펠러반경(mm)×분당회전수(RPM)

3.3.5 양중기 : 정격용량(ton)×양정(mm)×SPAN(mm)×주행거리(mm)

3.4 주요재질 : KS, ASTM, JIS 등 재질 분류 기호로 기입한다.

재질의 표기를 할 규격이 KS인지 ASTM인지 JIS인지에 따라 표기 방식이 다르게 되며. 사업장 및 외부조달에서 수행하는 업무 특성 때문에 표기 방식을 하나로 통일하지는 못하더라도, 재질 표기 일람을 보고 작성한다. 그리고 비정기적으로 수행되는 자재 데이터 정비에 있어 기준을 KS, ASTM, JIS 중 어떤 표기 방식을 기준표기로 삼을 것인지를 결정한다면 여러 표기 방식 때문에 자재관리의 정보 혼란이 되는 것을 예방할 수 있을 것이다.

※ 재질표기일람표

품 명		KS	JIS	ASTM	비고
강판	탄소강	SS400(SS41)	SS400	A283-C	
				A285-C	
		SB410(SBB42)	SB410	A515-60	
		SB480(SBB49)	SB480	A515-70	
		SGV410(SPV24)	SGV410	A516-60	
		SGV480(SPV32)	SGV480	A516-70	
	스텐레스강	STS304	SUS304	A240-304	
		STS316	SUS316	A240-316	
형강	탄소강	SS400(SS41)	SS400(SS41)	A36	ANGLE, CHANNEL
					H-BEAM, R.B, F.B
PIPE	탄소강	SPP	SGP	A120	일반배관용
		SPPS38	STPG370 (STPG38)	A53-A	압력배관용 ERW/ SEAMLSESS
		SPPS42	STPG410	A53-B	압력배관용 ERW/ SEAMLESS
		SPHT38 (SPHT38S)	STPT370 (STPT38S)	A106-A	고온배관용 SEAMLESS
		SPHT42	STPT410	A106-B	SEAMLESS
	스텐레스강	STS304 TP	SUS304 TP	A312-TP304	ERW, SEAMLESS
		STS316 TP	SUS316 TP	A312-TP316	
FITTINGS	탄소강	SPPS	STPG	A234-WPB	ERW
	스텐레스강	STS304	SUS304	A403-WP304	ERW
		STS316	SUS316	A403-WP316	ERW
FLANGE	탄소강	SF490A (SF45)	SF490A	A105	FORGED (염가,용광로)

	스텐레스강	STSF304	SUSF304	A182-F304	FORGED
BOLT NUT	탄소강	SNB7/SM45C	SNB7/S45C	A193-B7/A194-2H	
	스텐레스강	STS304B	SUS304B	A320-B8	
CAST IRON	주철	GC200	FC200	A126-B	VALVE류
		GC200	FC200	A48-35	
	구상흑연 주철	GCD45	FCD45	A395	
CAST STEEL (주강)	탄소강	SC42	SC410	A27-60	
		SCW410 (SCPH2)	SCW410 (SCPH2)	A216-WCB	VALVE류
	스텐레스강	SSC13A	SCS13A	A351-CF8	SUS304
		SSC14A	SCS14A	A351-CF8M	SUS316
		SSC19A	SCS19A	A351 CF3	
		SSC16A	SCS16A	A351 CF3M	
CAST BRONZE(청동주물)		BC6	BC6	B505 C836	
FORGE DSTEEL (단조)	탄소강	SF45 (SF490A)	SF45A (SF490A)	A105	
	스텐레스강	STF304 (STSF304)	SUSF304	A182 F304	
		STF304L	SUSF304L	A182 F304L	
		STF316 (STSF316)	SUSF316	A182 F316	
		STF316L	SUSF316L	A182 F316L	
FORGED BRASS(황동단조)		FBsBE	BsBF	B124	
스테인레스 봉재		STS304	SUS304	AISI 304	
		STS304L	SUS304L	AISI 304L	
		STS316	SUS316	AISI 316	

	STS316L	SUS316L	AISI 316L	
	STS403	SUS403	AISI 403	
	STS410	SUS410	AISI 410	
기계구조용 탄소강	SM20C	S20C	AISI 1020	
	SM25C	S25C	AISI 1025	
	SM35C	S35C	AISI 1035	
	SM45C	S45C	A193 Gr.2H	
스프링 경강선	HSW3	SWC	A407	

3.5 전동기 용량

해당 설비의 용량을 기재하는 사항으로 대체적으로 양호하게 작성되고 있으나, 용량의 단위를 작성서류에는 KW로 되어 있는데 HP로 기재하는 정도이다. 또한 P&ID에 표시된 용량과 안전자료에 기록된 용량이 차이가 종종 발견되기도 한다. 단순한 실수로 문서 전체의 신뢰성에 의문을 가지게 되어 평가에서 좋지 않는 방향으로 흐르는 결과를 낳을 수 있다는 점을 명심하여야 한다.

3.6 방호장치의 종류

방호장치의 종류는 아래 사항을 참고하여 각 설비별로 해당되는 사항을 현장과 일치하여 작성하며, 지적사항으로 발견되는 것은 안전설비의 작성이 너무 간단하게 작성되고 있다는 점이다.

3.6.1 회전기계 : 덮개, 울, 동력차단장치 등 방호장치를 기입한다. 보통 덮개 정도로 기록하는 경우가 많은데 좀 더 현장을 확인하여 자세하게 기록하여 자료의 품질을 향상시킬 필요가 있다.

3.6.2 정변위 펌프 및 압축기류 : 안전밸브의 설치 여부를 기입한다.

3.6.3 양중기 : 과부하 방지장치, 권과방지장치, 비상정지스위치, 스토퍼 등에 대하여 상세히 기록한다.

3.6.4 모터보호장치(THR, EOCR, EMPR 등) 등을 기입

1) THR(Thermal Overload Relay)은 온도가 일정한 값 이상이 되면 작동하는 계전기로서 기기의 과부하 또는 과열 방지, 절연물의 과열 방지에 쓰인다. 발전소나 공장 등에서는 보호 목적 이외에 시스템 조정용으로도 널리 사용한다.

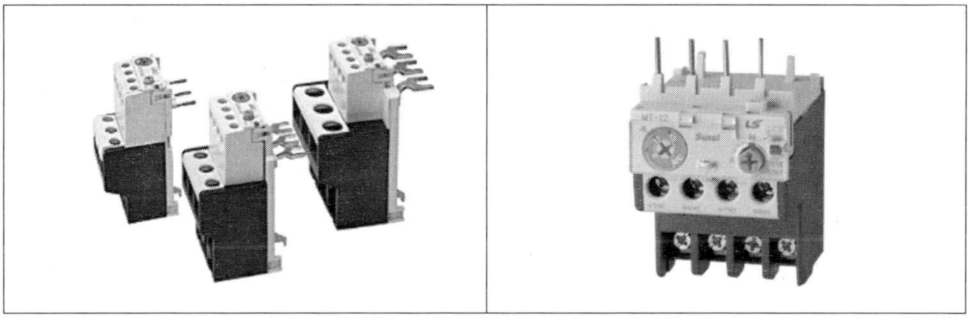

[열동계전기]

2) EOCR(Electronic Over Current Relay)은 일반 과부하 릴레이(OCR)는 기계적 접점이 가동하는 구조이지만 전자 과부하 릴레이(EOCR)는 반도체의 무접점으로 되어 있고 반응 속도가 빠르며 반응 속도를 편리하게 조절할 수 있을 뿐 아니라 접점 수명이 길며 미세한 전류의 변화에도 반응하게 할 수 있도록 정밀하게 만들 수 있는 편리함을 가지고 있다. 내부에는 Over amp와 로직회로를 조합하거나 마이크로 프로세서를 사용하여 사이리스터*와 같은 무접점 출력소자를 제어한다. 즉 전자접촉을 활용하여 정밀한 제어와 빠른 동작성을 확보할 수 있다.

* 사이리스터는 쌍안정성을 나타내는 반도체 소자의 일종이다. 사이리스터의 작동은 전자와 양공 모두가 전도 과정에 참여하는 쌍극자 트랜지스터와 유사하다. 사이리스터는 쌍안정 특성과 쌍안정 상태의 적은 전력 소모로 인해 가정용 전기기구에서부터 고압송전선의 개폐 및 전력변환에 이르기까지 다양하게 쓰인다. 양방향, 삼단자 사이리스터는 트라이액이라고 한다. 이 장치는 게이트와 2개의 주단자 중 하나와의 사이에 어떤 극성을 가진 작은 전류를 걸어줌으로써 그 방향으로 전류를 스위칭할 수 있다. 트라이액은 조광 전동기 속도 조절, 온도 조절 같은 교류전류 기구에서 광범위하게 사용되고 있다. 소자의 스위치 동작을 조정하기 위해서 광 신호를 사용하는 광활성 사이리스터도 있다.

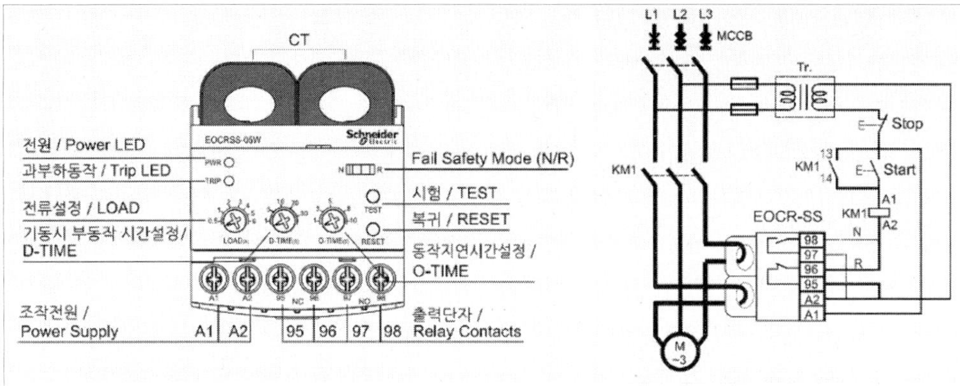

[EOCR의 기본 회로]

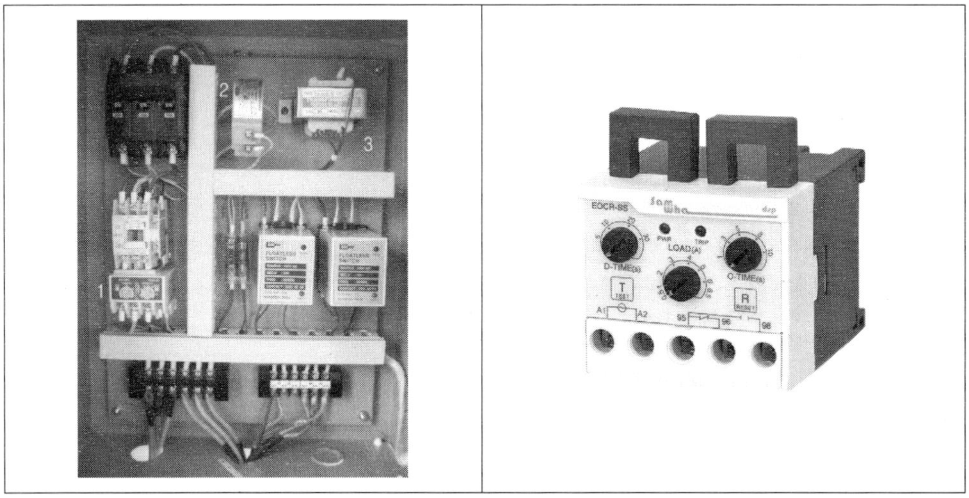

[EOCR의 사용]

3) EMPR(Electronic Motor Protection Rellay) 모터보호장치 : EMPR은 모터의 직입기동, Inverter 기동, Y-델타 기동, 리액터 기동 등 모터의 각종 기동 방식에 적용이 가능한 보호장치로써 널리 사용되고 있다. 다음은 EMPR의 특징이다.

(1) 전류 보호 (Over current. Overload)

모터의 기동시간을 고려하여 정격전류의 600%를 기준으로 1초부터 60초까지 1초 단위로 동작시간을 설정함으로써 Class 1~60의 과부하 특성곡선 설정이 가능하다.

(2) 동작지연시간

(D-Time) 후부터 과전류로 감지하기 시작하여 동작시간(O-Time) 이상 과전류가 계속 인가되면 Trip이 발생한다.

(3) 구속 보호(Stall/Locked Rotor)

모터의 회전자 구속, 기동실패, 기동 지연으로 인한 소손을 방지하며, 운전중 과열 과부하 원인으로 부하전류가 증가하거나 부하 토크가 모터 토크를 초과할 때 이를 검출하여 회로를 차단하는 기능이다.

(4) 결상/불평형 보호(Phase Fail/Phase Unbalance)

결상이 발생하면 모터는 기동이 불가하며, 운전중인 모터는 토크 부족에 의한 정지 또는 역상전류가 지속적으로 흘러 과열이 발생하면, DMPi는 3상 전류의 불평형을 계산하여 100%일 때 결상으로 3초에 동작하며, 불평형률 10~90% 이상일 때 5초에 Trip 되도록 선택할 수 있다.

(5) 역상 보호(Reverse Phase)

모터의 역회전을 방지하기 위한 기능이다. 입력되는 3상전류의 위상차를 비교하여 상순이 바뀌었을 때 0.1~1.0초 이내에 동작하게 된다. 모터 기동 시에만 역상을 확인한다.

(6) 부족전류 보호(Under Current)

모터의 구동축의 이탈이나 손상으로 인한 무부하 상태가 되는 것을 감시하거나, 펌프의 공회전(무부하)상태를 방지하고자 할 때 주로 사용된다. 정격전류의 30~70%까지 설정이 가능하며 3초에 동작한다..

(7) 지락 보호(Ground Fault)

지락 누설전류를 감지하여 동작하는 기능으로 누전에 의한 지락, 2차 파급(단락, 감전)사고를 방지할 목적으로 사용된다. 접지계통이나 보호 목적에 따라 감도 전류와 동작시간을 다르게 설정한다. 감도 전류는 30 mA~3 A까지 설정할 수 있으며, 동작시간 0.05~5.0초까지 설정할 수 있다.

(8) 순시 보호(Instance)

단락전류로 부터 모터를 보호하는 기능으로 정격전류의 500~1500% 이상의 사고 전류 발생 시 50 ms 이내에 동작하게 된다.

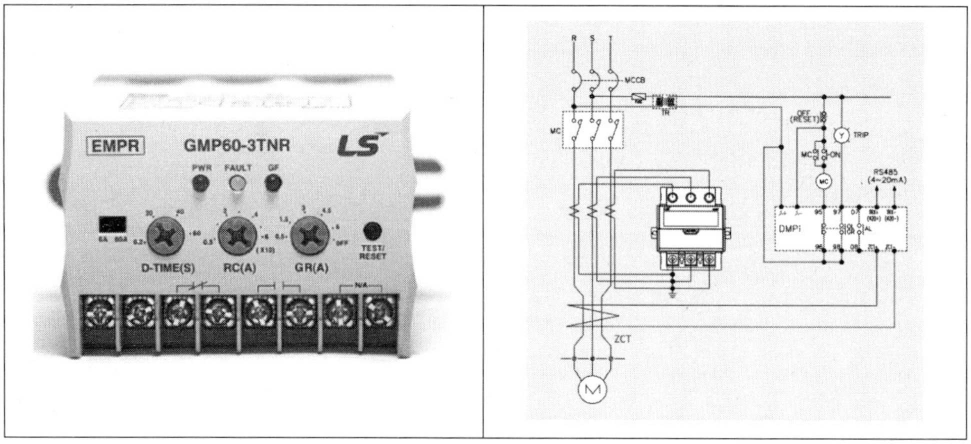

[EMPR의 사용]

3.7 비고

비고란에는 모터 기동 방식을 확인하여 작성한다. 발견되는 개선하여야 할 사항으로 모터 기동 방식을 모두 "직입기동"이라고 기재되어 있는 사업장이 있는데, 이는 잘못된 기재로써 각 모터의 용량에 따라 기동 방식을 달리하고 있기 때문이다. 통상적으로, 소형은 직입기동이 맞지만 중형 이상부터는 다양한 기동 방식을 사용하고 있기 때문이다. 다음은 모터의 기동 방식으로 안전자료의 작성 시에 활용이 가능하다.

3.7.1 기동 방식

모터를 기동하기 위해서는 기동 초기에 큰 전력이 필요로 한다. 모터는 기동 시에 큰 토크를 만들기 위해서는 P(전력) = V(전압)×I(전류)의 식에서와 같이 초기에 큰 전류를 필요로 한다. 보통 직입기동의 경우 모터의 정격전류보다 5~7배 큰 전류가 초기에 기동전류로 사용되는데, 직입기동 시 정상 전류보다 큰 전류가 투입되어 모터의 권선을 소손시킬 가능성이 크게 된다. 따라서 모터의 용량이 5 KW 이상이 될 경우 모터의 기동 방식을 직입 기동이 아닌 다른 방식을 사용하여 모터의 권선 손상을 막고 안정적인 기동을 필요로 한다.

(1) 전전압(全電壓) 직입기동 방식

다음 그림은 직입기동 방식의 회로이다.

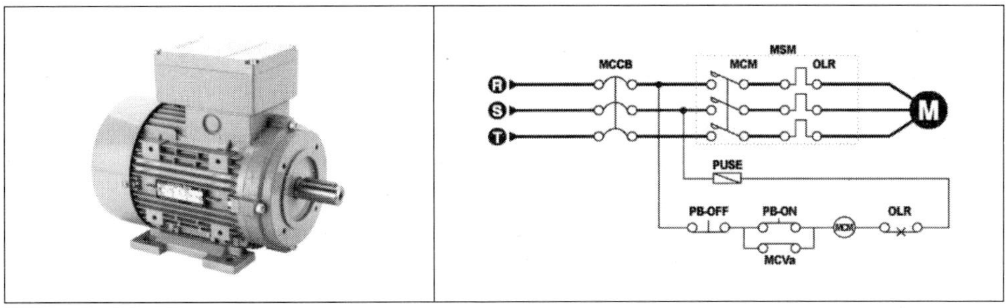

[직입기동]

① 기동 시 전동기에 직접 전류를 가하여 기동하는 방식으로 간단하여 널리 사용되고 있다.

② 기동전류는 정격전류의 5~7배까지 흐른다. 따라서 기동시간이 오래 걸리거나 빈번한 기동일 때는 기동전류로 인해서 코일이 과열될 수 있다.

③ 일반적으로 3.7 kW(또는 5.5 kW 정도) 이하 정도의 소용량 전동기에 사용된다.

(가) 기동전류 : 전 부하 전류의 500~700%

(나) 기동토크 : 정격토크의 100~200%

④ 가장 간단한 시동 방법이지만 전원 용량이 작으면 전압강하로 다른 기기에 악영향을 준다.

⑤ 필요 이상의 큰 토크가 갑자기 부하에 가해지기 때문에 부하에 충격을 줄 수 있다.

(2) Y-△ 기동

와이-델타 기동이란 전동기 기동 시 와이결선으로 기동하고 일정 시간이 흐른 뒤에 델타결선으로 운전하는 기동 방법으로, 초기에 와이델타 결선을 사용하는 이유는 Y 결선으로 기동 시 기동전류가 정격전류의 1/3이 된다는 장점이 있으며, 출력 5~15 KW 전동기 기동 시에 적합하다.

① △결선으로 운전하는 전동기를 기동 시만 Y 결선으로 기동하여 기동전류를 전전압기동 시의 1/3로 줄이는 방식이다.

② 최대기동전류에 의한 전압강하를 경감시킬 수 있다.

③ 최초기동 시 가속토크가 작으므로 부하를 연결한 상태로 기동이 어렵고, 기동한 후 운전으로 전환될 때 정격전압이 인가되어서 전기적, 기계적 쇼크가 크게 발생하는 단점이 있다.

④ 무부하 또는 경부하로 기동되는 75 kW 이하의 전동기에 사용된다.

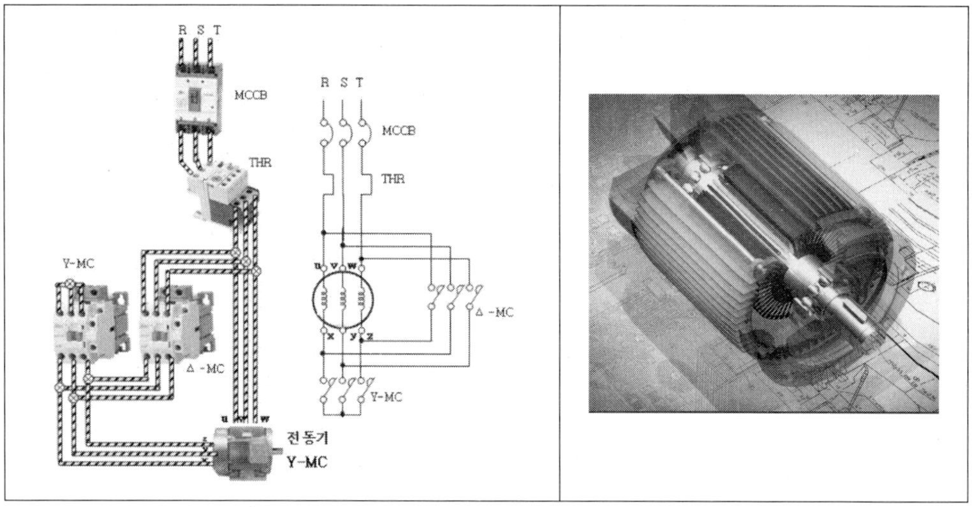

[Y-△결선]

(3) 인버터기동

인버터 모터기동이란 정격전압 및 주파수가 아닌 가변전압, 가변 주파수의 입력(AC)에 의하여 임의의 회전 속도로 운전할 수 있는 모터기동 방식으로 기동 시에 발생될 수 있는 전기적·기계적 위험요소를 감소시켜 안전한 기동이 될 수 있도록 구성된 기동 방식이다. 또한 모터의 정격전류의 1.5 ~ 2배 이내의 시동전류가 발생한다.

① 인버터의 원리

인버터란 모터(유도전동기)를 원하는 속도로 운전하기 위해 주파수를 가변시킬 수 있도록 한 전원장치(전력 변환기)이다. 모터(유도전동기)의 회전 속도 Ns를 극수 P, 주파수를 f라 하면 아래의 수식으로 나타낼 수 있다. 주파수 f를 가변시키면 임의의 회전 속도 Ns를 얻을 수 있다.

$$N_s = (120 \times f) \;/\; P$$

여기서, Ns : 동기 회전수[rpm]

P : MOTOR의 극수

f : 전원 주파수 [Hz]

120 : 정수

rpm : 1분당 회전수

이러한 원리를 응용하여 주파수를 변화시켜 모터의 속도를 가변하는 것이 인버터이다. 실제 모터에서 토크를 확보하려면 주파수에 따라 전압도 가변을 해야 되는데 모터 발생 토크는 주파수와 전압의 비에 비례한다. 따라서 인버터는 VVVF(Variable Voltage Variable Frequency)라고도 한다.

② 인버터회로

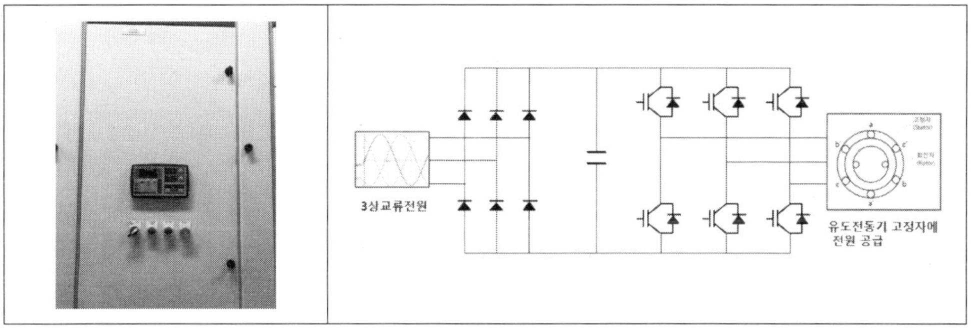

[인버터회로]

(4) 리액터 기동

리액터 기동 방식은 주로 펌프나 팬 등에 사용하는 기동 방식으로 기동 시 기동전류를 작게 하는 방법이다. 기동전류가 적은 만큼 기동토크도 상당히 작게 되는 특징이 있다. 하지만 가속 시의 특성은 최대토크가 감전압 기동법 중에서는 제일 크고 원활하게 가속할 수 있는 장점이 있다. Y-△기동에서는 가속이 불가능하거나 기동 시 쇼크를 방지하기 위하여 리액터 기동 방식을 사용한다. 리액터 탭은 50%, 60, 70, 80, 90%이며 기동토크는 25%, 36, 49, 64, 81%로서 기동전류는 전압강하 비율로 감소하며 기동토크는 전압강하 제곱 비율로 감소하므로 토크 부족에 대한 기동 불능이 있을 수 있으니 초기에 탭 조정을 정확하게 할 필요가 있다.

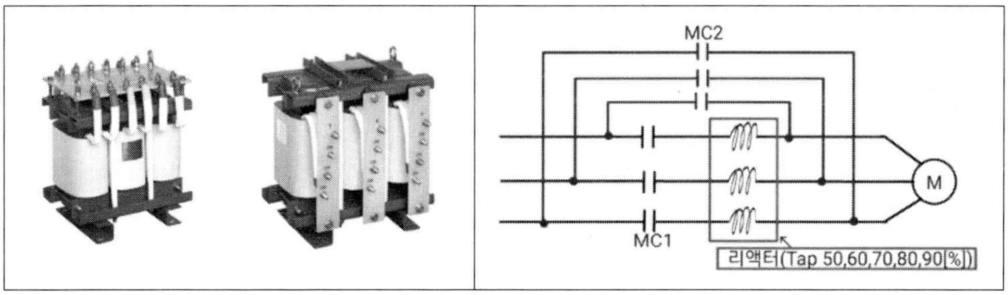

[리액터회로]

4. 장치 및 설비명세

장치번호	장치명	내용물	용량	압력 (MPa)		온도 (℃)		사용재질			용접효율	계산두께 (㎜)	부식여유 (㎜)	사용두께 (㎜)	후열처리여부	비파괴율검사 (%)	비고
				운전	설계	운전	설계	본체	부속품	개스킷							
V-500	ACC840	EXPANSION TANK	외경: 높이: 체적:	6	8	45	80	A-516 Gr70	B-165	S.W.SS316L F/.Graphite	0.85	6.5/11.1/14.4	3	10/16/18	NO	RT20	산업안전보건법

주1)

① 압력용기, 증류탑, 반응기, 열교환기, 탱크류 등 고정기계에 해당합니다.

② 내용물은 증류탑의 경우 충진물, 데미스터(Demister), 내부의 지지물 등을 말합니다.

③ 용량에는 장치 및 설비의 직경 및 높이 등을 기재합니다.

④ 열교환기류는 동체 측과 튜브 측을 구별하여 기재합니다.

⑤ 자켓이 있는 압력용기류는 동체 측과 자켓 측을 구별하여 기재합니다.

주2)

① "용량" 란에는 탑류의 직경 · 전체길이 및 처리 단수 또는 높이, 반응기 및 드럼류의 직경 · 길이 및 처리량, 열교환기류의 시간당 열량 · 직경 및 높이, 탱크류의 저장량 · 직경 및 높이 등을 기재합니다.

② 이중 구조형 또는 내외부의 코일이 설치되어 있는 반응기 및 드럼류는 동체 및 자켓 또는 코일에 대하여 구분하여 각각 기재합니다.

③ "사용 재질" 란에는 재질분류 기호로 기재합니다.

④ "개스킷의 재질" 란에는 상품명이 아닌 일반명을 기재합니다.

⑤ "계산 두께" 란에 부식 여유를 제외한 수치를 기재합니다.

⑥ "비고" 란에는 안전인증, 안전검사 등 적용받는 법령명을 기재합니다.

◈ 작성 방법

4.1 장치번호

P&ID 도면을 확인하여 장치번호를 기재한다.

4.2 장치명

P&ID 도면을 확인하여 장치명을 기재한다. Column/Tower류, 반응기류, Drum/Vessel류, 열교환기류, Heater/Furnace류, 탱크류, 원심분리기, 집진기 등의 Stationary Equipment 등을 기재한다. 또한 열교환기는 동체 측과 튜브 측을 구분하여 기입한다. Jacket/Coil형 Vessel도 동체 측과 Jacket/Coil 측을 구분하여 기입한다.

4.3 내용물

내용물은 설비의 내부에서 유동하는 물질의 명칭을 기재한다. 공정개요 및 P&ID 도면을 확인하여 작성한다. 증류탑의 경우는 충진물, 더미스터(Demister)※, 내부의 지지물 등을 기록한다.

※ 더미스터(Demister)
유체 중에 포함되어 있는 mist 혹은 dust를 분리, 제거하는 일종의 filter인 동시에 반응 작용을 효과적으로 일으키게 하여 반응을 촉진한다.
또한, Demister는 사용 조건에 따라 다양한 재질로서 제작되기 때문에 반영구적이며, 구조가 간단하여 설치 및 보수도 용이하여 경제적이다.

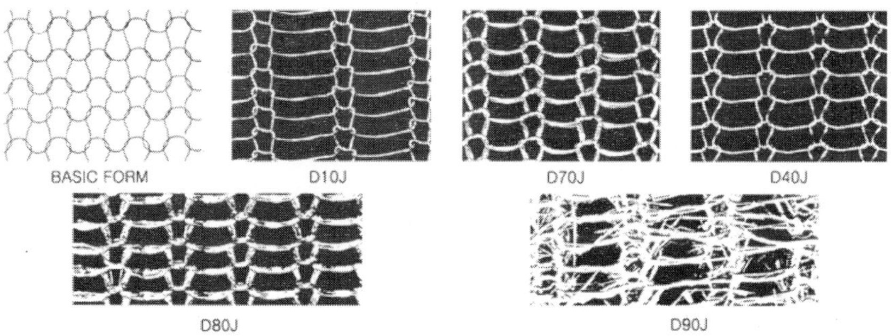

4.4 용량

용량이란 용기 안에 들어갈 수 있는 물건의 분량으로 본래는 어떤 그릇의 부피를 가리켰으나, 물질이 받아들이는 분량이나 받아들일 수 있는 분량의 최댓값이라는 의미로 확장되어 사용되는 용어이다. 입체 도형의 경우 도형이 차지하는 크기, 즉 부피와 같은 뜻으로 쓰인다. 항상 최대용량을 기재하여야 한다. 사용량과는 다른 의미로 그 설비의 최대량을 작성한다. 설비별로 구분하면 다음과 같다.

탑류의 경우에는 직경 · 전체길이 및 처리 단수 또는 높이를 기재하고 반응기 및 드럼류는 직경 · 길이 및 처리량, 열교환기류는 시간당 열량 · 직경 및 높이, 탱크류는 저장량 · 직경 및 높이 등을 기재한다. 확인하여야 할 사항으로는 용량의 단위를 틀리게 기록하는 경우가 있으므로 특히 주의하여야 한다. 그리고 가급적 설비의 높이나 직경을 작성하는 경우 같은 단위로 작성하여 혼란이 발생하지 않도록 한다.

- 타워류 : 직경 mm × 전체길이 mm × 단수
- 반응기류/드럼류 : 직경 mm × 전체길이 mm
- 탱크류 : 저장량 m^3, 직경 mm × 높이 mm
- 열교환기류 : 전열량(kcal/hr) × 전열면적(m^2) × 형식(AEU)

4.5 운전압력

운전압력의 작성은 현장 상황과 공정개요를 참고하여 작성하며, 주의사항으로는 압력의 단위를 일치하여 작성하여야 한다. 특히 MPa, kg/cm^3, bar, hPa, mmHg, kPa 및 mmH_2O 등을 구분하여 사용하여야 한다. 추가적으로 모든 압력을 환산하여 동일한 단위로 기재하면 사용자와 평가자의 입장에서도 편리할 것으로 판단된다.

4.6 설계압력

공정개요와 P&ID를 확인하여 압력을 기재한다. 주의사항으로 운전압력과 설계압력을 바꾸어서 기재하는 경우가 있는데 당연히 설계압력이 높아야 함에도 불구하고 설계압력이 사용압력보다 적은 수치를 기재하는 경우가 종종 발견된다. 다음은 압력의 단위 환산표이니 참고할 필요가 있다.

※ 표를 읽는 방법 가로축(→)을 먼저 읽고, 세로축(↑)을 읽는다.

Pa	bar	kgf/cm²	atm	mmH_2O	mmHg, Torr	lb/in²
1	1.000×10^{-5}	1.020×10^{-5}	9.869×10^{-6}	1.020×10^{-1}	7.501×10^{-3}	1.451×10^{-4}
1.000×10^{5}	1	1.01972	9.869×10^{-1}	1.020×10^{4}	7.501×10^{2}	1.451×10
9.807×10^{4}	9.807×10^{-1}	1	9.678×10^{-1}	1.000×10^{4}	7.356×10^{2}	1.422×10
1.013×10^{5}	1.01325	1.03323	1	1.033×10^{4}	7.600×10^{2}	1.471×10
9.807	9.807×10^{-5}	1.000×10^{-4}	9.678×10^{-5}	1	7.356×10^{-2}	1.421×10^{-3}
1.333×10^{2}	1.333×10^{-3}	1.360×10^{-3}	1.316×10^{-3}	1.359×10^{4}	1	1.934×10^{-2}
6.890×10^{3}	6.890×10^{-2}	7.031×10^{-2}	6.800×10^{-2}	7.037×10^{-1}	5.171×10	1

① 1 bar = 10^5 N/m² = 10^5 kg.m/s² = 10^5 Pa
② mmH_2O = mmAQ = mmWG = mmWs = mmWC
③ Psi = Lb/in² = 0.07030 kg/cm²(1 kg/cm² = 14.2233 Psi
④ Torr = mmHg = 1.35951×10^{-3} kg/cm² = 13.59 mmH_2O

- 압력의 단위 : N/m² = Pa(pascal, 파스칼)
  (대기압≒1 atm = 1.013×10^5Pa = 14.71 b/in² = 1.013 bar = 1013 mbar)
- 단위 : Kg/cm² 또는 1 b/in², 1 Kg/cm² = 14.22Psi(lb/in²)
  [200 Kg/cm² = 2844 Psi(lb/in²)]
  psi = pound per square inch

4.6.1 압력적용

① 최대운전압력이 7 MPaG 이하 : 최대운전압력×1.1 또는 최대운전압력+0.18 MPa 중 큰 값
② 최대운전압력이 7 MPaG 초과 : 최대운전압력×1.05 또는 최대운전압력+0.7MPa 중 큰 값
③ 가능하면 최소 설계압력은 0.35 MPaG 이상
④ 진공 운전 : 완전진공(Full Vaccum)

4.6.2 압력 확인

운전압력보다 당연히 설계압력이 높아야 하지만, 가끔씩 반대로 기재되어 있는 경우도 있으니 주의하여야 한다.

4.7 운전온도

운전온도는 공정흐름도 및 공정개요와 일치하게 기입한다.

4.7.1 재질별 사용허용 온도

화학공장에서 사용하는 재질은 각각 온도에 따른 재료의 물리적 성질 및 조직의 변화가 발생된다. 이러한 변화는 설비 사용에 심각한 문제를 발생시킬 수 있으므로 사용온도에 적합한 적정 재질을 선정하여 사용하여야 한다. 특히 고온 및 저온에서의 적정 재질의 선정은 중요하다. 고온에서는 재료의 강도가 감소하는 경향이 있으며, 항복점은 감소되거나 명료하지 않게 되고 극한인장강도 역시 감소하게 된다. 고온에서는 강재를 포함하는 금속이 일정한 하중 하에서 일정한 기간에 걸쳐 고온에 두었을 때 발생하는 크리이프 강도가 고려되어야 한다.

저온에서 탄소강의 온도가 상온 이하로 저하되면 인장강도, 경도, 탄성계수 및 항복점 등은 점차 증가되나 연신율, 단면 수축률 및 충격치 등은 감소되어 취성이 많아진다. 특히 충격치는 온도의 강하와 더불어 어떠한 한계온도, 즉 천이점(transition point)에 도달하면 급격히 감소되어 -70℃ 부근에서 충격치가 0에 가깝게 되고, 이로 인하여 취성이 생긴다. 이러한 성질을 저온취성(low temperature shortness)이라 한다.

4.7.2 재질 선정 시 고려사항

(1) 저온 물질 취급(0℃ 이하)의 경우

(가) 일반적으로 탄소강과 저합금강은 대부분의 사용 환경에서 좋은 인성(Toughness)과 전연성(Ductility)를 갖지만, 0℃ 이하의 저온 물질 취급 시 에는 취성 파괴(Brittle fracture)가 일어나기 쉽다. 따라서 이러한 저온에서 사용될 때는 관련 지침에 따라 적절한 충격 시험(Impact Test) 요구조건을 만족해야 한다.

(나) -45℃의 저온에서는 인성을 향상시키기 위해 노말라이징(Normalizing) 열처리를 하여 사용한다.

(다) -45℃에서 -101℃까지의 온도에서는 3.5%의 니켈을 함유한 합금을 사용하며, -101℃ 이하에서는 9%의 니켈강이나 오스테나이트 스테인레스강을 주로 사용한다.

(2) 상온에서부터 고온까지 유체 취급의 경우

(가) 오스테나이트 스테인레스강은 현장에서 열처리 시 예민화 온도(500~800℃)

범위에 장시간 노출될 경우 입계부식(Intergranular corrosion)발생 가능성이 있으므로 현장에서 후 열처리를 하지 않는 것이 바람직하다.

(나) 고온강도가 요구되는 곳에서는 304H, 316H, 321H, 347H 같은 H 등급(Grade)의 스테인레스강을 주로 사용한다.

4.7.3 재질별 허용온도

□ 판재

재질	사용온도범위
A-283	-29℃~482℃
A-285	-29℃~343℃
A-515	-29℃~538℃
A-516	-45℃~538℃
A-387 Cr 2	-29℃~538℃
A-387 기타	-29℃~649℃
A-240(300 계열)	-198℃~538℃

□ 배관

재질	사용온도범위
A-283 Cr B	-29℃~538℃
API 5L Cr A.B	-29℃~538℃
A-53 Cr B	-29℃~482℃
A-333 Cr 1	-45℃~343℃
A-334 Cr 1	-45℃~343℃
A-333 Cr 3.4	-100℃~343℃
A-334 Cr 3	-100℃~343℃
A-335 Cr P1,P2	-29℃~538℃
A-335 Cr P5,P7.P9,P11,P12,P22	-29℃~649℃
A-312(300계열)	-198℃~816℃
B-407&514(Incoloy 800/800H)	816℃까지
B-165(Monel)	-198℃~816℃
B-619(Hastelloy B-2)	-29℃~427℃
B-619(Hastelloy C-276)	-29℃~538℃
B-464(Carpenter)	-29℃~427℃
B-474(Carpenter-20)	-29℃~427℃

4.8 설계온도

설계온도는 정상운전 온도보다 30℃ 이상으로 작성되었는지 관련 자료를 확인하고 기재한다. 가끔씩 운전온도보다 설계온도가 낮게 기재되어 있는 경우도 발견된다.

4.9 사용 재질(본체)

KS/ASTM 등의 재질분류기호를 기입한다. 주요재질의 분류기호는 3.4항을 참고한다.

4.10 사용 재질(부속품)

KS/ASTM 등의 재질분류기호를 기입한다. 주요재질의 분류기호는 3.4항을 참고한다.

4.11 사용 재질(개스킷)

KS/ASTM 등의 재질분류기호를 기입한다. 주요재질의 분류기호는 3.4항을 참고한다. 또한 개스킷에 대하여 보다 상세한 사항은 배관 및 개스킷 상세명세서 항을 참고한다.

4.12 용접효율

"이음효율(Joint efficiency)"이라 함은 용접 이음부의 건전성을 나타내기 위하여 방사선 투과시험의 정도에 따라 모재 두께에 대한 이음부의 두께 효율을 말한다.
용접이음 종류 및 방사선 투과시험 실시 여부에 따라 기입한다. 용접의 질을 평가하는 지표로서 용접할 때 소재 간의 이음부와 소재의 기계적 성질의 비율로 표현된다. 용접부위의 방사선 시험정도에 따라서 신뢰성을 부여하는 것으로서 방사선 시험이 Full인 경우 100%, 방사선 시험이 Spot인 경우는 85%, 방사선 시험을 하지 않을 경우는 70% 만의 이음효율을 적용하고 각각에 대해 용접효율은 1.0, 0.85, 0.7로 사용한다.

4.12.1 다음은 압력용기 등의 설계 시 중요한 인자로 용접이음매의 종류 및 방사선 투과시험의 비율에 따라 효율이 정해지는 것으로 용접이음매의 효율이 클수록 압력용기 등의 설계 시 두께는 두꺼워지게 된다.

이음매의 종류			이음매의 효율
NO	용접상태	검사율	
(1)	맞대기 양면 용접 또는 이와 같은 수준 이상이라 할 수 있는 맞대기 한 면 용접 이음매	1	1.00
		0.2 이상 1 미만	0.95
		0.2 미만	0.70
(2)	받침쇠를 사용한 맞대기 한 면 용접 이음매로써 받침쇠를 남기는 것	1	0.90
		0.2 이상 1 미만	0.85
		0.2 미만	0.65
(3)	위(2)의 것 외의 맞대기 한면 용접이음매		0.60
(4)	층성동체의 층성재 또는 외통의 맞대기 한면용접 이음매		0.65
(5)	양면 전두께 필렛겹치기 용접이음매		0.55
(6)	플러그 용접을 하는 한 면 전두께 필렛겹치기		0.50

4.12.2 아크 용접 및 가스 용접법에 허용되는 용접 이음부 형식과 각 형식에 허용되는 판의 제한두께와 방사선투과시험 정도에 따른 용접이음의 효율은 다음과 같다.

형식 번호	이음부 설명	제한 조건	이음부 범주	방사선 투과 시험 정도		
				(a) 전 길이	(b) 부분	(c) 미실시
(1)	양면 용접 또는 다른 방법으로 완성한 맞대기 이음부. 그 자리에 남겨두는 금속 용접 받침대를 사용하는 용접부는 제외한다.	없음	A, B, C, D	1.00	0.85	0.70

형식 번호	이음부 설명	제한 조건	이음부 범주	방사선 투과 시험 정도		
				(a) 전 길이	(b) 부분	(c) 미실시
(2)	위 (1)에 포함된 용접부 이외의 용접 받침대를 사용하는 단면 용접 맞대기 이음부	(a) 아래 (b) 외에는 없다.	A, B, C, D	0.90	0.80	0.65
		(b) 한 개 판의 오프셋이 있는 원주 방향 맞대기 이음부.	A, B, C	0.90	0.80	0.65
(3)	용접 받침대를 사용하지 않는 단면 용접 맞대기 이음부	두께 16 mm 이하, 바깥지름 600 mm 이하의 원주 방향 맞대기 이음부에 한한다.	A, B, C	해당 없음	해당 없음	0.60
(4)	양면 완전 필릿 겹침 이음부	(a) 두께 10 mm 이하 길이 방향 이음부	A	해당 없음	해당 없음	0.55
		(b) 두께 16 mm 이하 원주방향 이음부	B 및 C	해당 없음	해당 없음	0.55
(5)	플러그 용접부가 있는 단면 완전 필릿 겹침 이음부	(a) 바깥지름 600 mm를 초과하지 않는 경판을 두께 13 mm이하의 동체에 부착시키기 위한 원주 방향 이음부	B	해당 없음	해당 없음	0.50
		(b) 플러그 용접부 중심에서 판 가장자리까지의 거리가 그 플러그용 구멍 지름의 1½배 이상인 경우, 공칭 두께 16 mm 이하인 재킷을 동체에 부착시키기 위한 원주 방향 이음부	C	해당 없음	해당 없음	0.50

[범주 A, B, C 및 D 용접 이음부의 대표적 예시]

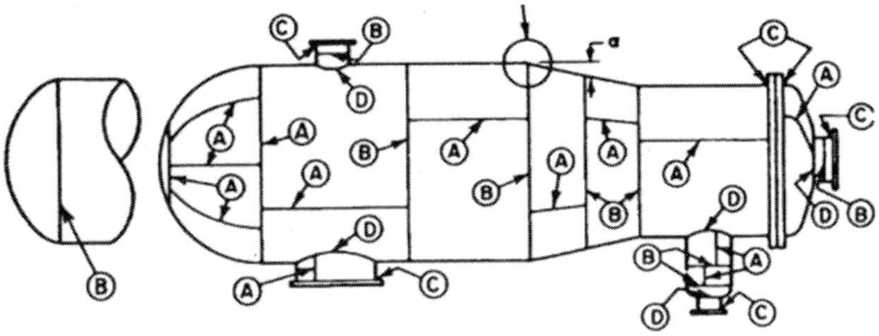

4.13 계산 두께(mm)

계산두께는 설계압력(두께)이라 표현하기도 하며 부식 여유를 제외한 수치를 기재한다. 필요한 자료는 설비 제작업체의 카달로그 및 시방서를 확인하여 작성한다. 단위를 일치시키고 작성한다.

4.14 부식 여유(mm)

금속 제품이 사용 중 부식으로 인하여 손실된 것을 미리 예상하고 그 분량만큼 두껍게 덧붙인 것을 의미한다. 부식 여유는 설비 제작업체의 자료를 확인하여 작성한다. 부식 여유에 대한 구체적인 사항은 ISO 21457(부식 제어와 재질 선택)의 자료를 참고한다. ISO 21457에서 배관시스템과 관련한 부식 여유는 다음과 같이 제시하고 있다.

4.14.1 비부식성 환경인 경우 : 1.0 mm~1.5 mm

4.14.2 중간 정도의 부식 환경의 경우 : 3.0 mm

4.14.3 높은 정도의 부식 환경의 경우 : 6.0 mm

4.15 사용두께

사용두께는 계산두께 + 부식 여유의 값 이상으로 되는지 확인한다. 사용두께가 계산두께보다 적게 기재되어 있은 경우가 자주 발견되므로 정확한 확인이 필요하다.

4.16 후 열처리 여부

후 열처리는 용접 전후 응력제거를 위하여 실시한다. 용접 구조로 제작하는 용기는 용착금속이나 열영향부의 결함을 방지하고 잔류응력을 완화할 목적으로 예열 후 열처리 또는 응력제거를 한다. 적용하는 기준은 사용 재료의 종류, 용접방법 및 관련 규격에 따라 결정한다. 용접 후 열처리 대상은 다음과 같다.

[탄소강 및 저합금강 용접 후 열처리 요건]

재료	재료 두께(mm)
P-No. 1, Gr. No. 1,2,3 P-No. 10C, Gr. No. 1	□ 공칭두께 38 mm를 초과하는 재료 □ 용접하는 동안 최저 95℃로 예열하지 않은 공칭두께 32 mm 초과 38 mm 이하인 재료
P-No. 3 Gr. No. 1,2,3 P-No. 9A, 9B, Gr. No. 1 P-No. 10A, Gr. No. 1	□ P-No. 3, Gr. No. 3 재료의 모든 두께의 재료 □ 공칭두께 16 mm를 초과하는 재료
P-No. 4, Gr. No. 1,2 P-No. 5A, 5B, 5C Gr. No. 1 P-No. 15E, Gr. No. 1 P-No. 10B, Gr. No. 1	□ 원칙적으로 모든 재료
재료에 따른 예외 사항 등 기타 사항은 KS B 6750 표 6.5.9(탄소강 및 저합금강의 용접 후 열처리 요건)에 따른다.	

[용접 후 열처리 조건(KS B 6750 6.5.9)]

	모재 두께	모재구분
일반탄소강	38 mm 초과 (단, 32 mm 초과 38 mm 이하까지는 필히 95℃ 이상의 예열, 그렇지 않으면 후 열처리 실시)	P-1, Gr NO.1,2,3
저합금강	16 mm 초과	P-3, 4, 5
고합금강	원칙적으로 후 열처리 미실시	P-6, 7, 8, 11A
	16 mm 초과 (단, 95℃ 이상 예열 후 용접한 경우는 제외)	P-9A, 9B

4.16.1 용접 후 열처리 요건

(가) 용기나 부품을 노에 장입할 때 노의 온도는 425℃ 이하이어야 한다.

(나) 425℃ 초과 온도에서의 가열속도는 222℃/hr를 동체판 또는 경판의 최대 금속 두께(25 mm 기준)로 나눈 값 이하이어야 하며, 어떠한 경우에도 222℃/hr 이하이어야 한다. 가열하는 동안 용기의 가열 부위에서 길이 간격 4.6 m 내에 139℃를 초과하는 온도편차가 없어야 한다.

(다) 가열 유지시간 동안 용기의 가열 부위 전체에 대한 최고 및 최저온도 차는 83℃ 이하이어야 한다.

(라) 425℃ 초과 온도에서의 냉각은 280℃/hr를 동체판 또는 경판의 최대 금속 두께(25 mm 기준)로 나눈 값 이하의 속도로 밀폐된 노 또는 냉각실에서 실시하여야 하며, 어떠한 경우에도 282℃/hr 이하이어야 한다. 425℃부터는 정체된 대기에서 냉각시켜도 된다.

4.16.2 용접 후 열처리 작업의 확인

모든 용접 후 열처리의 정확한 실시 및 열처리 온도가 해당 요건을 준수하고 있는지 확인하여야 한다.

4.17 비파괴검사율(%)

비파괴검사(Non-Destructive Testing)란 재료나 제품의 원형과 기능을 전혀 변화시키지 않고 재료에 물리적 에너지(햇빛, 열, 방사선, 음파, 전기와 전기에너지) 등을 적용하여 조직의 이상이나 결함의 존재로 인해 적용된 에너지의 성질 및 특성 등이 변하는 것을 적당한 변환 센서를 이용하여 이들 성질의 변화량을 측정함으로써 조직의 이상 여부나 결함의 정도를 알아내는 모든 검사를 말한다. 비파괴검사율은 설비의 용도 및 제원에 따라 비파괴 검사를 실시하고 검사방법 및 검사율을 기록한다.

4.17.1 비파괴검사(NDT)의 종류

(가) 방사선투과검사(Radiographic Testing)

방사선투과검사는 금속이나 기타 재질에 대하여 방사선 및 필름을 이용하여

시험체의 내부에 존재하는 불연속(결함)을 검출하는데 적용하는 비파괴검사 방법 중의 하나이다. 방사선투과검사의 장점으로는 거의 모든 재질을 검사할 수 있으며 검사 결과는 필름으로 영구적으로 기록을 남길 수 있다는 것이다. 그러나 방사선투과검사는 검사 비용이 많이 들고 방사선 위험 때문에 안전관리의 문제가 있으며 제품의 형상이 복잡한 경우에는 검사하기 어려운 단점이 있다.

(나) 초음파탐상검사

초음파탐상검사란 가청 주파수 이상의 주파수를 갖는 초음파를 이용하여 소재의 내부결함을 검출하거나 두께 측정에 이용하는 것으로, 탐촉자에서 발생한 초음파는 소재의 내부로 침투되어 진행하며 초음파의 경로상에 결함이 존재할 경우, 그 결함에 의해 초음파는 반사되어 되돌아오고 그 신호를 받아 초음파가 진행한 거리만큼 CRT 화면에 신호로 나타나게 된다. CRT 화면에 나타난 신호의 위치 및 크기를 읽어 그 결함이 존재하는 깊이 및 크기를 평가한다.

(다) 자분탐상검사

강자성체인 시험체를 자화 시켰을때 시험체 조직의 변화 또는 결함 등이 존재하는 경우에는 이로 인하여 시험체에 형성된 자장의 연속성이 깨어져 이 부분에 누설 자장이 형성된다. 이때 시험체의 표면에 자분을 산포하면 누설 자장이 형성된 부위에 자분이 달라붙어 시험체 조직의 변화 또는 결함 등의 존재 유무, 위치, 크기, 방향 및 범위 등을 검사할 수 있다.

(라) 액체침투 탐상법

모세관의 원리를 이용하여 표면 미세 균열을 검출하는 검사방법으로 시험편 표면에 침투액을 적용시켜서 균열 등의 불연속부에 침투시킨 후 과잉의 침투제를 제거하고 현상제를 적용시켜 침투된 침투액을 추출시켜 불연속부의 위치, 크기 및 지시 모양을 검사한다. 침투탐상에 적용되는 침투제는 낮은 표면장력과 높은 모세관 현상의 특성이 있어 시험체에 적용하면 표면의 불연속 등에 쉽게 침투하게 된다. 이렇게 모세관 현상에 의해 침투제가 침투하게 되고, 침투하지 못한 침투제를 제거한 후 현상제를 적용하면 불연속부에 들어있는 침투제가 현상제 위로 흡착되어 가시적으로 표면 개구부의 위치 및 크기를 알 수 있는 방법이다. 특징으로는 검사체의 크기나 재료에 관계없이 표면에 위치한 결함을 쉽게 찾을 수 있다.

(마) 와류탐상검사

유도코일에 전류가 흐르면 그 전류 주위에는 자장이 형성되고 그 자장의 영향을 받아 검사재의 표면에는 자장으로부터 유도되는 와전류가 발생하게 되며 이 와전류를 2개의 감지코일로 결함의 유무 및 크기를 측정한다. 도체에 생긴 와전류의 크기 및 분포는 주파수, 도체의 전도도와 투자율, 시험체의 크기와 형상, 코일의 형상과 크기, 전류, 도체와의 거리, 균열 등의 결함에 의해 변한다. 따라서 시험체에 흐르는 와전류의 변화를 검출함으로써 시험체에 존재하는 결함의 유무, 재질 등의 시험이 가능해진다.

(바) 누설검사

밀봉된 물질의 누설 여부를 확인하기 위하여 행하는 시험으로 기체나 액체와 같은 유체가 시험체의 내부와 외부의 압력 차에 의해 시험체의 결함을 통해 유체가 흘러 들어가거나 흘러나오는 성질을 이용하여 결함을 찾아내는 방법이다. 탱크나 고압용기의 용접부에 수밀, 유밀, 기밀 등을 검사하는 데 사용된다.

4.17.2 비파괴검사 실시대상

- 독성물질 취급 압력용기
- 두께 38 mm를 초과하는 탄소강 압력용기
- 두께 25 mm를 초과하는 저합금강 및 오스테나이트계 스테인레스강 압력용기
- 기압시험 압력용기
- 용접효율이 1인 압력용기
- 페라이트계 스테인레스강

4.17.3 비파괴검사 효율

- 비파괴검사 용접효율은 제작 당시 적용기준에 따라 기입
- 고용노동부고시 제2016-29호(위험기계 · 기구 안전인증 고시)
- KS B 6750-3「일반산업용 압력용기」4.2.2 사용제한 j) 치사적 물질용 압력용기

4.17.4 비파괴검사 방법의 비교

검사 방법	기본원리	검출대상 및 적용	특징
방사선 투과검사 (RT)	투과성 방사선을 시험체에 조사하였을 때 투과 방사선의 강도의 변화 즉, 건전부와 결함부의 투과선량의 차에 의한 필름상의 농도차로부터 결함을 검출	용접부, 주조품 등의 대부분 재료의 내외부 결함 검출	• 영구적인 기록 수단 • 모든 종류의 재료에 적용 가능 • 표면결함 및 내부결함 검출가능 • 방사선안전관리 요구
초음파 탐상검사 (UT)	초음파가 음향임피던스가 다른 경계면에서 반사, 굴절하는 현상을 이용하여 대상의 내부에 존재하는 불연속을 탐지하는 기법	용접부, 주조품, 압연품, 단조품 등의 내부결함 검출 및 두께 측정	• 결함의 위치 및 크기 추정 가능 • 표면 및 내부결함 탐상 가능 • 자동화 가능
자분 탐상검사 (MT)	검사대상을 자화시키면 불연속부에 누설자속이 형성되며 이 부위에 자분을 도포하면 자분이 집속됨	강자성체 재료의 표면 및 표면직하 결함 검출	• 강자성체에만 적용 가능 • 장치 및 방법이 단순 • 결함의 육안 식별 가능 • 비자성체에는 적용불가-신속하고 저렴
침투 탐상검사 (PT)	표면으로 열린 결함을 탐지하는 기법으로 침투액이 모세관현상에 의하여 침투하게 한 후 현상액을 적용하여 육안으로 식별	용접부, 단조품 등의 비기공성 재료에 대한 표면개구결함 검출	• 거의 모든 재료에 적용 가능 • 현장 적용이 용이, 제품의 크기 형상 등에 크게 제한받지 않음 • 장비 및 방법이 단순
와전류 탐상검사 (ET)	전자유도에 의해 와전류를 발생하며 시험체 표층부의 결함에 의해 발생한 와전류의 변화를 측정하여 결함을 탐지	파이프, 봉, 강판 등 전도체재료의 표면 또는 표면 근처의 결함검출, 물성 측정	• 비접촉탐상, 고속탐상, 자동탐상 • 각종 도체의 표면결함탐상 • 열교환기 튜브의 결함탐지
누설검사 (LT)	암모니아, 할로겐, 헬륨 등의 기체 또는 물을 이용하여 누설을 확인하여 대상의 기밀성을 평가하는 검사	압력용기, 저장탱크, 파이프라인 등의 누설 탐지	• 관통된 불연속만 탐지가능 • 최종 건전성 시험으로 주로 사용

4.18 비고

비고란에는 안전인증, 안전검사 등 적용받는 법령명을 기입한다. 다음은 산업안전법령에서 정하고 있는 설비 관련 적용법령이므로 참고하여 작성한다.

4.18.1 산업안전보건법 시행령(안전인증 대상)

법 제84조제1항에서 "대통령령으로 정하는 것"이란 다음 각호의 어느 하나에 해당하는 것을 말한다.

(1) 다음 각 목의 어느 하나에 해당하는 기계 또는 설비
- 가. 프레스
- 나. 전단기 및 절곡기(折曲機)
- 다. 크레인
- 라. 리프트
- 마. 압력용기
- 바. 롤러기
- 사. 사출성형기(射出成形機)
- 아. 고소(高所) 작업대
- 자. 곤돌라

(2) 다음 각 목의 어느 하나에 해당하는 방호장치
- 가. 프레스 및 전단기 방호장치
- 나. 양중기용(揚重機用) 과부하 방지장치
- 다. 보일러 압력방출용 안전밸브
- 라. 압력용기 압력방출용 안전밸브
- 마. 압력용기 압력방출용 파열판
- 바. 절연용 방호구 및 활선작업용(活線作業用) 기구
- 사. 방폭구조(防爆構造) 전기기계·기구 및 부품
- 아. 추락·낙하 및 붕괴 등의 위험 방지 및 보호에 필요한 가설기자재로서 고용노동부 장관이 정하여 고시하는 것
- 자. 충돌·협착 등의 위험 방지에 필요한 산업용 로봇 방호장치로서 고용노동부 장관이 정하여 고시하는 것

(3) 다음 각 목의 어느 하나에 해당하는 보호구
가. 추락 및 감전 위험방지용 안전모
나. 안전화
다. 안전장갑
라. 방진마스크
마. 방독마스크
바. 송기(送氣)마스크
사. 전동식 호흡보호구
아. 보호복
자. 안전대
차. 차광(遮光) 및 비산물(飛散物) 위험방지용 보안경
카. 용접용 보안면
타. 방음용 귀마개 또는 귀덮개

4.18.2 산업안전보건법 시행령(안전검사 대상)

안전검사대상 기계 등 법 제93조제1항 전단에서 "대통령령으로 정하는 것"이란 다음 각 호의 어느 하나에 해당하는 것을 말한다.

(1) 프레스
(2) 전단기
(3) 크레인(정격 하중이 2톤 미만인 것은 제외한다)
(4) 리프트
(5) 압력용기
(6) 곤돌라
(7) 국소 배기장치(이동식은 제외한다)
(8) 원심기(산업용만 해당한다)
(9) 롤러기(밀폐형 구조는 제외한다)
(10) 사출성형기[형 체결력(型 締結力) 294킬로뉴턴(KN) 미만은 제외한다]
(11) 고소작업대(「자동차관리법」 제3조제3호 또는 제4호에 따른 화물자동차 또는 특수자동차에 탑재한 고소작업대로 한정한다)
(12) 컨베이어
(13) 산업용 로봇

5. 배관 및 개스킷 명세

분류 코드	유체의 명칭 또는 구분	설계 온도	설계 압력	배관 재질	개스킷 재질 및 형태	비파괴검사율	후 열처리 여부	비고
FC	H.C Gas	70	0.8	A-106Gr.B	Spiral Wound Gasket, Filler/Non Asbestos	20	NO	

주1)

① 분류코드란에는 공정배관계장 도면상의 배관 분류 코드를 기재합니다.

② 배관재질란은 KS/ASTM 등의 기호로 기재합니다.

③ 개스킷 재질 및 형태란에는 일반명 및 형태를 기재하고 상품번호는 기재하지 아니합니다.

주2)

① 해당 설비에서 사용되는 배관에 관련된 사항은 공정 배관 · 계장도(Piping & Instrument Diagram, P&ID)상의 배관 재질 코드별로 기재합니다.

② "분류코드"란에는 공정 배관 · 계장도 상의 배관분류 코드를 기재합니다.

③ "유체의 명칭 또는 구분"란에는 관련 배관에 흐르는 유체의 종류 또는 이름을 기재합니다.

④ "배관 재질"란에는 사용 재질을 재질분류 기호로 기재합니다.

⑤ "개스킷 재질 및 형태"란에는 상품명이 아닌 일반적인 명칭 및 형태를 기재합니다.

5.1 분류코드

분류코드에는 공정 배관 · 계장도(Piping & Instrument Diagram, P&ID)상의 배관 재질 코드별로 기재한다. 관련 도면과 분류코드 번호가 상이한 부분이 발견되므로 정확하게 기재한다.

5.2 유체의 명칭 또는 구분

관련 배관에 흐르는 유체의 종류 또는 이름을 기재한다. 공정개요 또는 관련 도면(P&ID, PFD 등)을 참고하여 정확하게 배관에 흐르는 유체의 명칭 및 성상(액체, 기체, 고체)을 표기한다. 유체의 명칭이나 성상만 기재하는 경우가 있는데 반드시 두 가지(명칭, 성상) 모두 작성하여야 한다.

5.3 설계온도

공정개요 및 관련 도면을 참고하여 정확하게 작성한다, 온도의 단위를 주의한다.

5.4 설계압력

공정개요 및 관련 도면을 참고하여 정확하게 작성한다, 압력의 단위를 주의한다.

5.5 배관 재질

KS/ASTM 등의 재질분류기호를 기입한다. 재질 사양은 취급 유체의 종류 및 상태를 고려하여 배관 재질, 호칭 압력, 플랜지 면의 상태 및 부식 여유 등을 감안하여 결정한다. 재질 사양은 다음의 표기 방법을 참조하여 사업장에서 자율적으로 규정하여 사용할 수 있다. 또한 공정의 종류 및 공정특성에 따른 특수한 요구 조건이 있는 경우에는 그 공정에 적합하도록 재질 사양을 별도로 구성하여 사용할 수도 있다. 재질 사양의 작성 예는 다음과 같고, 이를 참조하여 사업장에서 자율적으로 필요한 사항을 구성하여 작성할 수 있다.

[배관표기 방법]

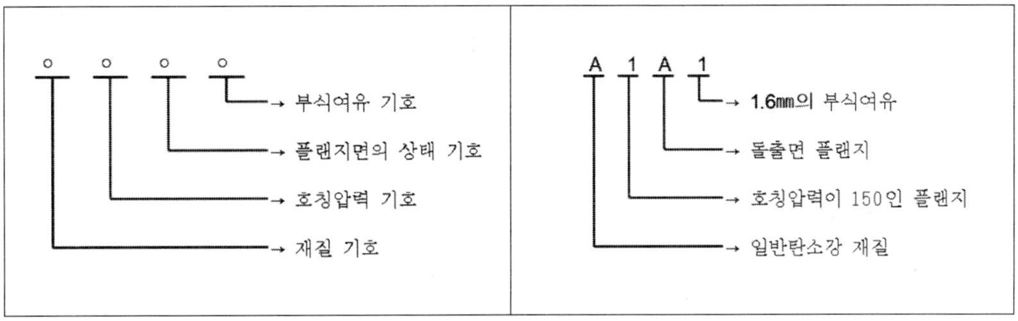

[첫 번째 기호]

기호	재질의 종류	기호	재질의 종류
A	일반탄소 강	M	TP316
B	킬드 강	N	TP316L
E	1¼Cr-½Mo 강	O	TP316H
F	2¼Cr-1Mo 강	P	TP317
G	3Cr-1Mo 강	Q	TP321/347
H	5Cr-½Mo 강	R	Monel
J	9Cr-1Mo 강	S	3½Nikel
K	TP304	T	저온용 탄소강
L	TP304L		

[호칭압력]

기호	호칭압력	기호	호칭압력
1	150(PN20, 10K)	5	900(PN150, 63K)
2	300(PN50, 20K)	6	1500(PN250)
3	400(PN68)	7	2500(PN420)
4	600(PN100, 40K)	8	특수설계

[플랜지 면의 상태 기호]

기호	호칭압력	기호	호칭압력
A	돌출면(RF)	C	링 죠인트(RJ)
B	매끄럽게 마감한 돌출면(RFSF)	D	평면(FF)

[부식여유 기호]

기호	호칭압력	기호	호칭압력
0	0	3	0.188″(4.8mm)
1	0.063″(1.6mm)	4	0.250″(6.4mm)
2	0.125″(3.2mm)		

5.5.1 재질 선정 시 고려사항

(1) 유체의 특성

취급하는 유체의 물리·화학적 특성에 따라 부식, 침식, 마모 등에 많은 영향을 받으므로 그 유체의 특성에 적합한 재질을 선정하여야 한다.

(2) 재질의 특성

재질 선정 시에는 재질의 종류에 따라 다음과 같은 특성이 달라지므로 이 특성을 고려하여야 한다.

(가) 강도(STRENGTH)

(나) 내식성(CORROSION RESISTANCE)

(다) 인성(TOUGHNESS)

(라) 열충격성(THERMAL SHOCK)

(마) 내마모성(ABRASION RESISTANCE)

(바) 내산화성(OXIDATION RESISTANCE)

(3) 용도에 따른 가장 적합한 재료를 선정하기 위해서는 다음의 사항을 고려하여야 한다.

(가) 관련 법규, 코드 및 사양(Specification)

(나) 장치 수명(부식, 피로, Creep)

(다) 가격

(라) 구입의 용이성
(마) 가공의 용이성
(바) 가공비용
(사) 보수, 유지 용이성

5.5.2 재질 사용온도 범위

재 질	ASTM 기호	등급	사용온도(℃/℉)	비 고
Cu-Ni	B466	O60 H55 H80	-198~316/-325~600	
Inconel	B167	600	-198~649/-325~1200	
Titanium	B338	1/2/3/7	-59~316/-75~600	

5.6 개스킷 재질 및 형태

개스킷이란 금속이나 그 밖의 재료가 서로 접촉할 경우, 접촉면에서 가스나 물이 새지 않도록 하기 위하여 끼워 넣는 패킹(packing)이다. 재료는 고무질의 종류가 많으며, 고무를 입힌 천이 보통이나 석면질(石綿質)이나 구리 등도 있다. 이 밖에 주철관(鑄鐵管)·강관(鋼管)을 이을 때 사용되는 플랜지 이음(flange joint)용 패킹을 가리키기도 한다. 얇은 판의 고리 모양으로 된 것이 많다. "개스킷"이란 플랜지와 플랜지를 체결할 때 접합부에서 유체가 누출되지 않도록 하기 위하여 사용되는 것을 말한다.

5.6.1 개스킷의 선정기준

개스킷의 재질, 두께, 종류에 관하여 선정기준 등은 다음 각호와 같다.
(1) 밀봉되어야 하는 유체와 화학적 저항성을 가지는 개스킷을 재질을 선정한다.
(2) 개스킷의 재질의 요구 조건은 다음의 각 목과 같다.
　가. 양호한 탄성을 가지고 복원성이 좋으며, 기계적 강도를 가지고 압축 변형률 이 적을 것
　나. 내부 유체에 대한 내식성을 가지고, 온도 변화에 충분히 견디며 저항성이 있을 것
　다. 응력완화, 크리프 등에 의한 체부면압의 변화가 적을 것

라. 내압의 변동, 그 외 플랜지 간의 진동 등에 의한 체부 볼트의 토크 손실이 적을 것
마. 장기간 사용에 견디는 내구성을 가질 것
바. 열팽창, 열전도성, 화학변화 등 제반 조건에 적합할 것
사. 플랜지와의 밀착성이 좋으며, 기밀성을 가질 것
아. 가공성이 좋으며, 두께 및 치수 정도가 좋을 것
자. 설계 조건에 적절한 개스킷을 사용할 것
차. 인체 및 환경 등에 영향을 주지 않을 것(석면 등)

5.6.2 개스킷의 종류

(1) 스파이럴형(Spiral Wound Gasket)
V자형 금속재의 얇은 판(Hoop)과 비금속 재료인 충진재(Filler, 필러)를 겹쳐 나선형으로 감아서 만든 세미메탈(Semi-Metal) 개스킷이며, 얇은판(Hoop)의 재질은 STS(Stainless Steel), 티타늄 등이 있고, 충진재(Filler)의 재질은 비석면, 흑연, PTFE(테프론) 등이 있다.

(2) 링 조인트(Ring Joint Gasket)
대표적인 금속 개스킷으로 단면 형태에 따라 Oval(타원형), Octagonal(8각형) Ring Joint 형태가 있다.

[개스킷 재질 및 선정표]

<table>
<tr><th>개스킷의
종류</th><th colspan="2">재질</th><th>최고사용
온도(℃)</th><th>최고사용압력
(호칭압력)</th><th>비 고</th></tr>
<tr><td>판형
개스킷
(Sheet
gasket)</td><td colspan="2">압축석면
비석면 압축 Sheet
테프론
순흑연(Graphite)
고무</td><td>400
400
230
800
100~250</td><td>300
(PN 50)</td><td></td></tr>
<tr><td rowspan="2">스파이럴형
개스킷
(Spiral
wound
gasket)</td><td>파형박
판
(Hoop)</td><td>STS 304
STS 316
STS 316L
STS321/347
Monel
Inconel600
Titanium</td><td>500
600
800
850
800
850
500</td><td rowspan="2">2500
(PN 420)</td><td rowspan="2">다음과 같은 조건에서사용되는 가스킷은 내·외면 붙이가 있는 것이어야 한다.
1.호칭지름〉600 mm(24")이며, 호칭압력〉900(PN150)
2.350mm〈호칭지름〈600 mm이며 호칭압력〉1500(PN250)
3.100mm〈호칭지름〈350 mm이며, 호칭압력〉2500(PN 420)</td></tr>
<tr><td>충진재
Filler</td><td>석면
테프론
순흑연</td><td>600
230
850</td></tr>
<tr><td>금속피복형
개스킷
Metal
jacket
gasket</td><td colspan="2">연 강(Soft iron)
5Cr-0.5Mo강
STS 304/304L
STS 316/316L
구 리
알루미늄
티 타 늄
Monel
STS 321/347</td><td>530
650
800
800
400
430
800
800
850</td><td>300
(PN 50)</td><td></td></tr>
<tr><td>금속
개스킷
Metal
gasket</td><td colspan="2">연강(Soft iron)
5Cr-0.5Mo강
STS 304/304L
STS 316/316L
구리
알루미늄
티타늄
Monel
STS 321/347</td><td>530
650
800
800
400
430
800
800
850</td><td>1. 주름형
(Corrugated);300(PN50)
2. 톱니형
(Serrated);
600(PN100)
3. 링형
(Ring joint);
모든압력범위</td><td></td></tr>
</table>

[개스킷 제조사의 자료]-1

<table>
<tr><th>제품
(압축시트개스킷)</th><th>특성</th><th>적용</th></tr>
<tr><td>
JIC 6000</td><td>내열성이 우수한 고품질의 보강섬유와 내유성 고무를 사용하여 특히 기름에 안정하며 우수한 밀봉성을 발휘하는 범용시트이다.</td><td>- 사용온도
• 최대사용온도 : 350°C (662°F)
• 연속사용온도 : 220°C (428°F)
- 사용압력
• 최대사용압력 : 3kg/cm² (2.94MPa)
• 물, 알카리, 소금물 : 30kg/cm², 200°C
• 열류, 오일가스, 프레온가스 : 20kg/cm², 200°C
• 유기용제 : 20kg/cm², 150°C</td></tr>
</table>

[개스킷 제조사의 자료]-2

<table>
<tr><th>제품
(스파이럴와운드개스킷)</th><th>특성</th><th>적용</th></tr>
<tr><td>
흑연 필라형</td><td>이 Spiral Wound Gasket는 금속박판과 팽창 흑연 Filler를 단면 V자형으로 감아서 제작한 Gasket으로서 극저온에서 고온, 고압까지 석유정제, 화학전력가스, 선박과 각종 배관용 Flange, 열 교환기 등 광범위하게 적용된다</td><td>-최고사용온도 : 450°C
-사용압력범위 : Class 150 to 2500
※ 최고사용온도와 압력은 동시 적용을 금한다.
(최고사용온도에서 최고사용압력을 보장하는 것은 아니라는 의미이다)</td></tr>
</table>

[개스킷 제조사의 자료]-3

제품 (메탈자켓개스킷)	특성	적용
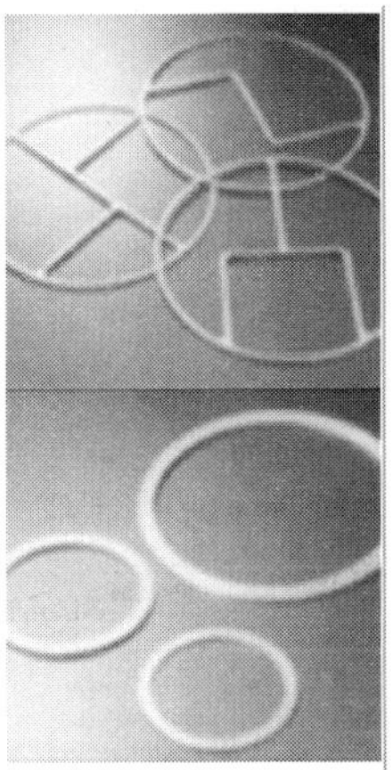 Metal Jacketed Gasket With NA Filler (비석면충진재입 금속피복 가스킷)	비석면보드를 충진대로 박판금속을 피복제로 제작한 가스킷이다. 원형 혹은 비원형 형태로 제작 가능하고 열교환기용으로 보통 가지가 부착된다. 피복재료로는 여러 가지 재질의 금속이 사용 가능하다.	- 최고 사용온도 : 530°C - 최고사용압력 : 60kg/cm² - 열 교환기, 고압용기, 보일러, 밸브 본네트, 관플랜지 등 - 증기 윤활제, 탄화수소, 물, 열수, 유기용제, 극저온 라인, 산소, LPG 등.

5.6.3 수계 유체를 사용하는 경우 아래 그림과 표를 참고하여 선정한다.

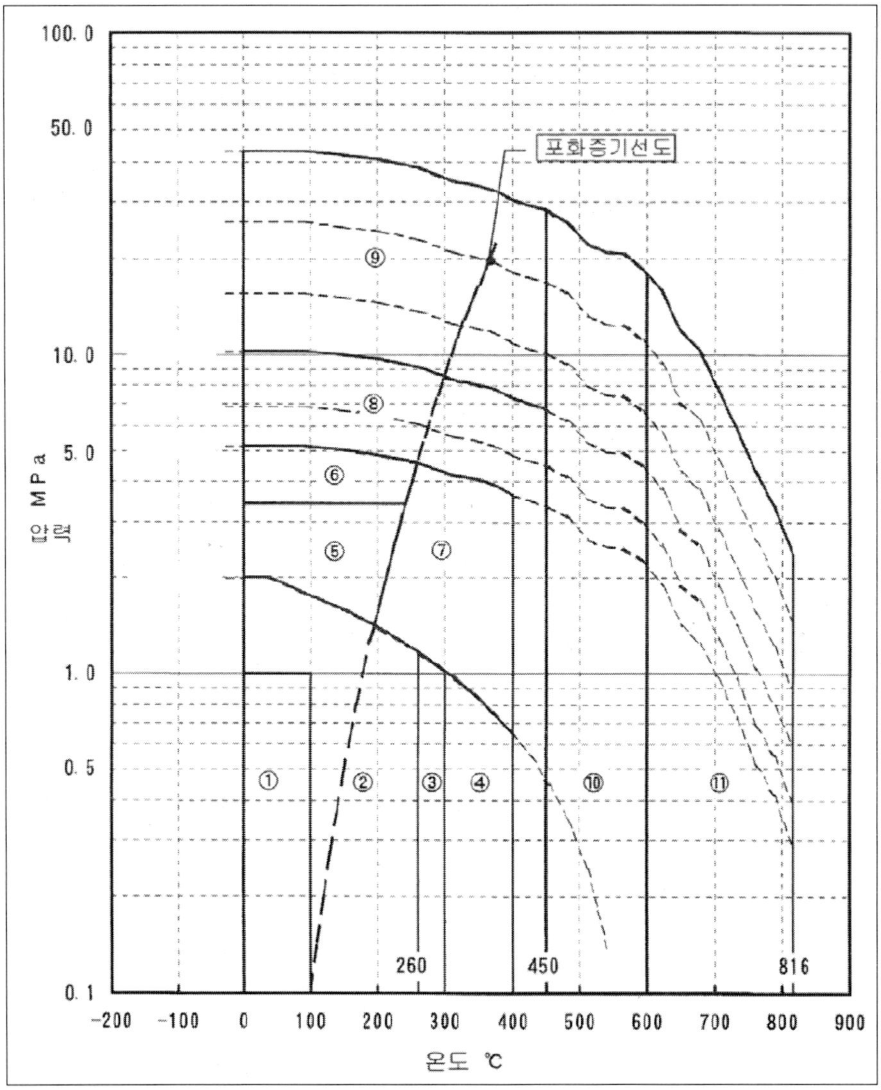

구분 번호	선정 개스킷		
①	비석면 조인트시트	고무시트	팽창 흑연시트
②	비석면 조인트시트	팽창 흑연시트	-
③	스파이럴형 (비석면, 팽창 흑연 타입)	비석면 조인트시트	팽창 흑연시트
④	스파이럴형 (비석면, 팽창 흑연 타입)	팽창 흑연시트	-
⑤	비석면 조인트시트	스파이럴형	팽창 흑연시트
⑥	스파이럴형	링 조인트	팽창 흑연시트
⑦	스파이럴형 (비석면, 팽창 흑연 타입)	팽창 흑연시트	링 조인트
⑧	스파이럴형 (비석면, 팽창 흑연 타입)	링 조인트	-
⑨	링 조인트	스파이럴형(비석면, 팽창 흑연 타입)	-
⑩	링 조인트	스파이럴형(팽창흑연타입)	-
⑪	링 조인트	-	-

5.6.4 오일계 유체를 사용하는 경우 아래 그림과 표를 참고하여 선정할 것

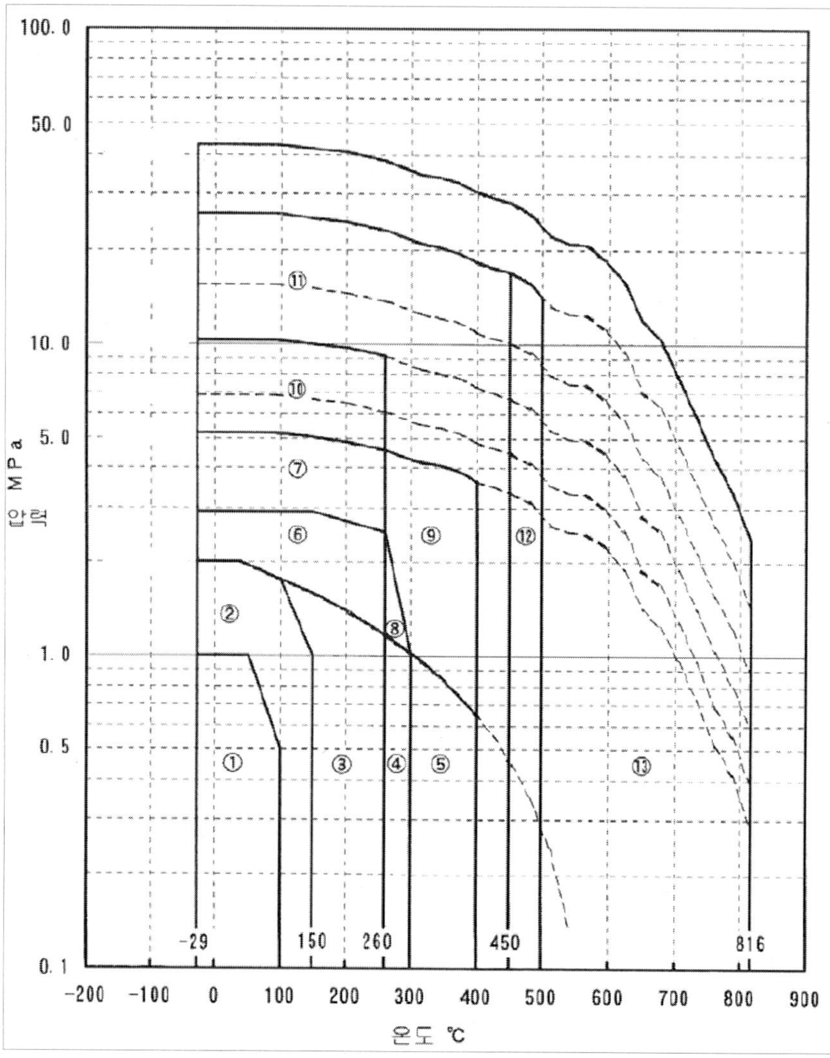

구분 번호	선정 개스킷			
①	비석면 조인트시트1)	팽창 흑연시트	PTFE 시트	PTFE 피복
②	비석면 조인트시트1)	팽창 흑연시트	PTFE 시트	PTFE 피복
③	비석면 조인트시트1)	스파이럴형	팽창 흑연시트	-
④	스파이럴형(비석면, 팽창 흑연 타입)	비석면 조인트시트1)	팽창 흑연시트	-
⑤	스파이럴형(비석면, 팽창 흑연 타입)	팽창 흑연시트	-	-
⑥	스파이럴형	비석면 조인트시트1)	팽창 흑연시트	-
⑦	스파이럴형	팽창 흑연시트	링 조인트	-
⑧	스파이럴형(비석면, 팽창 흑연 타입)	비석면 조인트시트1)	팽창 흑연시트	-
⑨	스파이럴형(비석면, 팽창 흑연 타입)	팽창 흑연시트	링 조인트	-
⑩	스파이럴형	링 조인트(비석면 타입)	-	-
⑪	링 조인트	스파이럴형(팽창 흑연 타입)	-	-
⑫	링 조인트	스파이럴형(팽창 흑연 타입)	-	
⑬	링 조인트	-	-	-

5.6.5 부식성 유체를 사용하는 경우 아래 그림과 표를 참고하여 선정할 것

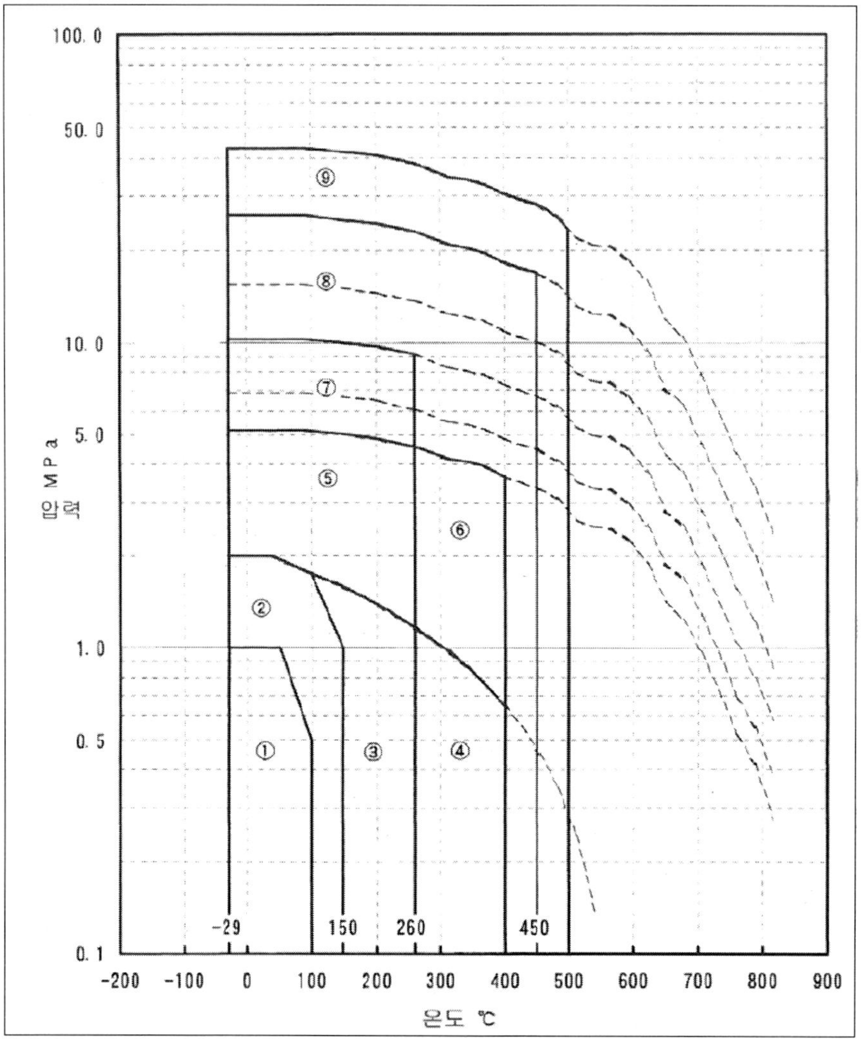

구분 번호	선정 개스킷			
①	PTFE 피복	PTFE 시트	팽창 흑연시트2)	비석면 조인트시트
②	팽창 흑연시트2)	PTFE 시트	PTFE 피복	비석면 조인트시트
③	팽창 흑연시트2)	스파이럴형1),2)	비석면 조인트시트	-
④	스파이럴형 (비석면, 팽창 흑연 타입)1),2)	팽창 흑연시트2)	-	-
⑤	스파이럴형1),2)	팽창 흑연시트2)	링 조인트	-
⑥	스파이럴형 (비석면, 팽창 흑연 타입)1),2)	팽창 흑연시트2)	-	-
⑦	스파이럴형1),2)	링 조인트	-	-
⑧	링 조인트	스파이럴형 (비석면, 팽창 흑연 타입)1),2)	-	-
⑨	링 조인트	-	-	-

5.6.6 가스계 유체를 사용하는 경우 아래 그림과 표를 참고하여 선정할 것

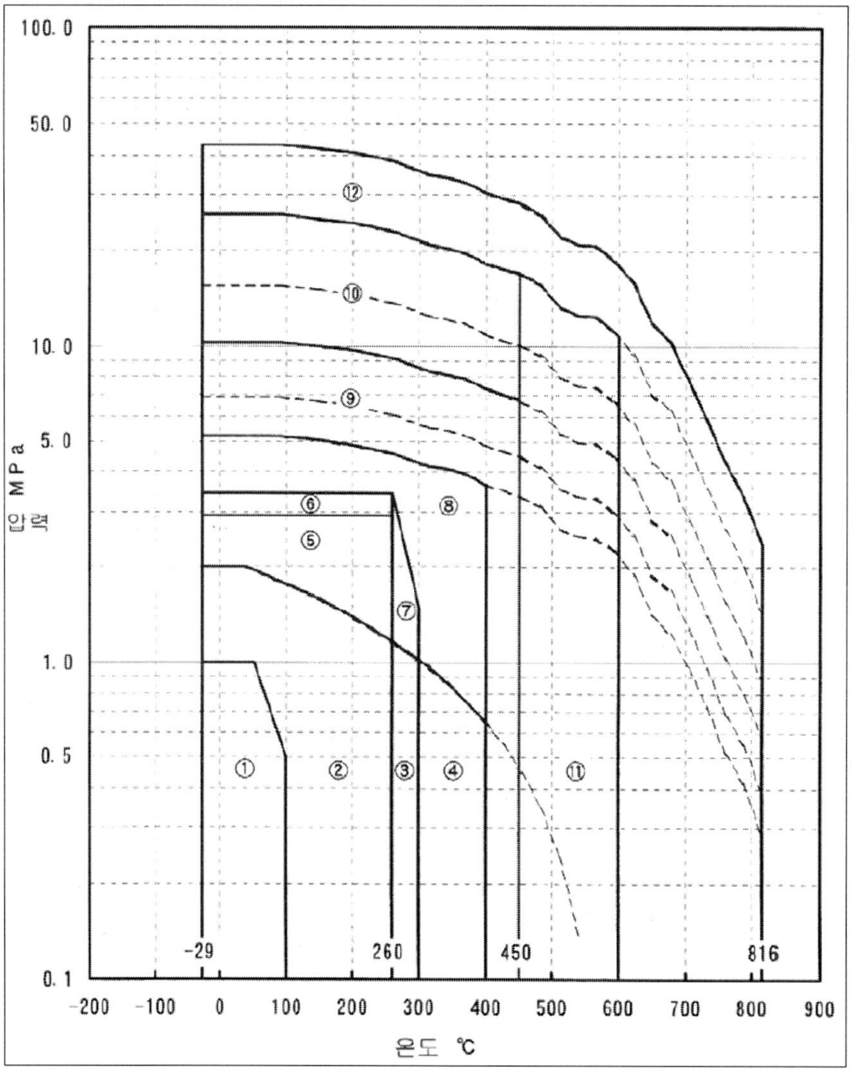

구분 번호	선정 개스킷		
①	비석면 조인트시트	PTFE 시트	팽창 흑연시트
②	비석면 조인트시트	팽창 흑연시트	-
③	스파이럴형	비석면 조인트시트	팽창 흑연시트
④	스파이럴형	팽창 흑연시트	-
⑤	비석면 조인트시트	스파이럴형	팽창 흑연시트
⑥	스파이럴형	비석면 조인트시트	팽창 흑연시트
⑦	스파이럴형	비석면 조인트시트	팽창 흑연시트
⑧	스파이럴형	팽창 흑연시트	링 조인트
⑨	스파이럴형	링 조인트	-
⑩	링 조인트	스파이럴형	-
⑪	링 조인트	스파이럴형	-
⑫	링 조인트	-	-

5.6.7 저온 유체를 사용하는 경우 아래 그림과 표를 참고하여 선정할 것

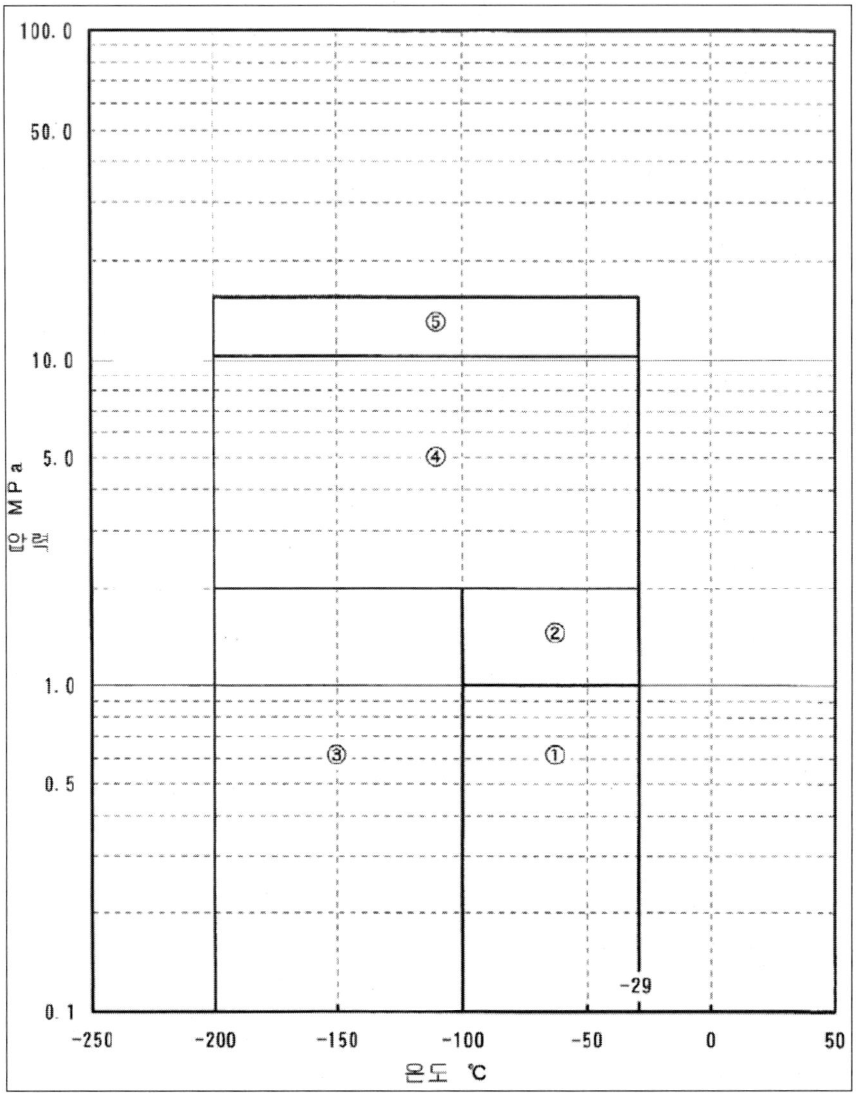

구분 번호	선정 개스킷				
①	비석면 조인트시트	팽창 흑연시트	PTFE 시트	PTFE 피복	스파이럴형 (팽창 흑연, PTFE 타입)
②	스파이럴형 (팽창 흑연, PTFE 타입)	팽창 흑연시트	PTFE 피복	-	-
③	스파이럴형 (팽창 흑연, PTFE 타입)	팽창 흑연시트	-	-	-
④	스파이럴형 (팽창 흑연, PTFE 타입)	링 조인트	-	-	-
⑤	스파이럴형 (팽창 흑연, PTFE 타입)	링 조인트	-	-	-

5.7 비파괴검사율

비파괴검사율은 용접효율과 연관이 되는 항목으로 장치 및 설비명세 4.17항을 참고하여 작성한다.

5.8 후 열처리 여부

용접 전/후 응력제거를 위한 열처리 여부를 기입하는 사항으로 장치 및 설비명세 4.16항을 참고하여 작성한다.

6. 안전밸브 및 파열판 명세

계기 번호	내용물	상태	배출 용량 (kg/hr)	정격 용량 (kg/hr)	노즐크기		보호기기압력			안전밸브 등			정밀도 (오차범위)	배출 연결 부위	배출 원인	형식
					입구	출구	기기 번호	운전 (MPa)	설계 (MPa)	설정 (MPa)	몸체 재질	TRIM 재질				
SV-5301	H.C Gas	가스	11.130	12,000	4	6	V-530	4	6	5	A106	13Cr	±3%	Flare Stack	화재	일반형

주)

① 배출원인에는 안전밸브의 작동원인(냉각수 차단, 전기공급중단, 화재, 열팽창 등) 중 최대로 배출되는 원인을 기재합니다.

② 형식에는 안전밸브의 형식(일반형, 벨루우즈형, 파일럿 조작형)을 기재합니다.

※ 고시 참고사항(작성)

1. 설정압력 및 배출용량은 안전보건규칙 제264조 및 제265조에 따라 산출하여 설정한다.
2. "보호기기 번호"란에는 안전밸브 또는 파열판이 설치되는 장치 및 설비의 번호를 기재한다.
3. 보호기기의 운전압력 및 설계압력은 별지 제15호서식의 장치 및 설비명세에 기록된 운전압력 및 설계압력과 일치하여야 한다.
4. 안전밸브 및 파열판의 트림(Trim)은 취급하는 물질에 대하여 내식성 및 내마모성을 가진 재질을 사용하여야 한다.
5. 안전밸브와 파열판의 정밀도 오차범위는 아래 기준에 적합하여야 한다
6. "배출구 연결부위"란에는 배출물 처리 설비에 연결된 경우에는 그 설비 이름을 기재하고, 그렇지 않은 경우에는 대기방출이라고 기재한다.
7. "정격용량"란에는 안전밸브의 정격용량을 기재한다.

주)

① 구분기호란에는 공정 배관·계장도(Piping & Instrument Diagram, P&ID)등에 표기된 안전밸브 및 파열판의 고유번호(Item Number)를 작성한다.

② 보호기기란에는 안전밸브 및 파열판이 설치된 장치 및 설비명 등을 작성한다.

③ 취급물질란에는 보호기기에서 취급하는 유해화학물질명을 작성한다.

④ 상태란에는 취급물질이 안전밸브에서 토출될 때의 상태를 가스, 증기 또는 액체 상태로 구분하여 작성한다.

⑤ 노즐크기란에는 안전밸브의 입구 및 출구의 크기를 작성한다.

⑥ 배출용량란의 소요 배출용량란에는 과압 발생으로 보호기기에서 배출되는 최대 용량을 기재하고 정격 배출용량란에는 해당 안전밸브의 설계 용량을 각각 작성한다.

⑦ 압력란의 보호기기 운전압력 및 설계압력은 과압으로부터 보호하고자 하는 기기의 운전압력 및 설계압력을 작성하고, 안전밸브 설정압력은 보호기기에 설치된 안전밸브의 설정압력을 각각 작성한다.

⑧ 안전밸브 재질란에는 안전밸브 몸체(Body)의 재질과 취급물질이 직접 접촉하는 접촉부(Trim)의 재질을 구분하여 작성한다.

⑨ 정밀도란에는 안전밸브 및 파열판의 압력 범위에 대한 정밀도를 작성한다.

⑩ 배출 연결부위란에는 안전밸브 토출부가 연결된 용기 또는 설비(플레어스택 또는 스크러버 등) 명을 작성한다.

⑪ 비고란에는 안전밸브 등의 작동원인(냉각수 차단, 전기공급 중단, 화재, 열팽창 등)과 안전밸브의 형식(일반형, 벨루우즈형, 파일럿 조작형)등 기타사항을 작성한다.

※ 정의

□ “안전밸브(Safety valve)”라 함은 밸브 입구 쪽의 압력이 설정압력에 도달하면 자동적으로 스프링이 작동하면서 유체가 분출되고 일정압력 이하가 되면 정상상태로 복원되는 밸브를 말한다.

□ “파열판(Rupture disc)”이라 함은 “안전밸브에 대체할 수 있는 방호장치”로서, 판 입구 측의 압력이 설정압력에 도달하면 판이 파열하면서 유체가 분출하도록 용기 등에 설치된 얇은 판을 말한다.

□ “설정압력(Set pressure)”이라 함은 용기 등에 이상 과압이 형성되는 경우, 안전밸브가 작동되도록 설정한 안전밸브 입구 측에서의 게이지 압력을 말한다.

□ “소요 분출량 (Required capacity)”이라 함은 발생 가능한 모든 압력상승 요인에 의하여 각각 분출될 수 있는 유체의 양을 말한다.

□ “배출용량(Relieving capacity)”이라 함은 각각의 소요 분출량 중 가장 큰 소요 분출량을 말한다.

□ “설계압력(Design pressure)”이라 함은 용기 등의 최소 허용두께 또는 용기의 여러 부분의 물리적인 특성을 결정하기 위하여 설계 시에 사용되는 압력을 말한다.

□ “최고허용압력 (Maximum allowable working pressure, MAWP)”이라 함은 용기의 제작에 사용된 재질의 두께(부식 여유 제외)를 기준으로 하여 산출된 용기 상부에서의 허용 가능한 최고의 압력을 말한다.

□ “축적압력(Accumulated pressure)”이라 함은 안전밸브 등이 작동될 때 안전밸브에 의하여 축적되는 압력으로서 그 설비 내에서 순간적으로 허용될 수 있는 최대 압력을 말한다.

□ “배압(Back pressure)”이라 함은 안전밸브 등의 토출 측에 걸리는 압력을 말하는 것으로, 중첩배압과 누적배압의 합을 말한다.

□ “시건조치”라 함은 차단밸브를 함부로 열고 닫을 수 없도록 경고 조치하는 것을 말하며, 방법으로는 CSO(Car sealed open : 밸브가 열려 시건조치 된 상태),CSC(Car sealed close : 밸브가 닫혀 시건 조치 된 상태)가 있다.

6.1 설치대상(안전밸브 등)

안전밸브 등(안전밸브, 파열판 등 압력방출장치를 말한다)을 설치하여야 할 대상은 다음과 같다.

6.1.1 압력용기

다만, 안지름이 150 mm 이하인 압력용기는 제외한다. 관형 열교환기는 관(Tube)의

파열로 인한 압력상승이 동체의 설계압력 또는 최고허용압력을 초과할 우려가 있는 경우에 한한다)

6.1.2 정변위(Positive displacement) 압축기

다만, 다단 압축기인 경우에는 압축기의 각단에 설치한다)

6.1.3 정변위 펌프

토출 측의 막힘으로 인한 압력상승이 관련기기의 설계 압력을 구조적으로 초과할 수 있도록 제작된 펌프류에 한한다.

6.1.4 배관

배관 내의 액체가 2개 밸브 등에 의해 차단되어 대기 온도에서 액체의 열팽창에 의하여 구조적으로 배관 파열이 우려되는 배관에 한한다.

6.1.5 기타 이상화학 반응, 밸브의 막힘 등의 이상상태로 인한 압력상승으로 당해 설비의 설계압력을 구조적으로 초과할 우려가 있는 용기 등에 설치한다.

6.2 파열판 설치기준

파열판을 설치하여야 하는 기준은 다음과 같다.
6.2.1 반응폭주 등 급격한 압력상승의 우려가 있는 경우
6.2.2 독성물질의 누출로 인하여 주위 작업환경을 오염시킬 우려가 있는 경우. 다만, 안전밸브를 설치하고 후단에 배출물질을 처리할 수 있는 설비가 설치된 경우는 파열판을 설치하지 아니할 수 있다.
6.2.3 운전 중 안전밸브에 이상물질이 누적되어 안전밸브의 기능을 저하시킬 우려가 있는 경우(이 경우는 보호기기의 노즐에 파열판을 설치하여야 함)
6.2.4 유체의 부식성이 강하여 안전밸브 재질의 선정에 문제가 있는 경우

6.3 계기 번호

구분기호란에는 공정 배관·계장도(Piping & Instrument Diagram, P&ID) 등에 표기된 안전밸브 및 파열판의 고유번호(Item Number)를 작성한다. 주의사항으로 P&ID

와 일치하게 기입하여야 한다.

6.4 내용물

화학물질의 종류를 기입한다. 참고자료에는 공정개요, P&ID 및 PFD 등이 있다.

6.5 상태

상태란에는 취급물질이 안전밸브 또는 파열판에서 토출될 때의 상태를 가스, 증기, 액체 및 액체+기체로 구분하여 작성한다.

6.6 배출용량(kg/hr)

작동원인별 소요 분출량 중 가장 큰 값을 기입한다. 과압 발생 원인은 출구 차단, 냉각 또는 환류 중단, 흡수제 공급 중단, 비응축성 가스의 축적, 휘발성 물질 유입, 과충전, 자동제어밸브의 고장, 비정상적인 열 또는 증기유입, 내부폭발 또는 과도적 압력상승, 화학반응, 유압팽창, 외부화재, 열교환기 고장, 유틸리티 고장 등이며 원인별 압력방출량을 확인하여 그중에서 가장 큰 값을 기입한다. 배출용량과 관련한 상세한 사항은 KOSHA GUID(KOSHA D-18-2020)를 참고한다.

6.6.1 출구 차단(Closed outlets)

압력용기 등의 출구가 모두 차단되었을 때의 압력이 최고허용압력(MAWP)을 넘을 수 있으며 압력방출장치를 통한 배출이 필요하다. 소요분출량은 액체의 경우 최대 유입량, 스팀 또는 증기의 경우 최대 유입량과 분출 조건에서의 생성량을 합한 양이다.

6.6.2 응축기로 유입되는 냉각수 또는 환류액의 공급 중단

공정 유체를 냉각 또는 응축하는 설비가 고장 나거나 증류 공정에서 펌프 등의 고장으로 환류가 중단될 경우 소요분출량은 분출 조건에서 시스템에 대한 물질 및 에너지 수지로 결정한다.

6.6.3 흡수제 공급 중단

일반적으로 흡수탑에서 탄화수소 화합물을 흡수제로 처리할 때 흡수제 공급 중단에 따른 압력 방출은 필요하지 않다

6.6.4 비응축성 가스의 축적

정상운전 상태에서 비응축성 가스는 공정 흐름과 함께 유출되므로 축적되지 않으나, 증류탑에서 응축기를 블랭킷(Blanketing)할 정도로 축적되면 냉각 중단에 준하는 소요분출량이 필요하고 다른 용기에서는 출구 차단에 준하는 가스 배출이 필요하다.

6.6.5 휘발성 물질 유입

고온의 오일에 물이 유입되면 급격한 상변화로 인해 과압이 발생할 수 있으나 대부분의 경우 함수량을 알 수 없으므로 소요 분출량을 산출하는 인정된 방법은 없다.

6.6.6 과충전

유입 유체 측 압력이 용기의 설계압력을 초과할 수 있을 경우 최대 유입량을 소요분출량으로 삼는 압력방출장치가 필요하다.

6.6.7 자동제어밸브의 고장

하나의 인입 제어밸브가 완전 개방, 나머지 다른 밸브는 정상유량의 작동 위치에 있다고 가정한 경우에는 최대 예상 유입량과 정상 유출량의 차이를 소요분출량으로 정한다.

6.6.8 비정상적인 열 또는 증기 유입

다른 가열 장치에서 정상 설곗값을 초과하는 열 입력에 따른 과압을 해소하기 위한 소요분출량은 최대 증기(비응축성 가스 포함) 발생량에서 정상적인 증기의 유출량을 뺀 값으로 산출한다.

6.6.9 내부 폭발 또는 과도한 압력 상승

증기와 공기 혼합물의 점화로 일어나는 내부 폭발은 밀리초(Milliseconds) 단위 내의 응답이 요구되므로 응답속도가 느린 압력방출설비 대신 폭발방산 패널 등으로 과압을 해소해야 한다. 액체로 채워진 시스템에서 밸브의 급격한 폐쇄 등으로 인한

수격 작용에 따라 유압 충격파가 발생하고 시스템의 압력은 정상 운전압력보다 크게 상승할 수 있다. 이런 경우에는 밸브가 급격하게 폐쇄되지 않도록 그 속도를 제한하여 충격파를 방지해야 한다.

6.6.10 화학반응

반응기의 교반 또는 냉각 중단, 잘못된 반응물 주입, 외부 화재 등의 공정 교란으로 인한 폭주반응(Runaway reaction)의 반응 속도는 알려진 경우가 거의 없으므로 벤치 규모의 시험을 통해 반응시스템의 특성을 파악한다.

6.6.11 액체 부피 팽창(Hydraulic expansion)

액체로 채워진 배관 또는 용기가 주위로부터의 열전달, 화재, 태양열 복사, 가열 코일 등에 의해 가열될 때 온도 상승에 따른 액체 부피 증가로 인해 팽창이 일어나 파열 위험이 있다. 유입열량 산정 등 세부 내용은 열팽창 안전밸브의 기술지침(KOSHA-D-13)을 참조한다.

6.6.12 외부 화재(External fire)

저장탱크나 공정 장치 등의 용기가 외부 화재에 노출되면 액체 내용물의 비등이나 분해 반응에 의한 증기 생성, 유체의 팽창 등에 의해 과압이 발생한다.

6.6.13 열교환기 고장[다관형(Shell–and–tube) 열교환기]

내부 고장은 핀홀(Pinhole)에서 완전 튜브파열에 이르는 다양한 양상을 띌 수 있는데, 보호책 선정(시나리오 압력 이상으로 저압 측 설계 압력를 선정하거나 압력방출 장치 설치)을 위한 설계기준을 결정하기 위해서는 튜브 진동, 재질, 피로(Fatigue) 등을 포함한 상세한 역학적 분석이 필요하다.

6.6.14 유틸리티 고장

유틸리티 고장 시 피해 범위(공장 전체 또는 국소 장치) 및 고장 수준(완전 상실 또는 부분 상실)을 면밀히 분석하여 소요분출량을 결정해야 한다.

6.7 정격용량(kg/hr)

안전밸브의 실제 배출용량을 기입한다.

6.7.1 안전밸브의 종류

① "일반형 안전밸브(Conventional safety valve)"라 함은 밸브의 토출 측 배압의 변화에 의하여 직접적으로 성능 특성에 영향을 받도록 만들어진 스프링 직동식 안전밸브를 말한다.

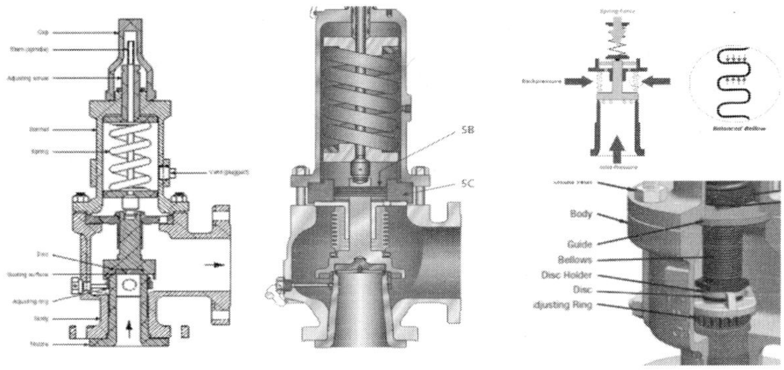

[Conventional safety valve]

② "벨로우즈형 안전밸브(Balanced bellows safety valve)" 라 함은 밸브의 토출 측 배압의 변화에 의하여 성능 특성에 영향을 받지 않도록 만들어진 스프링 직동식 안전밸브를 말한다.

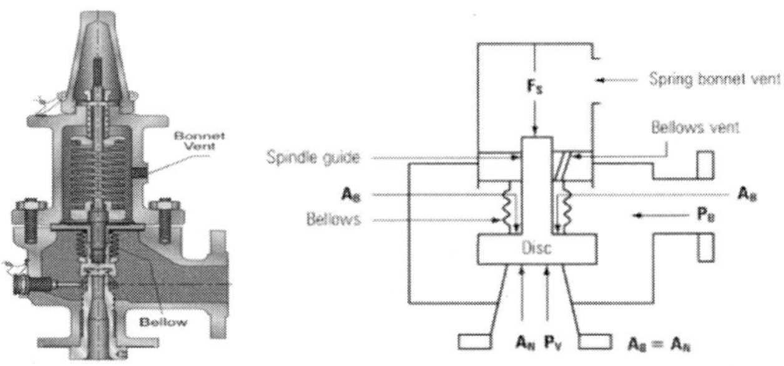

- 배압의 영향을 최소화하기 위해, Piston이나 Bellows을 사용하여 Disk에 작용하는 배압의 균형을 유지한다. 따라서 Back pressure가 심하게 변하거나 예측할 수 없는 경우에 사용된다.
- Back pressure가 set pressure의 50%까지 사용 가능하다.
- Conventional type에 비해 가격이 비싸다.
- Bellows가 내부 부품을 보호할 수 있어 부식성 유체의 취급에 유리하다.
- Bellows가 특성상 크기의 제한을 받으며 bellows가 손상될 수 있는 고온 고압에서의 운전은 어렵다.

[Balanced bellows safety valve]

③ "파일롯트조작형 안전밸브(Pilot-operated safety valve)"라 함은 안전밸브 자체에 내장된 보조의 안전밸브 작동에 의하여 작동되는 안전밸브를 말한다.

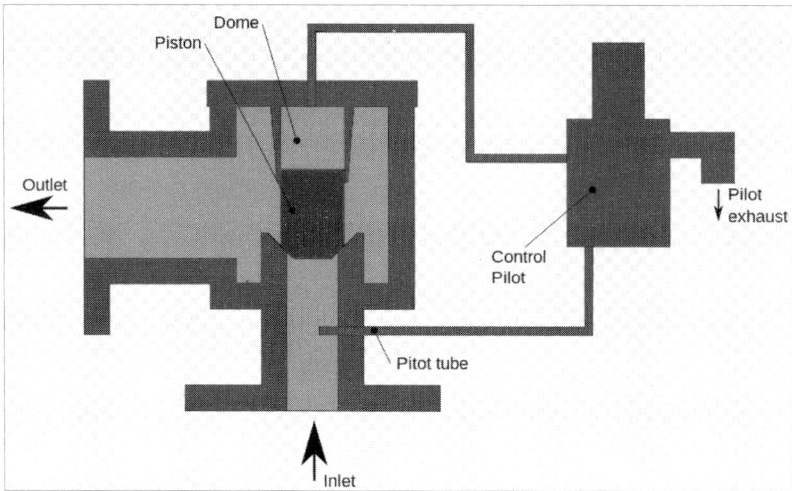

[Pilot-operated safety valve]

6.8 노즐 크기(입구)

안전밸브 등의 제품 카탈로그를 참고하여 작성한다. 크기의 단위를 확인하여 일치시켜 작성한다.

6.9 노즐 크기(출구)

안전밸브 등의 제품 카탈로그를 참고하여 작성한다. 크기의 단위를 확인하여 일치시켜 작성한다. 또한 출구 측의 크기가 입구 측보다 커야 한다.

6.10 보호기기 압력(기기 번호)

안전밸브를 부착하는 설비의 번호를 P&ID를 확인하여 작성한다. 관련 도면의 번호와 상이함이 발견되기도 하므로 주의하여 작성한다.

6.11 보호기기 압력(운전 MPa)

"장치 및 설비 명세"에 기재된 운전압력 및 설계압력과 일치하게 기입한다. 관련 도면을 확인하여 작성하고 설비 명세서와 일치가 되는지 반드시 확인한다.

6.12 보호기기 압력(설계 MPa)

"장치 및 설비 명세"에 기재된 운전압력 및 설계압력과 일치하게 기입한다. 관련 도면을 확인하여 작성하고 설비 명세서와 일치가 되는지 반드시 확인한다. 운전압력보다 설계압력이 큰 값이 되는지 반드시 확인한다.

6.13 안전밸브 등(압력 MPa)

안전밸브의 설정 압력을 현장과 일치시켜 작성한다. 보호기기의 운전압력과 설계압력의 차이를 확인하고 적정한 설정 압력을 기재한다.

① 설정 압력은 설계압력 또는 최고허용압력에 대한 %로 설정한다.

② 외부 화재가 아닌 다른 압력상승 요인에 대비하여 둘 이상의 안전밸브 등을 설치할 경우에는 하나의 안전밸브 등은 용기 등의 설계압력 또는 최고허용압력 이하로 설정하여야 하고 다른 것은 용기 등의 설계압력 또는 최고허용압력의 105% 이하에 설정할 수 있다.

③ 외부화재에 대비하여 둘 이상의 안전밸브 등을 설치할 경우에는 하나의 안전밸브 등은 용기 등의 설계압력 또는 최고허용압력 이하로 설정하여야 하고 다른 것은 용기 등의 설계압력 또는 최고허용압력의 110% 이하로 설정할 수 있다.

6.14 안전밸브 등(몸체 재질)

안전밸브 및 파열판의 트림(Trim)은 취급하는 물질에 대하여 내식성 및 내마모성을 가진 재질을 사용하여야 하며 재질을 확인하여 작성한다.

※ 트림(Trim)은 밸브 부품 중 유체와 직접 접촉함과 동시에 밸브의 기능인 유체의 차단, 조절 등 제어하기 위한 기계적인 운동을 동시에 수행하는 부품이다. 트림(Trim)은 밸브 몸체 내의 유체와 직접 접촉하면서 유체 제어를 직간접적으로 수행하는 부품으로써, 디스크 또는 프러그, 시트 또는 시트링, 케이지, 스템 및 백시트

등을 말한다. 통상적으로 밸브 몸체와 동등 이상의 재질을 사용하여야 한다. 예를 들면 탄소강재의 밸브 몸체 재질이라면, 트림은 녹이 잘 슬지 않는 13Cr 계의 페라이트 스테인레스강으로 재질을 선택한다. 미국 API에서는 트림 재질에 대하여 거의 표준화에 가까운 트림번호를 부여하고 있다. 온도에 따른 강종의 선정기준은 대략적으로 다음과 같다.

□ 온도와 재질

설계온도 범위	선택 가능 주요 강종	대표적 ASTM 규격
-180℃ 이하	오스테나이트 스테인레스	F304L/316, CF3M/CF8M
-180℃ ~-100℃	오스테나이트 스테인레스,5% Ni강,9% Ni강	F304/316, CF8/CF8M
-100℃ ~ -60℃	오스테나이트 스테인레스, 2.5% Ni강, 3.5% Ni강	F304, CF8
-60℃ ~ -10℃	알류미늄킬드강으로 저온용 강	LF2, LCB
-10℃ ~ 350℃	연강,Si-Mn강,Mn-Mo강, Mn-Mo-Ni 강	A105, WCB
350℃ ~ 450℃	킬드강,Mn-Mo강,Mn-Mo-Ni 강	A105, WCB, WCC
450℃ ~ 500℃	C-Mo강,1.25Cr-0.5Mo강, 2.25Cr-1Mo강	F1, WC1
500℃ ~ 550℃	1Cr-0.5Mo강,1.25Cr-0.5Mo강, 2.25Cr-1Mo강	F11, F12, WC6
550℃ ~ 600℃	2.25Cr-1Mo강, 5Cr-0.5Mo강,9Cr-1Mo강, 9Cr-1Mo-V강, 오스테나이트 스테인레스	F5/F9/F91/F22,WC9, C5/9/C12A
600℃ 이상	오스테나이트 스테인레스, 수퍼알로이	F316/CF8M,

6.15 정밀도(오차범위)

안전밸브 및 파열판에 대한 정밀도는 다음 표를 참고하여 작성한다.

구분	설정압력	설정압력 대비 오차범위
안전밸브	0.5 MPa 미만	±0.015 MPa 이내
	0.5 MPa 이상 2.0 MPa 미만	±3% 이내
	2.0 MPa 이상 10.0 MPa 미만	±2% 이내
	10.0 MPa 이상	±1.5% 이내
파열판	0.3 MPa 미만	±0.015 MPa 이내
	0.3 MPa 이상	±5% 이내

6.16 배출 연결부위

안전밸브 등으로부터 배출되는 위험물은 연소·흡수·세정(洗淨)·포집(捕集) 또는 회수 등의 방법으로 처리하여야 한다. 다만, 다음 각호의 어느 하나에 해당하는 경우에는 배출되는 위험물을 안전한 장소로 유도하여 외부로 직접 배출할 수 있다.

① 배출물질을 연소·흡수·세정·포집 또는 회수 등의 방법으로 처리할 때에 파열판의 기능을 저해할 우려가 있는 경우

② 배출물질을 연소 처리할 때에 유해성가스를 발생시킬 우려가 있는 경우

③ 고압상태의 위험물이 대량으로 배출되어 연소·흡수·세정·포집 또는 회수 등의 방법으로 완전히 처리할 수 없는 경우

④ 공정 설비가 있는 지역과 떨어진 인화성 가스 또는 인화성 액체 저장탱크에 안전밸브 등이 설치될 때에 저장탱크에 냉각설비 또는 자동소화설비 등 안전상의 조치를 하였을 경우

⑤ 그 밖에 배출량이 적거나 배출 시 급격히 분산되어 재해의 우려가 없으며, 냉각설비 또는 자동소화설비를 설치하는 등 안전상의 조치를 하였을 경우

⑥ 안전밸브 등의 출구에 연결된 Flare Stack, 흡수탑 또는 대기 방출 등을 기재한다.

6.17 배출원인

안전밸브 등이 작동되는 원인을 기재하며, 작동 원인(외부화재, 열팽창, 냉각수 중단, 전원공급 중단 등) 중 최대로 배출되는 원인을 기재한다.

6.18 형식

형식에는 안전밸브의 형식(일반형, 벨루우즈형, 파일럿 조작형)을 기재한다.

6.19 안전밸브 등의 선정 흐름도

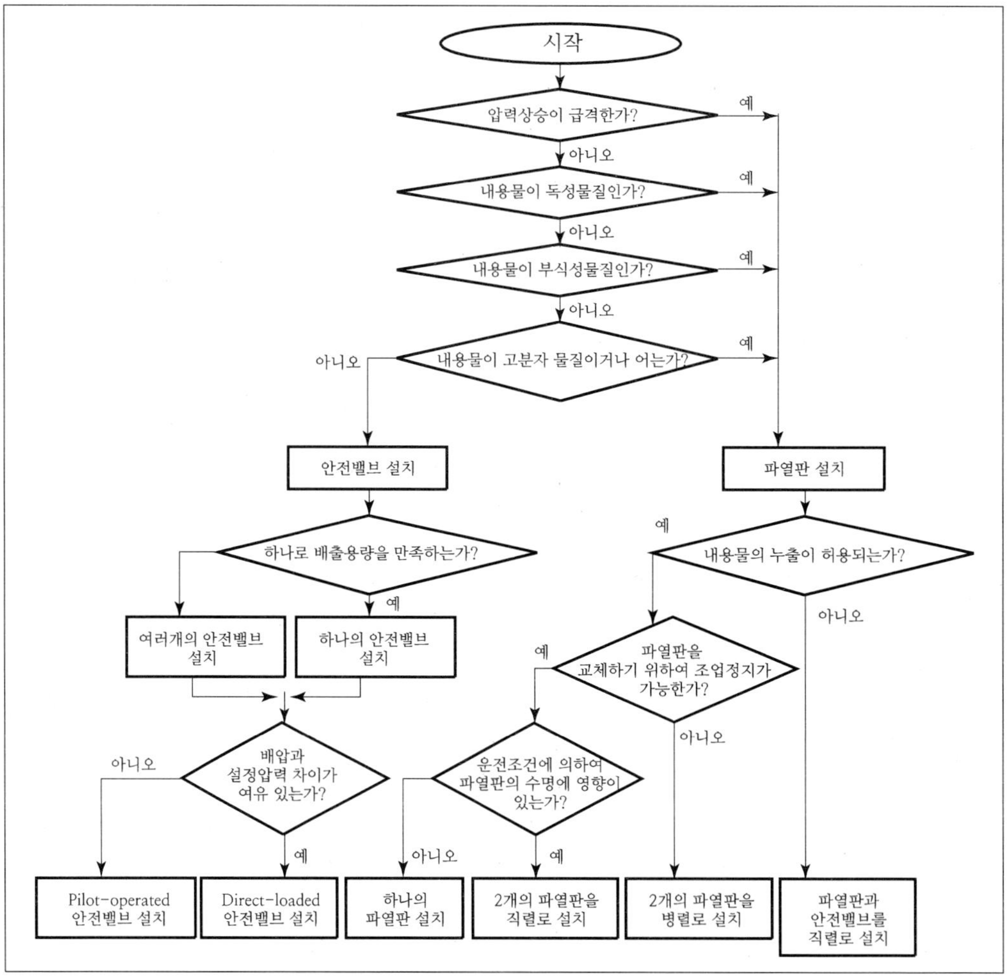

7. 이상발생 시 인터록 작동조건 및 가동 중지 범위

인터록 번호	대상설비 번호	설정값				감지기 번호	최종 작동설비	가동중지 범위	점검주기	비고
		온도 (℃)	압력 (MPa)	액위 (m)	기타					
101	A-101	-	내부압력 ≥2kg/㎠	-	-	PT-101	E-101	약품주입중단	매일 (DCS모니터링)	

주)
① 인터록 번호는 다른 인터록과 구분되는 번호를 기재합니다.
② 대상 설비는 인터록 및 조업중지가 되는 설비명을 기재합니다.
③ 설정값에는 미리 설정한 온도, 압력, 액위 등을 순차적으로 기재합니다.
④ 감지기 번호(계기번호)는 설정된 온도, 압력, 액위 등의 감지기의 번호를 기재합니다.
⑤ 최종작동설비는 인터록에 의해 최종 작동되는 설비를 기재합니다.
⑥ 가동중지 범위는 인터록에 의해 가동중지되는 범위를 기재합니다.
⑦ 점검 주기는 감지기, 최종작동설비 등의 점검 주기를 기재합니다.

※ 인터록이란?

① 두 개 이상의 회로가 기동할 때 동시에 운전되면 안 될 경우 사용하는 회로
② 두 회로가 동시에 기동되지 못하도록 다른 하나의 회로를 잠시 끊어버리는 회로

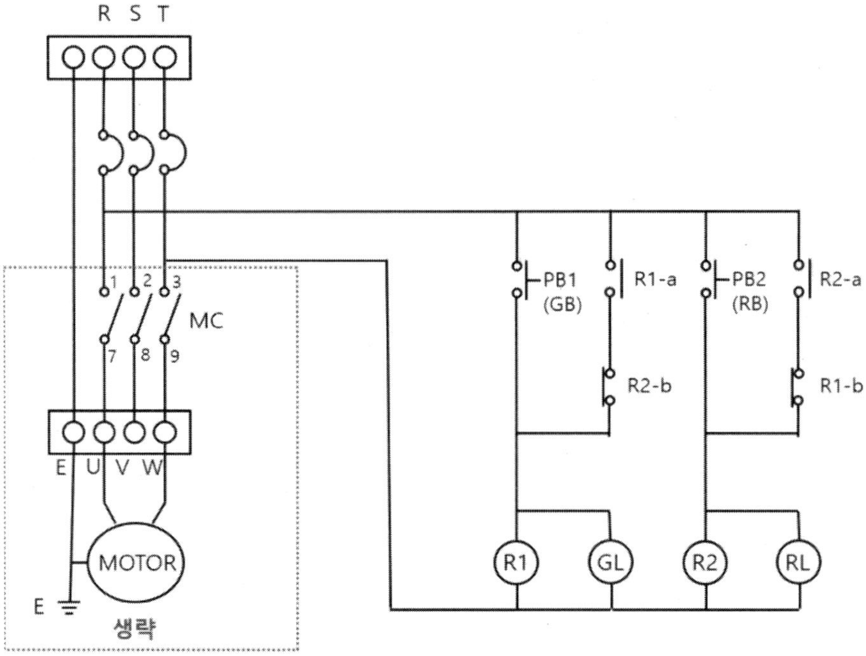

※ 정의

① "인터록 (Interlock)"이라 함은 기기장치, 설비 및 공정의 안전성 확보와 공정의 안전운전을 위하여 설치되는 하드웨어 및 소프트웨어적 제어장치를 말한다.
② "설정값 (Set value)"이라 함은 운전변수가 변화하다가 운전값이 일정한 수준에 도달하면 인터록이 작동되어 장치 또는 공정을 안전한 방향으로 유도되도록 계기 또는 프로그램에 설치된 값을 말한다.
③ "알람값 (Alarm value)"이라 함은 운전변수가 변화하다가 그 값이 일정한 수준에 도달하면 설비의 안전한 운영을 위하여 경보형식 등으로 인지가 가능하도록 계기 또는 프로그램에 설치된 값을 말한다.
④ "우회 (Bypass)"라 함은 인터록 장치를 정상적으로 작동되지 않도록 조작하는 행위를 말한다.

⑤ “해지 (Release)”라 함은 우회시켰던 인터록 장치를 설계의 개념에 준하여 인터록이 정상적으로 작동되도록 조치하는 행위를 말한다.

7.1 인터록 번호

각 인터록 장치별로 구분하여 작성된 고유의 번호를 기재한다. 일정 번호순으로 정하여 작성한다.

7.2 대상 설비 번호

인터록과 관련하여 인터록 및 조업 중지가 되는 설비명을 기재한다.

7.3 인터록 설정값[온도(℃)]

설비의 제어를 위하여 설정한 온도를 기재한다. 1차 온도 및 2차 온도를 구분한 경우는 구분 값을 기재한다.

7.4 인터록 설정값[압력(MPa)]

설비의 제어를 위하여 설정한 압력을 기재한다. 1차 압력 및 2차 압력을 구분한 경우는 구분 값을 기재한다.

※ 인터록 설정, 변경 및 삭제 사유

① 공정의 안전성 확보와 기기 및 설비의 보호를 위해 필요한 경우 해당되는 부분에 대하여만 실시한다.
② 기본설계회사, 상세설계회사, 장치 및 설비 제작사의 권장 및 운영 공장의 요청이 있는 경우에 실시한다.
③ 안전성 확보를 위한 외부기관의 진단 및 검정에 따른 보완 요청 시 이의 검토 결과에 따라 필요성이 인정되는 경우에 실시한다.

7.5 인터록 설정값[액위(m)]

설비의 제어를 위하여 설정한 액위를 기재한다. 1차 액위 및 2차 액위를 구분한 경우는 구분 값을 기재한다.

7.6 기타

인터록 설정온도, 압력 및 액위 외에 다른 설정(유량, 무게 등)이 있는 경우 기재한다.

7.7 감지기 번호

감지기 번호(계기 번호)는 설정된 온도, 압력, 액위 등의 감지기의 번호를 기재한다. 이때 관련 도면에서 규정하고 있는 계기 번호와 일치하여야 한다.

7.8 최종작동설비

인터록에 의해 최종 작동되는 설비를 기재한다.

7.9 가동중지 범위

인터록에 의해 가동 중지되는 범위(모터정지, 밸브 개방 또는 폐쇄 등)를 기재한다.

7.10 점검 주기

감지기, 최종작동설비 등의 점검 주기를 기재한다.

8. 소화설비 설치계획

설치 지역	소화기	자동확산 소화기	자동소화 장치	옥내 소화전	스프링 클러	물분무소 화설비	포소화설비	CO_2 소화설비	할로겐화 합물소화 설비	청정소화 약제소화 설비	옥외소화전

주)

① 설치지역별로 소화기 등 소화설비의 설치개수를 기재합니다.

② 스프링클러 등 수계소화설비는 Deluge(딜루지) 밸브 등의 설치개수를 기재합니다.

③ CO_2 소화설비 등 가스계소화설비는 기동용기 등의 설치개수를 기재합니다.

④「소방시설 설치 · 유지 및 안전관리에 관한 법률 시행령」 별표 1 및「위험물안전관리법 시행규칙」 별표 17에 따라 분말소화설비 등 다른 형태의 소화설비를 추가하여 기재합니다.

8.1 설치지역

사업장의 각 동 또는 구역별로 기재한다. 설치지역을 너무 세분하면 작성해야 하는 항목이 많아지므로 각 건물별로 구분을 하여야 문서작성이 용이하다.

※ 산업안전기준에 관한 규칙 제243조(소화설비)
① 사업주는 건축물, 별표 7의 화학설비 또는 제5절의 위험물 건조설비가 있는 장소, 그 밖에 위험물이 아닌 인화성 유류 등 폭발이나 화재의 원인이 될 우려가 있는 물질을 취급하는 장소(이하 이 조에서 "건축물 등"이라 한다)에는 소화설비를 설치하여야 한다.
② 제1항의 소화설비는 건축물 등의 규모·넓이 및 취급하는 물질의 종류 등에 따라 예상되는 폭발이나 화재를 예방하기에 적합하여야 한다.

8.2 소화기

건물별로 구획한 경우 또는 층으로 구분하는 경우는 해당 지역에 위치한 소화기의 각 종류별(분말, 이산화탄소, 청정 등) 개수를 작성한다.

① 일반화재(A급 화재) : 나무, 섬유, 종이, 고무, 플라스틱류와 같은 일반 가연물이 타고 나서 재가 남는 화재. 일반화재에 대한 소화기의 적응 화재별 표시는 'A'로 표시
② 유류 화재(B급 화재) : 인화성 액체, 가연성액체, 석유 그리스, 타르, 오일, 유성도료, 솔벤트, 래커, 알코올 및 인화성 가스와 같은 유류가 타고 나서 재가 남지 않는 화재. 유류 화재에 대한 소화기의 적응 화재별 표시는 'B'로 표시
③ 전기 화재(C급 화재) : 전류가 흐르는 전기기기, 배선과 관련된 화재. 전기 화재에 대한 소화기의 적응 화재에 대한 소화기의 적응 화재별 표시는 'C'로 표시
④ 주방 화재(K급 화재) : 주방에서 동식물유를 취급하는 조리기구에서 일어나는 화재. 주방 화재에 대한 소화기의 적응 화재별 표시는 'K'로 표시

8.2.1 분말소화기

분말소화기는 가장 대중화된 소화기로서 소화약제의 소화 특성에 따라 제1종, 제2종, 제3종, 제4종으로 분류할 수 있으며, 제1종과 제2종은 유류 화재(B급)와 전기 화재(C급)에만 적응성이 있고, 제3종 분말소화기는 A·B·C급 모두 적응성이 있어 소방대상물

에 가장 많이 설치되고 있다. 제3종 분말소화기는 약제의 충약 무게에 따라 보통 2.5kg, 3.3kg, 4.5kg 소화기가 많이 생산되고 있다.

8.2.2 할론소화기

할로겐화합물을 용기에 충약한 것으로 부촉매, 질식, 냉각에 의한 소화 효과를 기대할 수 있다. 할론 1301의 경우는 자체증기압으로 방사가 가능하기 때문에 가압 가스를 별도로 충약하지 않으며, 기타 할론 소화기는 가압용가스(질소)를 혼합하기도 한다. 보통 차량용 간이소화용구(할론 1211)나 일반 소형소화기로 생산되고 있다.

8.2.3 이산화탄소 소화기

이산화탄소(탄산가스, CO_2를 소화약제로 사용하는 소화기를 말한다. 이산화탄소를 저온에서 액화시켜 고압용기에 충약하기 때문에 소화약제 스스로 가압원이 되어 방사되는 형태이다. 따라서 이산화탄소 소화기를 자기증기압식 소화기라고도 하며, 축압식소화기의 형태이나 고압용기 특성상 압력계가 설치되지 않는 것이 특징이다.

[분말소화기]

[하론소화기]

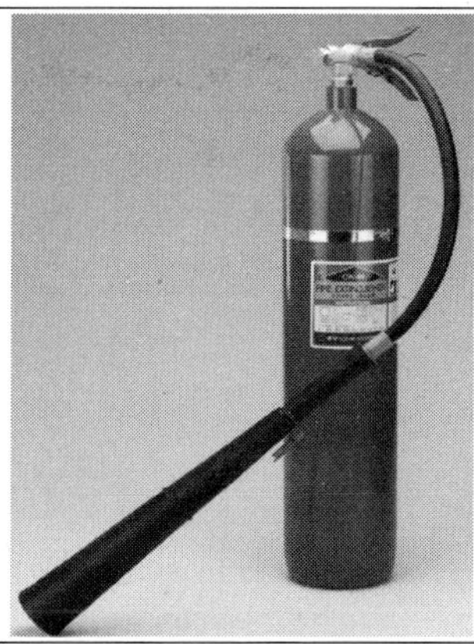

[[이산화탄소소화기]]

8.3 자동확산소화기

"자동확산소화용구"란 밀폐 또는 반밀폐된 장소에 고정시켜 화재 시 화염이나 열에 따라 자동으로 소화약제가 확산하여 소화하는 소화용구를 말한다. 해당 구역에 설치된 확산소화기의 개수를 기재한다.

[자동확산소화기]

8.4 자동소화장치

소화약제를 자동으로 방사하는 고정된 소화장치로 형식승인이나 성능인증을 받은 유효설치 범위(설계방호체적, 최대설치높이, 방호면적 등) 이내에 설치하여 소화하는 다음의 것을 말한다.

① 주거용 주방자동소화장치 : 주거용 주방에 설치된 열 발생 조리기구의 사용으로 인한 화재 발생 시 열원(전기 또는 가스)을 자동으로 차단하며 소화약제를 방출하는 소화장치

② 상업용 주방자동소화장치 : 상업용 주방에 설치된 열 발생 조리기구의 사용으로 인한 화재 발생 시 열원(전기 또는 가스)을 자동으로 차단하며 소화약제를 방출하는 소화장치

③ 캐비닛형 자동소화장치 : 열, 연기 또는 불꽃 등을 감지하여 소화약제를 방사하여 소화하는 캐비닛 형태의 소화장치

④ 가스자동소화장치 : 열, 연기 또는 불꽃 등을 감지하여 가스계 소화약제를 방사하여 소화하는 소화장치

⑤ 분말자동소화장치 : 열, 연기 또는 불꽃 등을 감지하여 분말의 소화약제를 방사하여 소화하는 소화장치

⑥ 고체에어로졸 자동소화장치 : 열, 연기 또는 불꽃 등을 감지하여 에어로졸의 소화약제를 방사하여 소화하는 소화장치

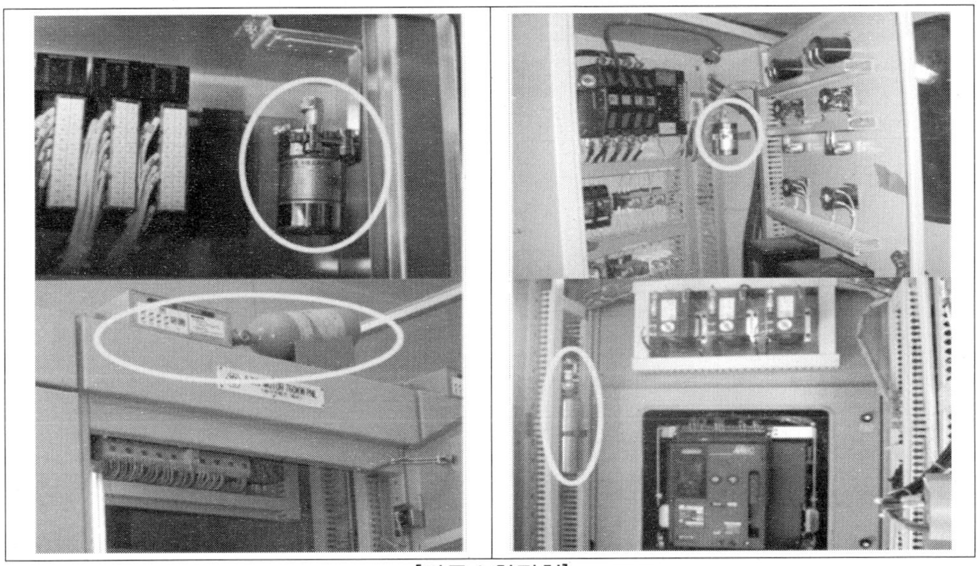

[자동소화장치]

8.5 옥내소화전

각 구역별로 옥내소화전의 개수를 기재한다. 옥내소화전설비는 초기 화재진압 목적으로 설치하는 설비로서 사람이 직접조작에 의하여 사용할 수 있는 수동설비이며, 소화약제로 물을 사용하는 수계소화설비이다. 따라서 수원량과 비상 전원은 보통 20분 이상으로 하고 있다.

옥내소화전은 소화약제가 되는 수원, 소화수를 보내주는 가압원(동력장치), 배관 및 밸브류, 소화전 함과 호스, 그리고 이들 시스템을 전반적으로 감시하고 제어하는 동력제어반과 감시제어반 등으로 구성되어 있다.

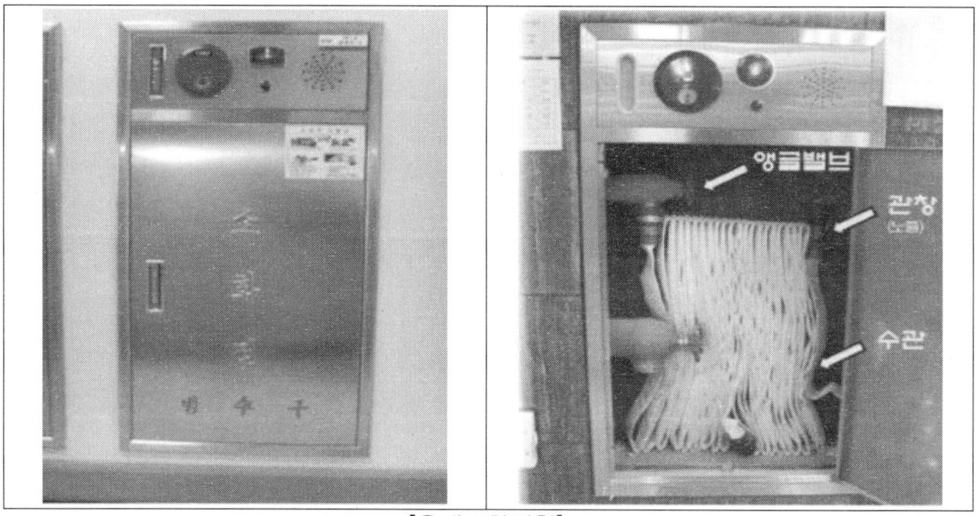

[옥내소화전함]

8.6 스프링클러설비

스프링클러설비는 화재가 발생하면 방호구역에 설치된 감지기 또는 헤드가 화재를 감지하고 일정 이상의 온도에 이르게 되면 헤드가 개방되어 소화수가 방사됨으로써 자동적으로 화재를 진압하게 된다. 따라서 수동으로 작동하여 소화하는 옥내소화전과 구별된다. 가장 많이 사용되는 방식인 습식스프링클러설비의 구조와 작동원리를 살펴보면, 배관의 1차 측과 2차 측은 가압수로 채워져 있고, 말단은 폐쇄형 헤드가 설치되어 있다. 따라서 구획된 실에 화재가 발생하면, 실의 온도가 상승하고 일정 시간이 지난 후 고온이 되었을 때 헤드가 열에 의하여 개방되며, 2차 측 배관 내의 압력이 낮아지면 알람 밸브가 개방되고, 이를 압력챔버의 압력스위치가 감지하여 수신반에 화재 발생 신호를 보내며, 펌프를 작동시키게 된다. 그러므로 스프링클러설비를 정상적으로 유지 관리한다면, 화재 발생 시부터 소화에 이르기까지 자동적으로 작동하는 효과적인 소화설비이다. 스프링클러설비는 건축물의 구조와 용도에 따라 적합한 설비의 시스템이 다르며, 2차 측에 설치되는 유수검지장치와 헤드의 종류에 따라 크게 4가지 방식으로 분류된다.

일부 사업장에서 스프링클러 헤드의 수량을 기재하는 경우가 있으나, 이는 맞지 않는 방법으로 각 층 또는 구역별로 설치된 일제개방밸브(유수검지장치, 건식밸브, 준비작동식 밸브 등)의 수를 기록한다.

8.6.1 스프링클러 설비의 종류

스프링클러설비 종류	1차 측 배관상태	사용하는 유수검지장치 등 종류	2차 측 배관상태	사용헤드
습식	가압수	• 알람밸브(Alram valve) • 자동경보체크밸브 • 습식밸브	가압수	폐쇄형 헤드
건식	가압수	• 드라이밸브(Dry valve) 건식백브		폐쇄형 헤드
준비작동식	가압수	• 준비작동식 밸브 • 프리액션밸브(Pre-action valve)		폐쇄형 헤드
일제살수식	가압수	• (일제개방형)일제살수식 밸브 • Deluge밸브 일제개방밸브		개방형 헤드

8.6.2 헤드 설치기준

<table>
<tr><th colspan="3">소방대상물</th><th>기준개수</th></tr>
<tr><td rowspan="6">지하층을 제외한 층수가 10층 이하인 소방대상물</td><td rowspan="2">공장 또는 창고 (랙크식 창고 포함)</td><td>특수가연물을 저장, 취급하는 것</td><td>30</td></tr>
<tr><td>그 밖의 것</td><td>20</td></tr>
<tr><td rowspan="2">근린생활시설, 판매시설, 운수시설 또는 복합건축물</td><td>판매시설 또는 복합건축물(판매시설이 설치되는 복합건축물을 말한다.)</td><td>30</td></tr>
<tr><td>그 밖의 것</td><td>20</td></tr>
<tr><td rowspan="2">그 밖의 것</td><td>헤드의 부착 높이가 8 m 이상</td><td>20</td></tr>
<tr><td>헤드의 부착 높이가 8 m 미만</td><td>10</td></tr>
<tr><td colspan="3">아파트</td><td>10</td></tr>
<tr><td colspan="3">지하층을 제외한 층수가 11층 이상인 소방대상물(아파트 제외), 지하가 또는 지하 역사</td><td>30</td></tr>
</table>

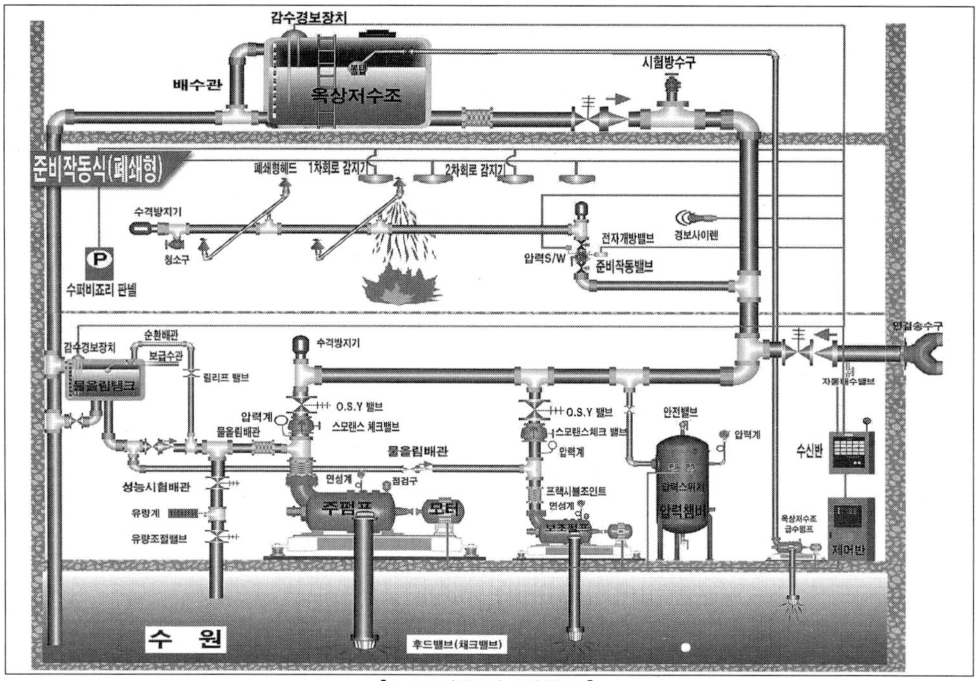

[스프링클러 계통도]

8.7 물분무소화설비

① 물분무등소화설비에는 물분무소화설비, 미분무소화설비, 포소화설비, 이산화탄소소화설비, 할론소화설비, 분말소화설비, 할로겐화합물 및 불활성기체 소화설비, 강화액소화설비, 고체에어로졸 소화설비가 있다.

② 물분무소화설비는 물을 넓은 범위에 뿜어 불을 끄는 설비로써 건물 내외부의 화재 등 여러 방면에 유용하게 쓰이고 있으며, 스프링클러 헤드보다 미세한 물을 방출하여 화재를 진압하는 설비이다.

③ 문서작성에서 물분무 구역의 수를 기록하여야 하나, 물분무의 헤드 수를 기록하는 경우가 있어 주의한다.

[물분무소화설비]

8.8 포소화설비

포는 포용액과 물로 합성된 물질로부터 생성된 기체방울로써 그 안에는 가스나 공기가 들어 있다. 보통 사용하는 것으로는 공기이며 특수설비의 경우는 불활성가스일 경우도 있다. 포는 포용액이나 인화성 액체보다 가볍기 때문에 액체 표면을 덮는다. 그 결과 공기와 연료의 계면 차단, 냉각, 계속적인 산소분압이 낮은 층의 형성 등으로 소화작용을 하게 된다.

옥내・외소화전설비, 스프링클러설비, 물분무소화설비 등의 소화설비는 물만을 소화약제로 사용하여 소화 효과를 얻을 수 있는 소화시스템이지만, 포소화설비는 물만으로는 소화가 불가능하거나 소화 효과가 적거나 또는 오히려 화재를 확대시킬 우려가 있는 인화성 액체 물질에서 발생하는 화재를 효과적으로 진압하기 위한 소화설비이다.

포소화설비 구성요소는 수조, 가압송수장치(소화펌프), 기동용수압개폐장치, 약제저장탱크, 포소화약제 혼합장치, 배관 및 관 부속품, 유수검지장치, 일제개방밸브, 고정포방출장치, 포 방출구 등으로 구성된다. 포소화설비는 종류별로 약간의 차이가 있으나, 혼합장치와 헤드를 제외한 기본적인 설비시스템과 작동원리는 일제개방형 스프링클러설비와 유사하다. 공정안전 자료의 작성 시에는 포소화설비의 구역 수를 기재한다.

8.8.1 종류

포소화설비에는 화학포소화설비와 공기포소화설비의 2가지 종류가 있으나 현행 소방법상 규정하고 있는 것은 대부분 공기포소화설비에 대한 것이다. 포소화설비의 종류는 흄워터 스프링클러설비, 홈헤드설비, 고정포방출설비, 호스릴포설비, 포소화전설비 등으로 구분하기도 하고 고정식과 반고정식 그리고 이동식으로 구분하기도 하는 등 여러 가지가 있으며 공기포소화설비의 주 원리는 가압수에 포소화 원액을 혼합시켜 수용액 상태로 송수시킨 후 방출구에서 공기가 혼합되면서 거품이 형성되도록 되어 있다.

8.8.2 포방출 방식에 의한 분류

① 전역방출방식 : 고발포에 의한 방식으로 방호구역의 바닥 면에서 소방대상물의 위치보다 0.5m 높은 위치까지의 체적을 포로 채우는 방식이다. 방호구역은 불연재의 벽이나 자동폐쇄장치가 되어있는 갑종, 을종방화문으로 구획되어 있는 부분이다.

② 국소방출방식 : 고발포에 의한 방식으로 해당 소방대상물의 최고높이의 3배 치수 또는 1m 중 어느 편이든 큰 치수를 해당 소방대상물의 각 부분에서 각각 수평으로 연장되는 선에서 정한 포 범위 내부의 면적에 포를 방사토록 한 방식이다

8.8.3 소화의 원리

① 질식 작용 : 포가 유면에 방사되면 연소 면을 뒤덮어 산소 공급을 차단함으로써 질식 작용을 하게 된다.

② 냉각 작용 : 포는 수용액 상태이므로 방호대상물에 방출되면 주위의 열을 흡수하여 기화[물의 증발잠열 : 2255.2 kJ/kg(539 kcal/kg)]하면서 연소 면의 열을 탈취하는 냉각 소화작용을 한다.

[포소화전]

8.9 이산화탄소(CO_2)소화설비

이산화탄소(CO_2)소화설비는 스프링클러설비나 포소화설비 등 물에 의한 피해가 예상되는 장소나 전기화재, 유류화재 등에 사용된다. 화학적으로 안정된 소화약제이므로 약제의 변질이 없고, 한번 설치하면 반영구적으로 사용이 가능하며, 복잡하고 입체적인 구조물의 대상물이라도 침투성이 강해 심층부까지 파고들어 완전 소화가 된다. A급 화재(일반화재), B급 화재(유류 화재), C급 화재(전기 화재) 등에 유효하며 소화 후에도 잔유물이 남지 않는 것이 특징이다.

이산화탄소소화설비는 화재의 3요소인 가연물, 공기(산소), 점화원 중의 하나인 산소의 공급을 차단함으로써 질식 작용에 의해 화재를 진압하는 소화설비이다. 특히, 방사시 산소의 농도 저하로 소방대상물 내에 사람이 있을 경우에는 질식시킬 우려가 있다. 분사헤드에서 이산화탄소가 방사될 때의 단열팽창에 따라 온도가 저하해서 드라이아이스가 생기고 그 냉각 작용으로 소화를 돕는 효과가 있다. 이산화탄소소화설비의 소화원리는 공기의 산소함유량은 21%이지만 이것이 15% 이하가 되면 가연물은 소화되기 시작한다.

이산화탄소는 불활성가스이고 이것을 공기 중에 40% 혼입하면 산소농도는 15%가 되고 연소물은 질식 작용에 따라 소화된다. 이산화탄소소화설비는 적용 범위가 넓으며, 방사 후 가연물질에 피해를 주지 않는 설비이기도 하다. 구성은 가스저장용기, 화재감지장치, 분사헤드, 기동장치, 음향경보장치, 배관, 자동폐쇄장치, 제어반, 비상전원 등으로 되어 있다. 문서의작성은 이산화탄소 소화설비의 약제 방사구역 수(선택 밸브 또는 기동용기의 수)를 기재하면 된다.

8.9.1 소화 원리

① 질식 작용 : 공기 중의 21%의 산소농도를 15% 이하로 저하시켜 질식 작용을 한다.
② 냉각 작용 : 방출 시 Joule-Thomson 효과에 의해 주위의 열을 흡수하는 냉각 작용이 있다.

8.9.2 이산화탄소의 성상 및 특성

① 이산화탄소는 상온에서 무색, 무취의 기체로서 독성이 없으며, 공기 중에는 체적비로 약 0.03%가 존재한다. 또한 화학적으로는 안정된 물질이며, 부식성이 없고,

비중이 1.53배로 공기보다 무거운 기체이기 때문에 위로 확산되지 않고, 낮은 부분에 체류하게 됨으로써 연소 면을 덮어주어 화원을 질식시키는 것이다.

② 불연성가스 소화설비의 소화약제로 이산화탄소가 이용되는 이유는 압축 및 냉각에 의하여 쉽게 액화할 수 있기 때문이다. 상온에서 용기에 충전된 이산화탄소는 액체상태로 액화탄산가스라고도 한다. 탄산가스는 31.35℃ 이하에서 압축하면 용이하게 액화한다. 이 때의 온도를 임계온도라고 하는데, 이때 임계압력은 72.75 atm이다.

③ 임계온도 이상의 온도에서는 압력과 관계없이 기체로 존재한다. 임계온도와 삼중점(-57℃) 사이의 용기 내부의 상태는 압력에 따라 기상/액상으로 변한다. 삼중점 이하의 온도에서는 압력에 따라 고체이거나 기체로 존재한다.

④ 가압 액화된 이산화탄소가 대기로 분출될 때, 분출 초기에는 일부의 이산화탄소가 급격하게 기화하여 분출된다. 이와 같이 분사헤드에서 액화탄산가스가 기화하는 경우 주울-톰슨 효과에 의하여 온도가 급강하하여 고체탄산가스인 드라이아이스가 생성된다. 이러한 고체탄산가스인 드라이아이스는 방출 가스가 흰 연기처럼 보이는 원인이기도 하며, -78.5℃에서 승화하여 기체탄산가스로 되므로 드라이아이스 1g이 20℃의 기체탄산가스로 되기까지는 약 170 kcal의 열량을 흡수하기 때문에 이것에 의해서 연소물을 냉각시키는 부수적인 효과가 있다.

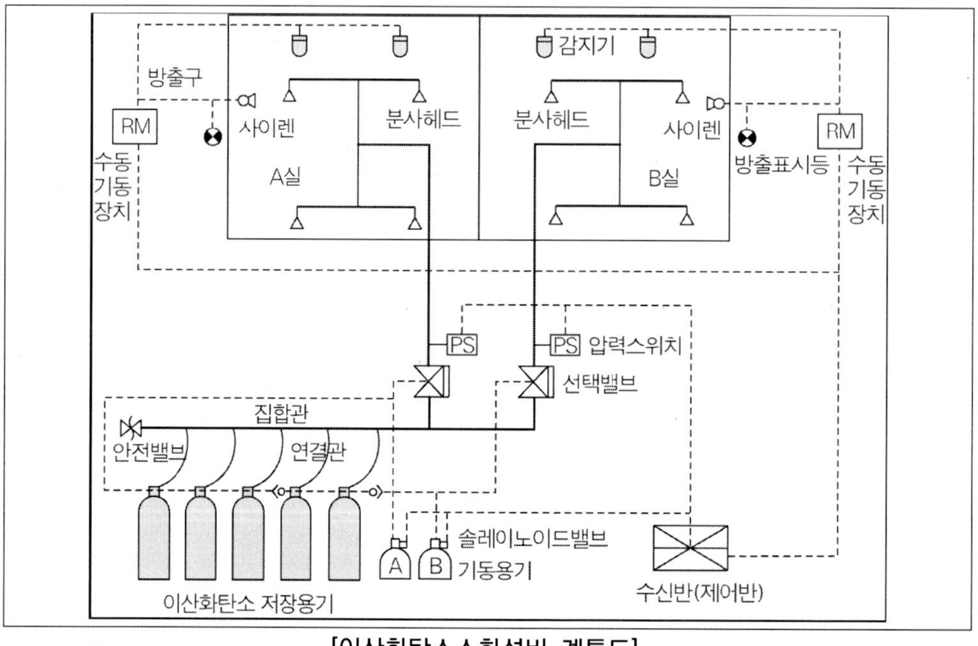

[이산화탄소소화설비 계통도]

⑤ 작동원리

화재감지기에 의해서 화재가 감지되거나 인위적으로 화재를 목격한 사람이 수동기동 장치의 누름단추를 누르면 수신반에 화재표시등이 점등되고 해당 방호구역의 음향장치가 화재경보를 울리기 시작한다.

수신기 내부에는 지연장치인 지연타이머가 내장되어 미리 조정된 시간 동안 경보만 울리다가 지연조정 시간이 되면 기동용기 솔레노이드가 작동되고 기동용 가스용기밸브의 봉판을 뚫어서 기동가스를 방출시킨다. 방출된 기동가스는 조작 동관을 따라 선택밸브의 피스톤 릴리져로 들어가 선택밸브의 잠금장치를 해제한다. 선택밸브 개방으로 인해 당해 방호구역으로 가스 유입을 허용해 놓고 나머지 가스는 다시 조작 동관을 따라서 저장용기밸브의 파괴침(공이) 직전의 피스톤을 가압하여 파괴침으로 하여금 저장용기밸브의 봉판을 뚫어 저장된 가스를 개방시킨다.

저장용기의 가스가 집합관을 통해 선택밸브를 거치면서 압력스위치를 동작시키며 송출 배관을 따라 분사헤드에서 당해 방호구역 에 방출되어 소화 작업이 이루어진다. 선택밸브 2차 측 배관에 설치된 압력스위치가 동작되면서 제어반, 수동기동 조작함 및 방호구역출입문 상단에 설치된 방출표시등을 점등시키고 배관 내 압력에 의하여 자동폐쇄장치의 작동이 이루어진다.

국소방출방식도 작동원리는 위와 동일하며 분사헤드가 국소부분에만 설치되어 있기 때문에 가스의 방출이 국소부에만 이루어질 뿐이다.

8.10 할로겐화합물 소화설비

할로겐화합물 소화설비는 하론소화설비라고도 한다. 주요 구성요소는 이산화탄소소화설비와 거의 유사하며 약제만 차이가 있는 것으로 생각하면 된다. 할로겐화합물 소화약제를 사용하여 화재의 연소반응을 억제함으로써 소화하는 설비로서 본 소화약제는 당초 항공기 엔진의 화재를 소화할 목적으로 개발되었다. 할로겐화합물 소화약제란 지방족 포화탄화수소의 분자 중에 존재하는 수소 원자들 중 하나 이상의 할로겐족원소 F(불소), Cl(염소), Br(브롬), 요오드(I)와 치환되어 생성된 물질 중 현실적으로 소화약제로 사용될 수 있는 것을 총칭하는 것을 말한다.

Halon은 몬트리올 의정서(Montreal Protocol 1987년 9월)에 의해 선진국은 1994년부터 생산 및 사용을 중지하였으며, 개발도상국(우리나라 포함)은 2010년 1월 1일

이후부터 생산 및 사용을 중지하도록 하였다. Halon의 대체 소화약제로 청정소화약제의 개발이 이루어지고 있다. 법령상 소화약제로 인정되는 것은 할론 1301, 할론 1211, 할론 2402의 3종류가 있으며, 하론이라 하는 것은 할로겐화합물의 상품명이며 고유명사로서 인증되어 있다. 할로겐화합물 소화약제는 연소의 연쇄반응 억제 작용이 우수하여 소화약제로 사용되어 왔으나 현재는 지구환경과 관련된 문제가 있어 규제되고 있는 실정이다. 문서의 작성은 이산화탄소소화설비의 작성 방법과 동일하게 기재한다.

8.10.1 소화 원리

연소의 4요소 중 하나인 연쇄반응이란, 화재 시 지속적으로 발생하는 OH^- , H^+의 활성라디칼(Active Free Radical)이 연소반응을 확대시키는 것으로써, 억제소화란 이러한 연쇄물질(Chain Carrier)을 억제하여 연쇄반응을 차단함으로써 소화하는 것을 말한다. 즉, 이는 일종의 부촉매(Negative Catalyst) 역할을 하는 것으로서 할로겐화합물 소화약제의 경우는 전적으로 화학적 소화 방법의 하나인 억제소화에 의해 소화하는 것이다.

8.10.2 장 · 단점

장점	단점
• 저농도로서 소화가 가능하므로 질식 등의 우려가 없다. • 전기의 부도체로서 C급 화재에 매우 효과적이다. • 독성이나 부식성이 매우 낮다. • 소화 후 잔존물이 없으며 물질의 내부까지 침투가 가능하다.	• CFC 계열의 물질로 오존층 파괴의 원인물질이다. • 가격이 CO_2에 비해 매우 고가이다. • 화재 시 열에 의해 분해하여 독성의 분해부산물이 발생된다.

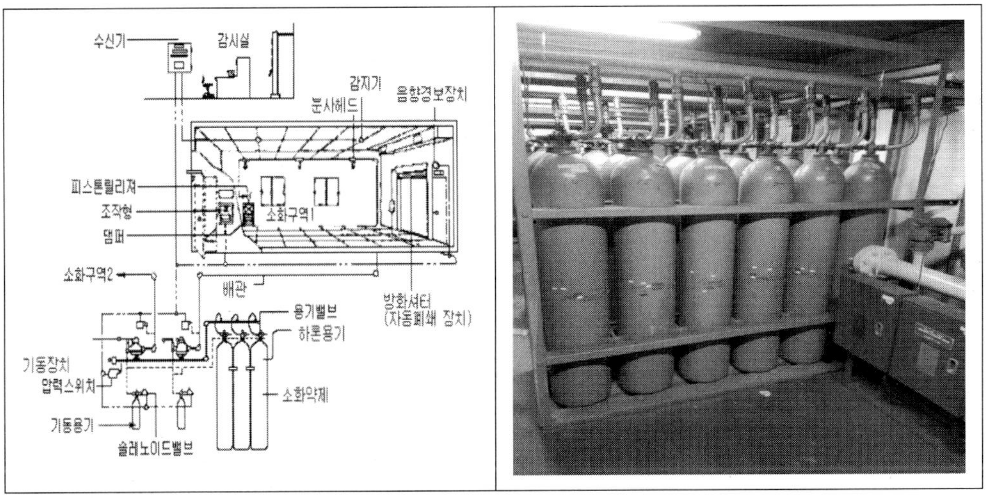

[하론소화설비]

8.11 청정소화약제 소화설비

오존층 보호를 위한 몬트리올 의정서가 1987년 9월 16일 조인됨에 따라 개도국 조항으로 가입한 우리나라는 1999년 7월 1일부터 하론 소화약제(할론 1301, 할론 1211)의 생산량이 동결되고 2005년부터는 이 양의 50%를 감축해야 하며, 2010년부터는 하론 소화약제의 생산 및 수입이 필수용도를 제외하고는 금지되었다. 따라서 국내 관련 부처에서는 이에 대한 대비책으로 1994년 8월 18일 청정소화약제 종류 및 기술기준(내무부 고시 제1994-9호)을 고시하여 청정소화약제를 사용할 수 있도록 하였고 2004년 6월 4일 청정소화약제소화설비의 화재안전기준(NFSC 107A ; 행정자치부고시 제2004-15호)을 제정하여 13종류의 청정소화약제를 사용할 수 있도록 하고 있다. 청정소화약제 소화설비를 구성하는 제품은 청정소화약제, 약제 저장 용기, 기동장치, 제어반, 배관 및 관 부속품, 분사헤드, 선택밸브, 화재감지기, 음향경보장치, 자동폐쇄장치, 비상전원, 과압배출구 등으로 할로겐화합물 소화설비와 동일하다. 문서의 작성은 이산화탄소 소화설비와 동일한 방법으로 작성한다.

8.11.1 청정소화약제의 특성

• 현재의 청정약제는 1세대 대체물질로서 기존 Halon 1301에 비해 일반적으로 소화성

능 및 ODP가 낮다.

- 청정약제는 오존파괴 능력을 낮추기 위해 원인물질인 Br 등을 첨가하지 않는 즉, F를 사용하는 HCFC, HFC 계열의 물질 등으로서 이로 인하여 Halon보다 소화 성능이 떨어진다.

할로겐족	소화의 강도	오존층 파괴 순위
F	1	4
Cl	2	3
Br	10	2
I	16	1

- 고시된 청정약제는 모두 13종이며 이 중 9종은 Freon 계열(HCFC, HFC, FC)의 물질이며 4종은 불연성 혼합가스 계열의 물질이다.

구분	분자식	Freon Nane	상품명
1	C_4F_{10}	FC-3-1-10	CEA-410
2	$CF_3CF_2C(O)CF(CF_3)_2$	FK-5-1-12	
3	CF_3H	HFC-23	FE-13
4	CF_3CH_2CF	HFC-236fa	
5	CF_3CHF_2	HFC-125	FE-25
6	CH_3CHF_3	HFC-227ea	FM-200
7	HCFC-22(82%) HCFC-124(9.5%) HCFC-123(4.75%) $C_{10}H_{16}$(3.75%)	HCFC Blend A	NAF S-Ⅲ
8	CF_3CHCIF	HCFC-124	FE-241
9	CF_3I	FIC-1311	
10	Ar	IG-01	
11	N_2(52%), Ar(40%), CO_2(8%)	IG-541	Inergen
12	N_2(50%), Ar(50%)	IG-55	
13	N_2(100%)	IG-100	

[청정소화약제의 종류]
청정약제 중 Freon 계열의 경우 포화할로겐화합물로서 탄소가 단결합인 Alkane(메탄, 에탄, 프로판, 부탄)의 유도체로서 탄소수가 많을수록 소화 성능이 우수하다.

8.12 옥외소화전

옥외소화전설비는 공장 또는 건축물의 옥외설비 및 장치에 발생하는 화재진압 또는 주위로부터 연소 방지 목적으로 옥외에 설치하는 고정소화설비로서, 구성성분은 수원, 가압송수장치, 배관, 방수구, 소화전 함 등으로 구성되어 있다. 문서작성 방법은 해당 구역에 설치되어 있는 옥외소화전의 방수구의 개수를 기재한다.

8.12.1 수원

수원은 옥외소화전의 설치개수(2개 이상일 경우 2개까지)에 노즐의 법정 방수량인 350 ℓ/min를 20분간 사용할 수 있는 양을 산정하여 정하며, 수원에 관한 일반적인 기준은 옥내소화전설비와 동일하게 적용된다.

8.12.2 가압송수장치

가압송수장치는 옥내소화전설비의 가압송수장치에 적용되는 고가수조방식, 압력수조방식, 펌프방식의 구조원리가 그대로 적용되나, 방수압력이 다르므로 양정계산 시 방수압력 및 방수량에 따른 기준적용이 약간 달라진다.

8.12.3 배관 및 방수구

배관은 옥내소화전설비에 준하여 설치하되, 구경은 65 mm 이상으로 하며, 호스접결구(방수구)는 소방대상물의 각 부분으로부터 수평거리 40 m 이내가 되도록 하고, 옥외소화전설비는 1층과 2층에 한하여 당해 설비의 유효범위에 포함된다.

8.12.4 옥외소화전함

옥외소화전으로부터 5 m 이내에 소화전함을 설치하며, 호스의 구경은 65 mm의 것으로 하고, 함의 표면에는 옥외소화전이라고 표시 및 가압송수장치 기동표시의 적색등을 설치하여야 한다.

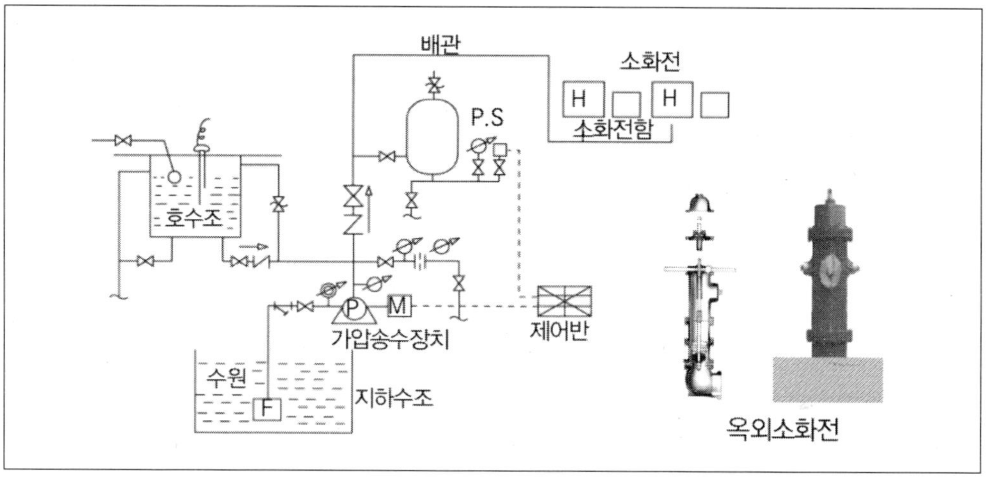

[옥외소화전 계통도]

8.12.5 소화설비 설치계획

별지 제17호의3의 서식 또는 소방 관련법(위험물안전관리법 등) 서식의 소화설비 설치계획에 작성하고 소화설비 용량산출 근거 및 설계기준, 소화설비 계통도 및 계통 설명서, 소화설비 배치도 등의 서류 및 도면 등을 작성한다.

8.12.6 소화설비 용량산출 근거 및 설계기준(설치 시방서 및 용량계산서 첨부)

☞ 소방법에 근거하여 소방시설 설치함

8.12.7 소화설비 계통도 및 계통 설명서(소방입면도 첨부)

- 소화수설비 계통
- 물분무소화설비 계통
- 포소화설비 계통
- 이산화탄소 소화설비 계통
- 하론 1301 소화설비 계통
- 분말소화설비 계통

8.12.8 소화설비 배치도

각 층별로 도면을 첨부한다.

9. 화재탐지경보설비 설치계획

설치 지역	단독경보 형감지기	비상 경보설비	시각 경보기	자동화재 탐지설비	비상방송 설비	자동화재 속보설비	통합감시 시설	누전 경보기
1공장	20개	5개	20개	2회로	1회로	1개	1개	없음

注)「소방시설 설치 · 유지 및 안전관리에 관한 법률 시행령」 별표 1 및 「위험물안전관리법 시행규칙」 별표 17에 따라 다른 형태의 경보설비가 설치된 경우에는 추가하여 기재합니다.

① 화재탐지 · 경보설비 설치계획은 고용노동부고시 별지 제17호의4의 서식 또는 소방관련법(위험물안전관리법 등) 서식의 화재탐지 · 경보설비 설치계획에 작성하고 화재탐지 및 경보설비 명세 배치도 등의 서류 및 도면 등을 작성한다.
- 화재탐지, 경보설비에 대한 명세서
- 화재탐지 및 경보설비 배치도 등

② 경보설비에는 자동화재탐지설비 및 시각경보기 · 누전경보기 · 자동화재속보설비 · 비상방송설비 · 비상경보설비 · 단독경보형감지기 · 가스누설경보기 · 통합감시시설이 있다. 경보설비는 화재발생을 통보하는 설비라고 정의되고 있지만 가스누설경보기와 누전경보기는 화재가 아닌 가스누설이나 누전을 경보하는 설비이다. 자동화재탐지설비 및 시각경보기 · 비상경보설비 · 단독경보형감지기 · 비상방송설비는 화재의 발생을 건물 내의 사람들에게 통보하는 기능을 목적으로 하는 설비들이다. 자동화재탐지설비는 자동 및 수동으로 작동하나, 비상경보설비는 수동으로만 작동한다. 전원 및 감지부가 내장되어 단독으로 경보를 발하는 단독경보형감지기가 있다. 그리고 비상방송설비는 음향장치의 역할만을 하는 설비로서 독립된 기능을 하기 위해서는 자동화재탐지설비와 연동이 되어야 한다. 자동화재속보설비는 건물 내에 있는

사람들에게 통보하는 것이 아니라 소방서에 통보하는 설비로서 화재감지기능을 가지고 있지 못해 자동화재탐지설비와 연동되어야 한다.

9.1 설치지역

사업장의 각 동 또는 구역별로 기재한다. 설치지역을 너무 세분하면 작성해야 하는 항목이 많아지므로 각 건물별로 구분을 하여야 문서작성이 용이하다.

> ※ 산업안전기준에 관한 규칙 제243조(소화설비)
> ① 사업주는 건축물, 별표 7의 화학설비 또는 제5절의 위험물 건조설비가 있는 장소, 그 밖에 위험물이 아닌 인화성 유류 등 폭발이나 화재의 원인이 될 우려가 있는 물질을 취급하는 장소(이하 이 조에서 "건축물 등"이라 한다)에는 소화설비를 설치하여야 한다.
> ② 제1항의 소화설비는 건축물등의 규모 · 넓이 및 취급하는 물질의 종류 등에 따라 예상되는 폭발이나 화재를 예방하기에 적합하여야 한다.

9.2 단독경보형감지기

감지기에 음향장치가 내장되어 일체로 되어 있는 것을 말한다. 문서의 작성은 실제 감지기의 부착개수를 기록한다.

9.2.1 설치대상

- 「건축법」 제2조제2항제1호의 단독주택
- 「건축법」 제2조제2항제2호의 공동주택(아파트 및 기숙사는 제외한다)
- 연면적 1천 m^2 미만의 아파트
- 연면적 1천 m^2 미만의 기숙사
- 교육연구시설 또는 수련시설 내에 있는 합숙소 또는 기숙사로서 연면적 2천 m^2 미만인 것
- 연면적 600 m^2 미만의 숙박시설
- 노유자시설(노유자 생활시설에 해당하지 않는 것)로서 연면적 400 m^2 이상인 노유자 시설 및 숙박시설이 있는 수련 시설로서 수용인원 100명 이상인 것에 해당하지 않는 수련시설(숙박시설이 있는 것만 해당한다)

9.2.2 설치기준

- 각 실(이웃하는 실내의 바닥면적이 각각 30 m^2 미만이고 벽체 상부의 전부 또는 일부가 개방되어 이웃하는 실내와 공기가 상호 유통되는 경우 1실로 본다)마다 설치하되 바닥면적이 150 m^{2}를 초과하는 경우 150 m^{2}마다 1개 이상 설치할 것
- 최상층의 계단실의 천장(외기가 통하는 계단실 제외)에 설치할 것
- 단독경보형감지기에 내장된 건전지는 정상적인 작동상태를 유지할 수 있도록 교환할 것
- 상용전원을 주전원으로 사용하는 단독경보형감지기의 2차 전지는 법 제39조의 규정에 따라 성능시험에 합격한 것을 사용할 것

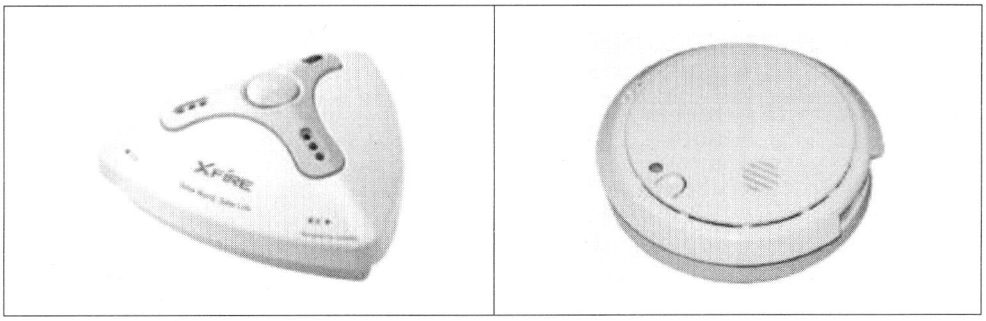

[단독경보형감지기]

9.3 비상경보설비

비상경보설비에는 비상벨설비, 자동식 사이렌설비가 있다. 비상벨설비와 자동식 사이렌설비는 사람이 화재를 발견하고 건물 내에 있는 사람들에게 알리는 설비로 수동으로만 작동한다. 비상벨설비와 자동식 사이렌설비는 "전원설비"로 자동화재탐지설비의 수신기를 이용하는 방식과 비상경보용 축전지설비를 이용하는 방식이 있으나 대부분 수신기를 사용한다. 경보장치로 벨을 사용하면 비상벨설비, 사이렌을 이용하면 자동식 사이렌설비가 된다. 문서작성은 발신기의 수량을 기재한다.

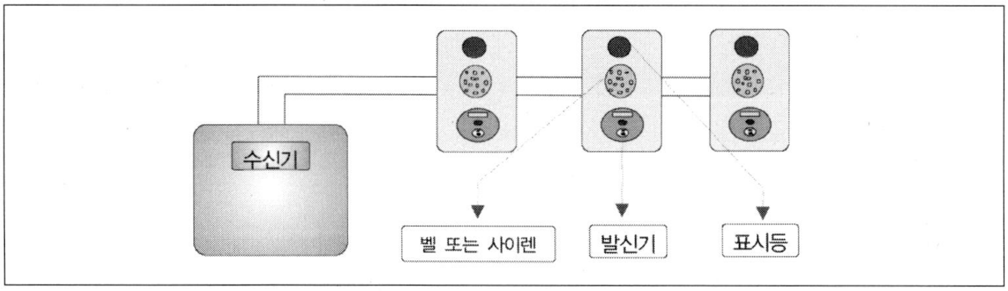

[비상벨/자동식 사이렌설비의 구조]

9.3.1 작동원리

사람이 화재를 발견하여 발신기 버튼을 누르면 수신기에 신호가 전달되고 수신기는 경종(사이렌)을 작동시킨다. 그리고 수신기에는 화재표시등과 지구표시등이 점등된다. 지구표시등은 작동한 발신기를 알려주는 역할을 한다.

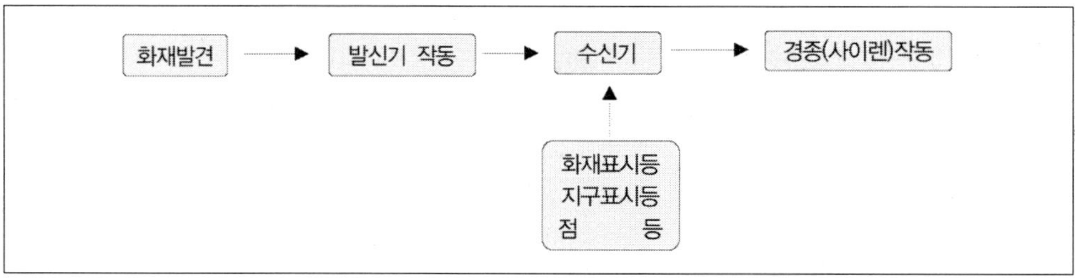

[비상벨설비의 작동흐름도]

9.3.2 음향장치

- 지구음향장치는 특정소방대상물의 층마다 설치하되, 당해 특정소방대상물의 각 부분으로부터 하나의 음향장치까지의 수평거리가 25 m 이하가 되도록 하고, 해당 층의 각 부분에 유효하게 경보를 발할 수 있도록 설치할 것. 다만,「비상방송설비의 화재안전기준(NFSC 202)」에 적합한 방송설비를 비상벨설비 또는 자동식 사이렌설비와 연동하여 작동하도록 설치한 경우에는 지구음향 장치를 설치하지 아니할 수 있다.
- 정격전압의 80% 전압에서 음향을 발할 수 있는 것으로 할 것
- 음량은 부착된 음향장치의 중심으로부터 1 m 떨어진 위치에서 90 dB 이상이 되는 것으로 할 것

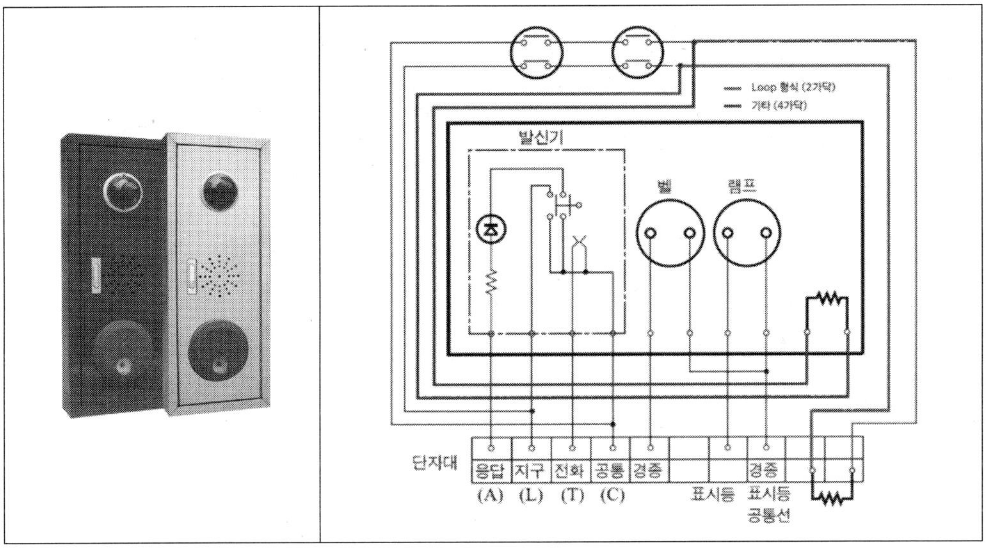

[발신기 세트]

9.4 시각경보기

시각경보장치는 자동화재탐지설비에서 발하는 화재신호를 시각경보장치에 전달하여 청각장애인에게 점멸형태의 시각경보를 하는 것을 말한다. 문서작성은 시각경보장치의 수량을 기재한다.

- 점멸방식의 섬광으로 화재경보를 알려주는 장치로서 청각장애인이 접근 가능한 장소 및 주변 소음으로 경종 등으로 화재경보가 불가능한 장소에 설치하여 화재 시 소방대상물의 관계자 및 거주자에게 안전한 장소로 피난을 유도하는 통보장치이다.
- 시각경보장치는 내식성능이 있는 재질을 사용하거나 또는 내식가공 및 방청가공을 하여야 하며, 극성이 있는 경우 오접속 방지조치를 하고, 광원은 크세논 섬광램프 또는 이와 동등 이상의 광도가 있어야 한다.

[시각경보기]

9.5 자동화재탐지설비

건물에 화재 발생 시 신속한 화재발견과 경보, 화재 발생 위치 파악은 인명과 재산 피해를 효과적으로 경감시킬 수 있는 중요한 요소이다.
화재 초기에 경보가 발령되면 인명 대피의 시간적 여유가 생길 수 있으며, 건물관계자는 화재 초기에 대응할 수 있어 화재진압이 용이하게 된다. 그리고 화재 위치까지 알려준다면 사람들의 피난을 안전하게 유도할 수 있으며, 신속한 화재진압을 가능하게 할 수 있다. 자동화재탐지설비는 이러한 필요성에 따라 화재 발생을 조기에 경보하고 화재 위치를 통보하는 기능을 하는 설비로 화재가 발생하면 자동으로 화재 발생 신호를 발신하는 감지기, 사람이 수동으로 화재 발생 신호를 보낼 수 있는 발신기, 화재 발생 신호를 수신하여 화재 위치를 표시하고 경보장치 등에 작동신호를 발신하는 수신기, 화재가 발생했음을 경보해 주는 음향 장치 및 시각경보기(이하 "경보장치"라 함)로 구성되어 있다. 문서의 작성은 자동화재탐지설비의 회로수(경계구역의 수)를 각 건물별(또는 전체)로 작성한다.

▣ 경계구역

자동화재탐지설비는 화재 발생뿐만 아니라 화재가 건물의 어느 지점에서 발생했는지도 알려주는 설비이다. 화재발생지점은 수신기에서 지구표시등을 점등시키거나 LCD 표시창에 문자로 표시해 주는데 이 지구표시등 또는 문자 하나가 담당하는 구역을 경계구역이라 할 수 있다. 즉 경계구역이란 "특정소방대상물 중 화재 신호를 발신하고 그 신호를 수신 및 유효하게 제어할 수 있는 지역"을 말한다.

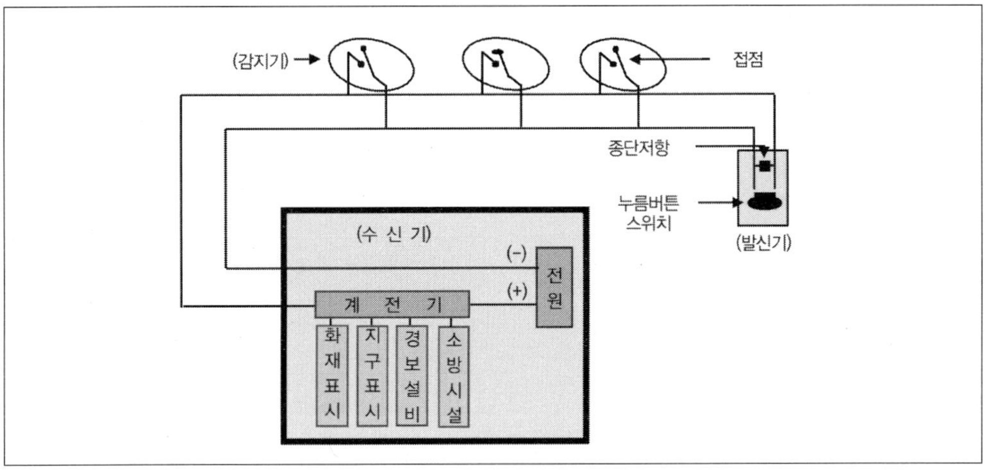

[자동화재탐지설비의 회로 간략도]

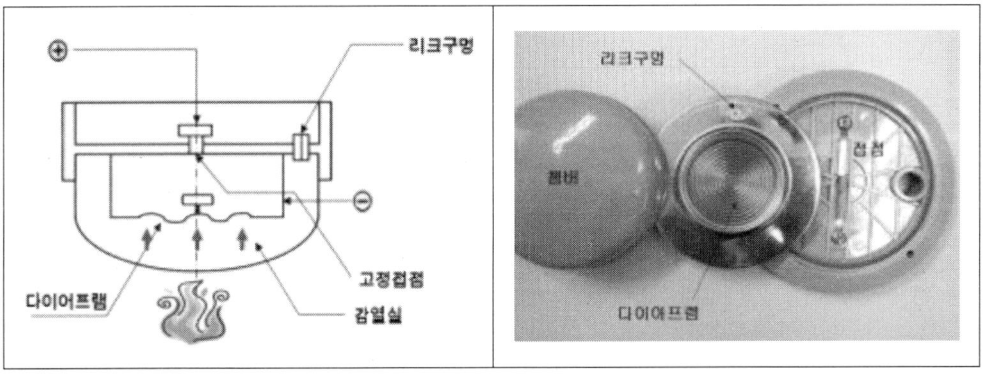

[차동식스포트형 감지기 구조]

9.5.1 감지기 설치기준

- 교차회로 방식에 사용되는 감지기, 급속한 연소 확대가 우려되는 장소에 사용되는 감지기 및 축적기능이 있는 수신기에 연결하여 사용되는 감지기는 축적기능이 없는 것으로 설치하여야 한다.
- 실내로의 공기유입구로부터 1.5m 이상 떨어진 위치에 설치할 것(차동식분포형의 것을 제외한다)
- 천장 또는 반자의 옥내에 면하는 부분에 설치할 것

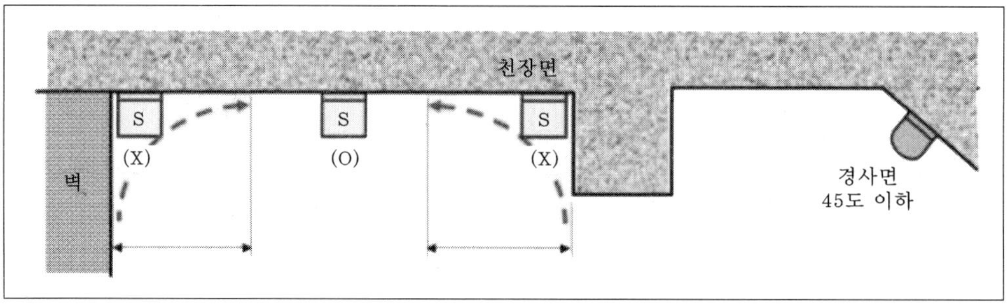

[벽 및 보로부터의 감지기의 설치 위치]

9.5.2 광전식 분리형감지기의 설치기준

- 감지기의 수광 면은 햇빛을 직접 받지 않도록 설치할 것
- 광축(송광면과 수광 면의 중심을 연결한 선)은 나란한 벽으로부터 0.6 m 이상 이격하여 설치할 것
- 감지기의 송광부와 수광부는 설치된 뒷벽으로부터 1 m 이내 위치에 설치할 것. 라) 광축의 높이는 천장 등(천장의 실내에 면한 부분 또는 상층의 바닥 하부면을 말한다.) 높이의 80% 이상일 것
- 감지기의 광축의 길이는 공칭감시거리 범위 이내일 것

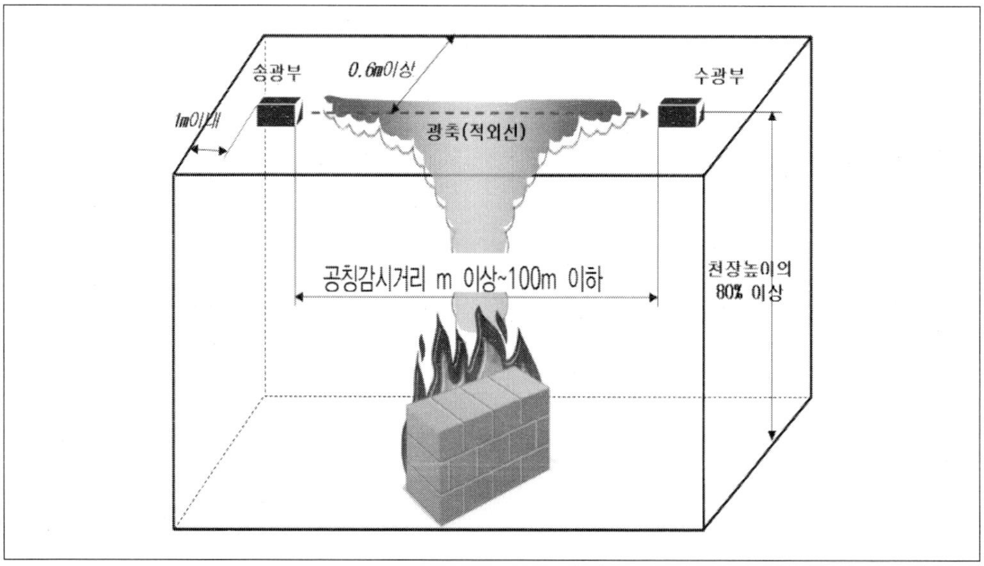

[광전식 분리형감지기의 설치기준]

9.6 비상방송설비

비상방송설비는 화재 발생 상황을 자동 또는 수동으로 음성이나 비상경보의 방송을 확성기를 통해 알려주는 설비이다. 문서의 작성은 비상방송설비가 있는 경우는 1개로 기록하고 없는 경우는 0개로 표기한다.

9.6.1 작동흐름도

비상방송설비는 자동화재탐지설비로부터 화재신호를 받아서 확성기로 화재 발생을 알려준다. 자동화재탐지설비에는 비상방송설비로 화재 신호를 보내지 못하도록 하는 연동정지 스위치가 있는데, 이 스위치가 연동정지에 있으면 비상방송설비가 작동하지 못한다. 검사 시에 이에 대한 사항을 주의해서 보아야 한다.

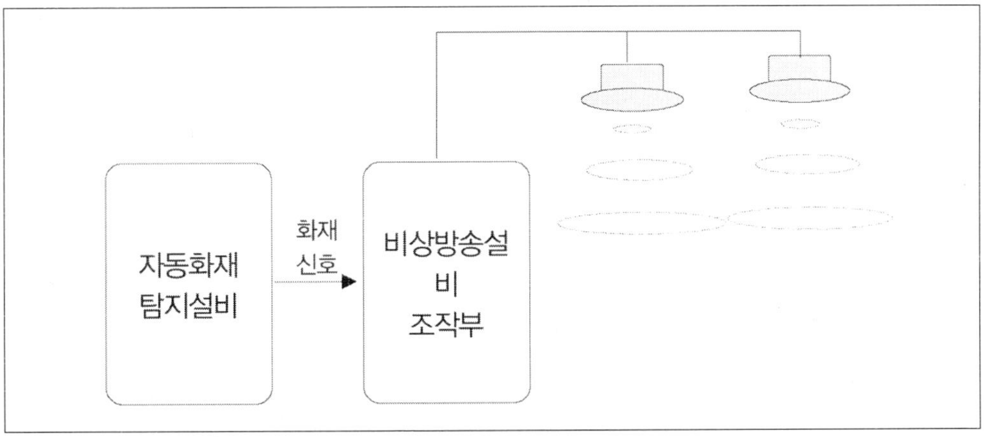

[비상방송설비의 작동흐름도]

9.6.2 경보방식

층수가 5층 이상으로서 연면적이 3,000m^2를 초과하는 특정 소방대상물(30층 미만인 건축물만 해당)의 경우, 2층 이상의 층에서 발화한 때에는 발화층 및 직상층에, 1층에서 발화한 때에는 발화층 · 그 직상층 및 지하층에, 지하층에서 발화한 때에는 발화층 · 그 직상층 및 기타의 지하층에 우선적으로 경보를 발할 수 있도록 할 것

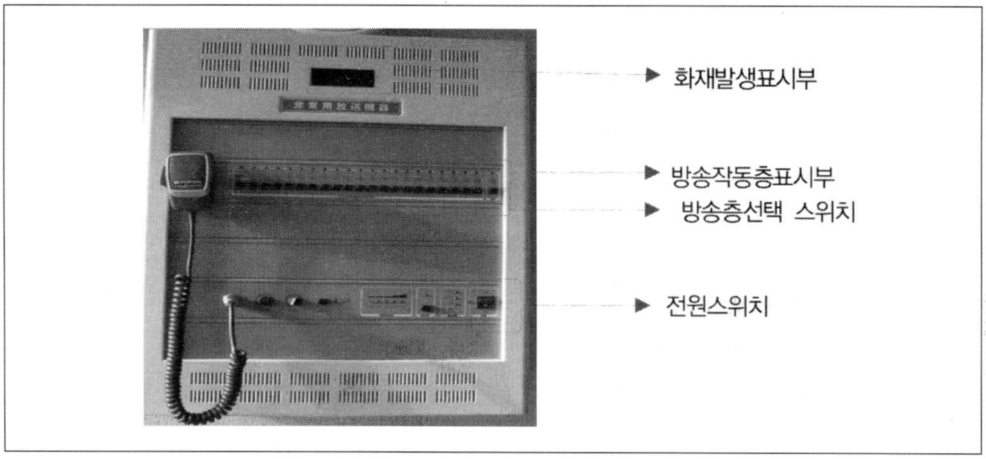

[비상방송설비의 스위치 및 표시등]

9.7 자동화재속보설비

자동화재속보설비란 자동화재탐지설비로부터 화재 신호를 받아 통신망을 통하여 음성 등의 방법으로 소방서에 자동적으로 화재 발생과 위치를 신속하게 통보해 주는 설비이다. 문서의 작성은 자동화재속보설비가 있는 경우는 1개로 기록하고 없는 경우는 0개로 표기한다.

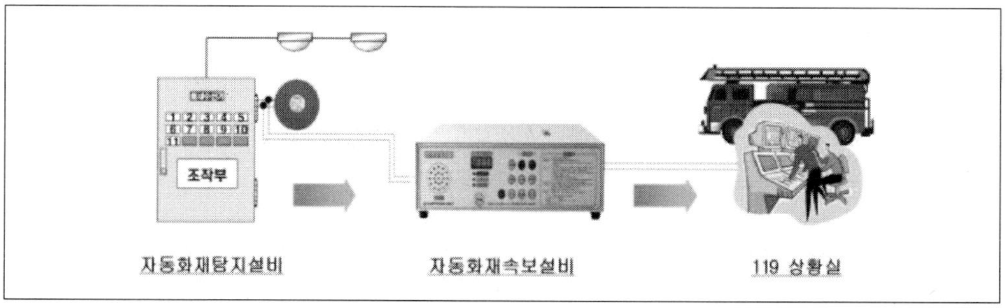

[자동화재속보설비의 작동 구성도]

9.7.1 설치대상

업무시설, 공장, 창고시설, 교정 및 군사시설 중 국방 · 군사시설, 발전시설(사람이 근무하지 않는 시간에는 무인경비시스템으로 관리하는 시설만 해당한다)로서 바닥면적이

1천5백m^2 이상인 층이 있는 것. 다만, 사람이 24시간 상시 근무하고 있는 경우에는 자동화재속보설비를 설치하지 않을 수 있다.

9.7.2 표시등 및 스위치

자동화재속보기의 형태는 여러 가지가 있으나 부착되어 있는 사용설명서를 참고하면 각 표시등 및 스위치의 기능들을 알 수 있다. 예들 들면 다음과 같다.

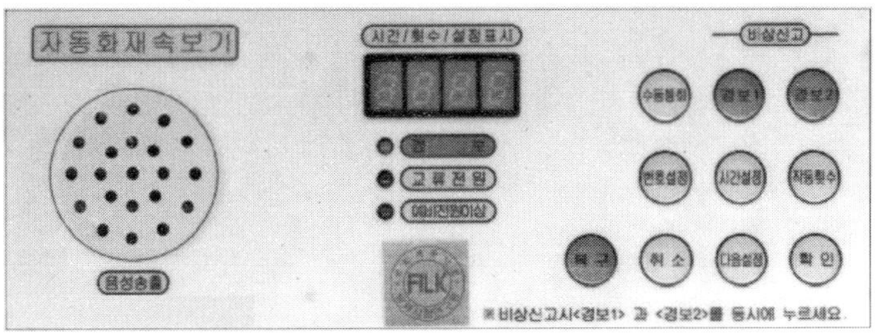

[자동화재속보기의 표시등 및 스위치]

9.8 통합감시시설

전기 · 가스 · 수도 등의 공급설비나 통신시설 · 하수도시설 등은 경관의 개선, 도로구조의 보전 및 교통의 원활한 소통을 기하기 위하여 지하 공작물(공동구)에 공동수용하게 되는데 이러한 설비에 화재가 발생할 경우 통신망의 두절이나 전력의 공급 차질로 사회적 물의와 혼란을 초래하는바 소방관서와 공동구의 통제실 간에 화재 등 소방활동과 관련된 정보를 상시 교환할 수 있는 정보통신망을 구축하여 유사시 신속하고 유효한 대처로 피해를 최소화하는 경보설비이다. 문서의 작성은 통합감시시설이 있는 경우는 1개로 기록하고 없는 경우는 0개로 표기한다.

※ 설치기준

- 소방관서와 공동구의 통제실 간에 화재 등 소방활동과 관련된 정보를 상시 교환할 수 있는 정보통신망을 구축할 것
- 정보통신망은 광케이블 또는 이와 유사한 성능을 가진 선로로서 원격제어가 가능할 것
- 주 수신기는 공동구의 통제실에, 보조 수신기는 관할 소방관서에 설치하여야 하고 수신기에는 원격제어 기능이 있을 것
- 비상시에 대비하여 예비선로를 구축할 것

[통합감시시설]

9.9 누전경보기

누전경보기는 600V 이하인 경계전로의 누설전류를 검출하여 당해 특정소방대상물의 관계자에게 경보를 발하는 설비로써 누설전류를 검출하는 변류기(CT), 변류기로부터 검출된 신호를 수신하여 누전의 발생을 당해 특정소방대상물의 관계자에게 경보하여 주는 수신기로 구성되어 있다. 문서의 작성은 건축물에 설치된 누전경보기의 수량을 기재한다.

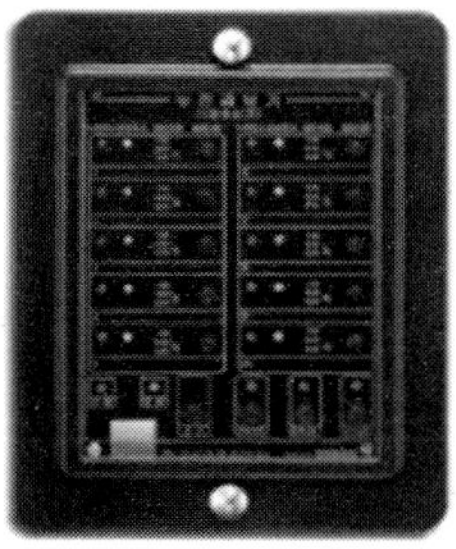	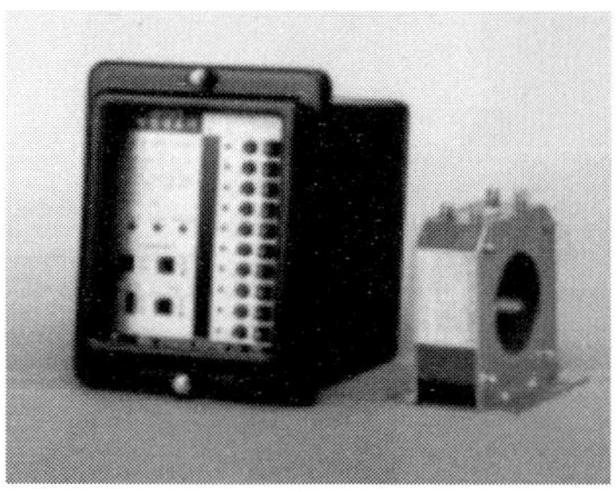
수신기	수신기와 변류기

[누전경보기]

9.9.1 작동원리

누전이란 전류가 정상적인 전류의 통로 이외의 통로로 흐르는 것을 말한다. 누전차단기의 작동원리는 누설전류가 없는 경우에는 그림과 같이 회로에 흐르는 왕로전류 i1과 귀로전류 i2는 같고 왕로전류 i1에 의한 자속 ø1과 귀로전류 i2에 의한 자속ø2는 ø1=ø2가 되고 서로 상쇄하고 있다. 누전이 발생하여 누설전류 ig가 흐르면 왕로전류 i1이 되고 귀로전류는 왕로전류 i1보다 작은 i1-ig가 되어 누설전류 ig에 의한 자속이 생기게 되어 변류기에 유기전압을 유도시킨다. 변류기에서 발생된 유기전압이 수신기까지 연결된 수신부에 전달되어 경보를 발하여 누전이 발생하였음을 알린다. 3상전원에 연결된 3상 부하의 경우에도 동일한 원리가 적용된다.

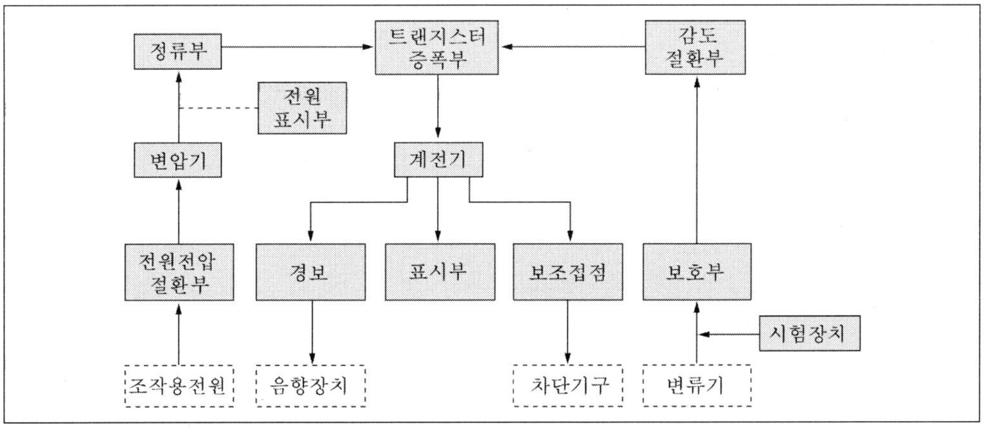

[누전경보기의 구조]

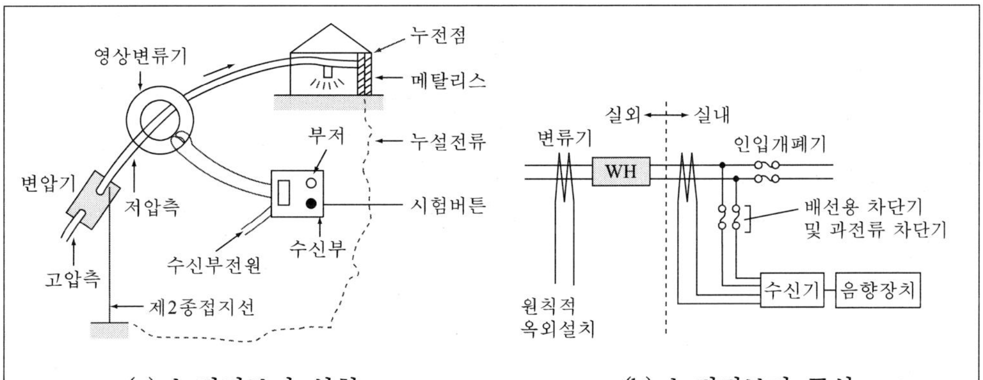

(a) 누전경보기 설치 (b) 누전경보기 구성

[누전경보기 설치]

10. 가스누출감지경보기 설치계획

감지기 번호	감지 대상	설치 장소	작동 시간	측정 방식	경보 설정값	경보기 위치	정밀도	경보시 조치내용	유지 관리	비고
GD-01	메탄	설비 좌측	15초 이내	열선반 도체식	LEL 20%	WHWJ DTLFW HKCMR	±3%	1회 주변지 역측정	연 2회	방폭(Ex d IIC T4-T6)

주)
① 감지 대상은 감지하고자 하는 물질을 기재합니다.
② 설치장소는 구체적인 화학설비 및 부속설비의 주변 등으로 구체적으로 기재합니다.
③ 경보설정치는 폭발하한계(LEL)의 25% 이하, 허용농도 이하 등으로 기재합니다.
④ 경보시 조치내용은 경보가 발생할 경우 근로자의 조치내용을 기재합니다.
⑤ 유지관리에는 교정 주기 등을 기재합니다.

① 가스누설경보기는 가연성가스 또는 불완전연소가스가 누설되는 것을 탐지하고 이를 경보하여 가스누출로 인한 피해를 예방하기 위한 설비이다.

② 심사대상 설비에서 취급·저장하는 화학물질의 누출로 인한 화재·폭발 및 독성물질의 중독 등에 의한 피해를 방지하기 위하여 누출이 예상되는 장소에는 해당 화학물질에 적합한 가스누출감지 경보기 설치계획을 고용노동부고시 별지 제17호의5 서식의 가스누출감지경보기 설치계획에 작성하고 감지대상 화학물질별 수량 및 감지기의 종류·형식, 감지기 종류·형식별 배치도 등의 서류 및 도면 등을 작성한다.

③ 용어의 정의

- "인화성 가스누출감지경보기 등"이라 함은 인화성 물질의 누출을 감지하여 그 농도를 지시하고, 미리 설정해 놓은 농도에서 자동적으로 경보가 울리도록 하는 장치를 말하며, 감지기와 수신경보기 등으로 구성된 것을 말한다.
- "인화성 가스"라 함은 산업안전보건기준에 관한 규칙 별표 1의 제4호의 인화성 액체 중 인화점이 35℃ 이하인 물질의 증기와 제5호에서 정한 인화성 가스등을 말한다. 다만, 인화점이 35℃를 초과하고 93℃ 이하인 인화성 액체를 인화점 이상에서 운전하는 경우는 인화성 가스로 본다.
- "독성 가스누출감지경보기 등"이라 함은 독성물질의 누출을 감지하여 그 농도를

지시하고, 미리 설정해 놓은 농도에서 자동적으로 경보가 울리도록 하는 장치를 말하며, 감지기와 수신경보기 등으로 구성된 것을 말한다.

- "경보 설정값 (Alarm set point)"이라 함은 가스감지 및 경보장치 등이 자동적으로 가스를 감지하여 경보나 기타 출력기능이 작동되도록 미리 정해 놓은 농도를 말한다.
- "확산식"이라 함은 감시되고 있는 대기로부터 가스 감지센서까지 가스전달 과정이 자연적인 분자운동을 통해 이루어지는 방식을 말한다.
- "흡입식(Sample draw)식"이라 함은 감시되는 대기 유동을 가스 감지센서로 수동조작이나 전기펌프에 의해 강제로 빨아들이는 방식을 말한다.
- "독성가스"란 공기 중에 일정량 이상 존재하는 경우 인체에 유해한 독성을 가진 가스로서 허용농도(해당 가스를 성숙한 흰쥐 집단에게 대기 중에서 1시간 동안 계속하여 노출시킨 경우 14일 이내에 그 흰쥐의 2분의 1 이상이 죽게 되는 가스의 농도를 말한다. 이하 같다)가 5,000 ppm 이하인 것으로 고압가스안전관리법 시행규칙 제2조에서 규정한 것을 말한다.
- "급성독성물질"이란 산업안전보건기준에 관한 규칙 별표1의 7호에 의한 급성독성물질 정의에 따라 쥐에 대한 4시간 동안의 흡입실험에 의하여 실험동물의 50%를 사망시킬 수 있는 물질의 농도, 즉 가스 LC50(쥐, 4시간 흡입)이 2500 ppm 이하인 화학물질, 증기 LC50(쥐,4시간 흡입)이 10 mg/L 이하인 화학물질, 분진 또는 미스트 1 mg/L 이하인 화학물질을 말한다.
- "표준가스"라 함은 가스감지기를 교정하는 데 사용하는 인증표준물질(CRM)로서, 측정 대상 성분을 바탕가스로 희석하여 제조된 공인인정 기관에서 인증한 가스를 말한다.

10.1 감지기 번호

관련 도면(P&ID, 감지기 배치도 등)을 확인하여 감지기 번호를 기재한다.

10.2 감지 대상

감지 대상은 감지하고자 하는 물질을 기재한다. 가연성가스 또는 독성물질 등을 관련 도면을 확인하여 작성한다.

※ 선정기준

- 가스누출감지경보기를 설치할 때에는 감지 대상 가스의 특성을 충분히 고려하여 가장 적절한 것을 선정하여야 한다.
- 하나의 감지 대상 가스가 가연성이면서 독성인 경우에는 독성가스를 기준하여 가스누출감지경보기를 선정하여야 한다.

10.3 설치장소

가스누출감지기는 다음 지역에 설치하여야 한다. 문서의 작성은 구체적인 화학설비 및 부속설비의 주변 등으로 구체적으로 기재한다.

- 건축물 내 · 외에 설치되어 있는 가연성 및 독성물질을 취급하는 압축기, 밸브, 반응기, 배관 연결부위 등 가스의 누출이 우려되는 화학설비 및 부속설비 주변
- 가열로 등 발화원이 있는 제조설비 주위에 가스가 체류하기 쉬운 장소
- 가연성 및 독성물질의 충진용 설비의 접속부의 주위
- 방폭지역 안에 위치한 변전실, 배전반실, 제어실 등
- 그 밖에 가스가 특별히 체류하기 쉬운 장소
- 펌프, 압축기 등 이송에 따른 가압 발생 장소
- 기화기, 충전(충진)설비 등 누출될 우려가 있는 장소
- 고온, 고압에 의한 이상 운전으로 과압 우려가 있는 장소
- 저장시설 등 대량 누출 위험이 있는 장소
- 공기 비중에 따라 누출물질의 체류 우려가 높은 장소
- 폭발위험장소 내에 설치된 점화원이 존재하는 변전실, 배전반실, 제어실 등 건축물 내부
- 폭발위험장소 내에 설치된 점화원이 존재하는 가열로, 보일러 등 설비

10.4 작동시간

- 가스누출감지경보기의 가스 감지에서 경보 발신까지 걸리는 시간은 경보농도의 1.6배인 경우 보통 30초 이내일 것. 다만, 암모니아, 일산화탄소 또는 이와 유사한 가스 등을 감지하는 가스누출감지경보기는 1분 이내로 한다.
- 경보 정밀도는 전원의 전압 등 변동이 ±10 % 정도일 때에도 저하되지 않아야 한다.

- 경보를 발신한 후에는 가스 농도가 변화하여도 계속 경보가 발하여져야 하며, 경보 설정을 재설정하여야만 경보가 정지될 수 있는 구조이어야 한다. 다만, 감지기가 다점식인 경우에는 경보가 발하여졌을 때 수신경보기에서 가스의 감지 장소를 알 수 있어야 한다.

※ 문서의 작성은 경보시스템의 자료(제조회사 자료)를 확인하여 작동시간을 기록한다.

10.5 측정방식

탐지소자의 측정방식을 경보기 제조사의 자료를 확인하여 작성한다. 탐지방식의 종류는 확산식, 열선반도체방식, 적외선식, 접촉연소식(Catalytic Type), 전기 화학식(Electro-Chemical Wet Cell Type), 촉매식센서, 반도체식 등이 있으므로, 제품설명서(카탈로그)를 참고하여 공정안전자료를 작성한다.

10.6 경보 설정값

"경보 설정값(Alarm set point)"이라 함은 가스감지 및 경보장치 등이 자동적으로 가스를 감지하여 경보나 기타 출력기능이 작동되도록 미리 정해 놓은 농도를 말한다. 관련자료(P&ID)를 확인하여 설정값을 기재한다. 1차경보 : 15%(LEL), 2차경보 : 60 ppm, LEL 15% 등으로 표기한다.

10.6.1 인화성 가스누출감지경보기의 경보 설정

- 감지대상 가스의 폭발하한값 25% 이하에서 경보가 발하여지도록 설정하여야 한다.
- 2개 이상의 경보 설정형인 경우에는 1차(High) 경보는 폭발하한계의 25 % 이하에서, 2차(High high) 경보는 폭발하한계의 50% 이하에서 경보를 설정하여야 하며, 필요시 차단밸브 등 다른 안전장치가 작동될 수 있도록 하여야 한다.
- 인화성 가스누출감지경보의 정밀도는 경보 설정값에 대하여 ±25% 이하이어야 한다.

10.6.2 독성 가스누출감지경보기의 경보 설정

- 설비의 결함, 오작동 등으로 인한 설비 외부로 누출된 가스를 조기 감지할 목적으로 설치된 가스누출감지경보기 경보 설정값은 다음의 순위에 따른 허용농도로 설정한다. 다만, TLV-C 값이 존재하는 독성물질의 경우에는 우선 선정된 허용

농도와 비교하여 독성치가 더 낮은 값으로 설정한다.

- 지하작업, 밀폐공간작업 등의 작업장소 내에서 작업 전 또는 작업 중 가스농도를 측정하는 목적으로 사용되는 가스누출감지경보기 경보 설정값은 시간가중 평균 노출기준(TWA)으로 설정한다.
- 독성 가스누출감지경보의 정밀도는 경보 설정값에 대하여 ±30% 이하이어야 한다.

10.7 경보기 위치

경보기 설치 위치 도면을 검토하여 문서에 기재한다. 근로자가 상주하는 곳(제어실 등)에 경보기가 설치되어 있는지 확인하고 문서에 기재한다. 경보기 위치는 조정실, 현장 Selter, 통합센터 또는 중앙감시센터 등으로 기재한다.

10.8 정밀도

경보정밀도는 전원의 전압 등 변동이 ±10% 정도일 때에도 저하되지 않아야 한다. 경보설비 매뉴얼 및 기술자료를 참고하여 제품의 정밀도를 기재한다. ±3% Full Scale, ±3% 이내/ Full Scale 등으로 표기한다.

10.9 경보시 조치내용

경보가 발생한 경우의 행동 조치사항으로 실질적이고 구체적으로 기술한다. 1차경보 시 행동요령 및 2차경보 시 행동요령으로 구분하여 작성할 필요가 있다. 핵심은 보다 구체적이고 사실을 가상하고 초보 엔지니어가 이해할 수 있도록 기재하는 것이 중요하다. "감지기 설치지역에서 휴대용 감지기로 측정한다."라고 기술하는 경우가 있는데, 누락된 사항으로 경보사실의 관리자에게 보고 또는 필요한 모니터의 2차 확인 등이 누락되는 경우도 있다. 마지못해 대충대충 기록하는 항목이 아니라 실제 비상시를 가장해서 구체적으로 작성하여야 한다.

10.10 유지관리

가스누출감지경보기는 항상 작동상태이어야 하며, 정기적인 점검과 보수를 통하여 정밀도를 유지하여야 한다. 제조사 지침에 따라 정기적인 점검과 보수를 실시하는 사항으로 핵심은 경보시스템의 정기적인 검·교정주기를 기재하는 사항이다. 통상적으로 연 1회 내지 2회로 설정하고 관리하고 있다. 경보시스템 제조사의 제품 자료를 확인하여 기록한다. 평소에 정기적으로 검사를 받아 검·교정인증서의 관리가 중요하다.

10.10.1 유지보수

- 유지보수 설비가 충분히 갖춰지지 않았거나, 유지보수 관련 사내·외 전문가가 제조사에서 제시한 점검 및 유지보수 절차를 수행하지 못할 경우에는 감지기 제조사나 관련 교정기관에 유지보수를 의뢰하여야 한다.
- 사업장 내에서 일정한 절차에 따라 유지보수에 관한 전문적인 지식이 있는 자에게 사내 유지보수 등의 전문가 자격을 부여하여 관리하는 것이 바람직하다.
- 교체용 부속품은 제조사로부터 구입하거나, 동등 이상의 성능이 있는 것을 사용하여야 한다.

10.10.2 교정

- 교정 방법은 국가표준기본법에 의거 전문 교육과정을 수료한 전문가가 인증된 표준실(교정실) 환경기준과 표준 교정 절차 및 현장 교정을 위한 추가 기술요건에 따라 표준가스를 사용하여 사내에서 교정을 실시하거나, 공인 인정된 교정기관에 교정을 의뢰하여 신뢰성을 확보하여야 한다.
- 교정주기는 최초 사용 전, 수리·보수 후 그리고 국가표준기본법의 교정주기에 따라 교정을 실시하여야 한다. 단, 교정주기는 사용자가 요구된 불확도, 측정기의 사용 빈도, 사용 방법, 장비의 안정도 등을 감안하여 주기를 설정하여야 한다.

10.11 비고

비고란에는 감지기의 용도가 방폭지역에 설치하는 경우는 방폭 형식을 기재하는 항목으로 제품자료를 확인하여 작성한다.

※ 가스감지기를 폭발위험지역이 구분된 장소에 설치하는 경우에는 다음과 같이 적절하게 설치하여야 한다(암모니아 제외).

- KS 규격에서 규정한 폭발위험장소에 적합한 방폭 성능을 갖는 감지기를 선정하여 설치하여야 한다.
- 감지기에 연결용 보조장치를 사용하는 경우에는 감지기의 최대 정격 전류 및 전압,

릴레이 접속단자 등을 확인하고 기타 본질안전 부속품 등도 병행하여 확인하여야 한다.

- 감지 센서는 제조사가 제품시방서에 제시한 최대 선로저항, 최소 전선 굵기, 절연등급 등의 기준에 부합하는 제어장치와 연결하여야 하고, 이때 사용 목적과 폭발위험장소 분류에 적합한 전선 및 전선관 또는 적절한 방법을 사용하여야 한다.
- 방폭 승인의 표기는 Ex dIIC T6/한국가스안전공사, Flame proof type (Ex d IIC T6) IP65, 방폭형 Ex ⅡB T4, d2G4, Exd llcT3 (내압 방폭형), 내압 방폭형(EX dⅡB T4) 등으로 표기되어 있으므로, 제품자료를 확인하여 기재한다.

11. 내화구조 명세

내화설비 또는 지역	내 화 부 위	내화시험기준 및 시간	비 고
공장동 가스처리설비 V-530	지지대 전체	산업표준화법에 의한 한국산업규격(KSF) 2257-1, 6,7 또는 동등 이상의 시험 방법에 의한 내화시간이 최소 1시간 이상이어야 함	내화모르타르 적용

주)
① 내화 설비 또는 지역은 건축물명, 배관지지대명, 설비명 등을 기재합니다.
② 내화 부위는 내화의 범위(예 : 배관지지대 등)를 기재합니다.
③ 내화시험기준 및 시간은 한국산업규격에 따른 내화시험방법에 의하여 기재합니다.

※ 용어의 정의

- "내화구조"라 함은 건축물의 기둥 및 보, 위험물 저장 · 취급 용기의 지지대 및 배관 · 전선관 등의 지지대가 화재 시 일정 시간 동안 강도와 그 성능을 유지할 수 있는 구조를 말한다.

- “내화성능”이라 함은 정해진 가열시험방법에 따라 시험한 결과, 각 단면에서 측정한 강재의 평균온도가 538℃를 넘지 않고, 온도가 측정된 어느 곳에서도 649 ℃를 넘지 않는 조건을 말한다.
- “내화재료”라 함은 건축물의 기둥 및 보, 위험물 저장·취급 용기의 지지대 및 배관·전선관 등의 지지대를 내화구조로 하기 위하여 사용되는 재료로서 내화콘크리트, 내화 뿜칠재, 내화 도료 등을 말한다.
- “내화시간”이라 함은 정해진 가열 시험방법에 따라 시험한 결과, 내화성능이 보장되는 시간을 말한다.

※ 법적기준 : 제270조(내화기준)

- 사업주는 제230조제1항에 따른 가스폭발 위험장소 또는 분진폭발 위험장소에 설치되는 건축물 등에 대해서는 다음 각 호에 해당하는 부분을 내화구조로 하여야 하며, 그 성능이 항상 유지될 수 있도록 점검·보수 등 적절한 조치를 하여야 한다. 다만, 건축물 등의 주변에 화재에 대비하여 물 분무시설 또는 폼 헤드(foam head)설비 등의 자동소화설비를 설치하여 건축물 등이 화재 시에 2시간 이상 그 안전성을 유지할 수 있도록 한 경우에는 내화구조로 하지 아니할 수 있다.
  - 건축물의 기둥 및 보 : 지상 1층(지상 1층의 높이가 6미터를 초과하는 경우에는 6미터)까지
  - 위험물 저장·취급 용기의 지지대(높이가 30센티미터 이하인 것은 제외한다) : 지상으로부터 지지대의 끝부분까지
  - 배관·전선관 등의 지지대 : 지상으로부터 1단(1단의 높이가 6미터를 초과하는 경우에는 6미터)까지
- 내화재료는 「산업표준화법」에 따른 한국산업표준으로 정하는 기준에 적합하거나 그 이상의 성능을 가지는 것이어야 한다.

11.1 내화설비 또는 지역

내화구조가 필요한 건축물, 설비 및 상세구역을 표기한다. 즉 공장동, 정압기실 등으로 표기하여 구체적인 기재가 될 수 있도록 한다.

11.2 내화 지역

구체적인 내화 부위를 표기하여야 하며 건축물의 기둥 및 보, 위험물 저장 · 취급용기의 지지대 및 배관 · 전선관 등의 지지대 등으로 구체적으로 기재한다.

11.3 내화시험기준 및 시간

※ 내화성능

- 산업표준화법에 의한 한국산업규격(KSF) 2257-1,6,7(건축 부재의 내화시험 방법) 또는 동등 이상의 시험방법에 의한 내화시간이 최소 1시간 이상
- 정유 또는 석유화학공장의 경우 가급적 UL 1709(철골에 대한 내화 물질의 급속한 화재에 의한 시험 방법) 또는 이와 동등 이상의 방법 적용 검토
- 콘크리트의 경우 두께 50 mm 이상
- 내화 도료 등을 사용하는 경우 품질시험기관에 제출한 내화구조 및 시공 방법에 의해 실시

※ 문서의 작성은 통상 "산업표준화법에 의한 한국산업규격(KSF) 2257-1,6,7(건축 부재의 내화시험 방법) 또는 동등 이상의 시험방법에 의한 내화시간이 최소 1시간 이상"으로 작성되고 있으나, 도료를 사용하는 경우 관련 제품성적서를 반드시 첨부하여 관리하여야 한다.

11.4 비고

비고란에는 사용한 내화재료를 기재한다. 즉, 건축물의 기둥 및 보, 위험물 저장 · 취급 용기의 지지대 및 배관 · 전선관 등의 지지대를 내화구조로 하기 위하여 사용되는 재료로서 내화콘크리트, 내화 뿜칠재, 내화 도료 등을 기재한다.

※ 각 내화도료 제품에 따라 시공 방법이 표시되어 있으므로, 각 단계별(하도, 중도, 상도)로 내화도료의 시공 두께를 측정하여 사진으로 보관한다. 마찬가지로 내화도료에 대한 기술자료 및 내화구조 인정서를 확보하여 보관한다.

12. 국소배기장치

공정 또는 작업장명	실내외 구분	발생원	유해 물질 종류	후드 형식	후드의 제어풍속 (m/s)	덕트내 반송속도 (m/s)	배풍량 (㎥/min)	전동기		배기 및 처리순서
								용량 (㎾)	방폭 형식	
도장	실내	도장	분체 도료	포위식	0.8	17	150	15	-	도장-후드-덕트-집진기-대기

주)

① 발산원은 유해물질 발생설비를 기재합니다.

② 유해물질 종류는 유해가스명 또는 분진명 등을 기재합니다.

③ 후드의 제어풍속은 발생원에서 후드입구로 흡입되는 풍속을 말합니다.

④ 배기 및 처리순서는 유해물질 발생에서부터 처리, 배출까지의 모든 설비를 순서대로 기재합니다.(예 : 집진기, 세정기 등을 기재하고 필요시 후드, 덕트, 배기구, 배풍기 및 공기정화장치의 상세도면과 명세 등 별도 작성 제출)

※ 용어의 정의

- "발생원"이라 함은 유해물질이 발생하여 작업환경오염의 원인이 되는 생산설비나 작업장소 등을 말한다.
- "유해물질"이라 함은 작업환경을 오염시키는 물질로서 가스, 증기 등 기체상물질과 미스트, 흄, 분진 등 입자상 물질을 말한다.
- "산업환기설비"라 함은 유해물질을 건강상 유해하지 않은 농도로 유지하고 유해물질에 의한 화재·폭발을 방지하거나 열 또는 수증기를 제거하기 위하여 설치하는 전체환기장치와 국소배기장치 등 일체의 환기설비를 말한다.

- "국소배기장치"라 함은 발생원에서 발생되는 유해물질을 후드, 덕트, 공기정화장치, 배풍기 및 배기구를 설치하여 배출하거나 처리하는 장치를 말한다.
- "공기정화장치"라 함은 후드 및 덕트를 통해 반송된 유해물질을 정화시키는 고정식 또는 이동식의 제진, 집진, 흡수, 흡착, 연소, 산화, 환원방식 등의 처리장치를 말한다.
- "후드"라 함은 유해물질을 포집 · 제거하기 위해 해당 발생원의 가장 근접한 위치에 다양한 형태로 설치하는 구조물로서 국소배기장치의 개구부를 말한다.
- "제어풍속"이라 함은 후드 전면 또는 후드 개구면에서 유해물질이 함유된 공기를 당해 후드로 흡입시킴으로써 그 지점의 유해물질을 제어할 수 있는 공기속도를 말한다. 다만, 포위식 및 부스식 후드에서는 후드의 개구면에서 흡입되는 기류의 풍속을 말하며, 외부식 및 레시버식 후드에서는 후드의 개구면으로부터 가장 먼 거리의 유해물질 발생원 또는 작업 위치에서 후드 쪽으로 흡인되는 기류의 속도를 말한다.
- "반송속도"라 함은 덕트를 통하여 이동하는 유해물질이 덕트 내에서 퇴적이 일어나지 않는 상태로 이동시키기 위하여 필요한 최소 속도를 말한다.

※ 산업안전기준에 관한 규칙

- 제453조(설비기준 등) : 사업주는 근로자가 허가대상 유해물질(베릴륨 및 석면은 제외한다)을 제조하거나 사용하는 경우에 허가대상 유해물질의 가스 · 증기 또는 분진의 발산원을 밀폐하는 설비나 포위식 후드 또는 부스식 후드의 국소배기장치를 설치하여야 한다. 다만, 작업의 성질상 밀폐설비나 포위식 후드 또는 부스식 후드를 설치하기 곤란한 경우에는 외부식 후드의 국소배기장치(상방 흡인형은 제외한다)를 설치할 수 있다.
- 제422조(관리대상 유해물질과 관계되는 설비) : 사업주는 근로자가 실내작업장에서 관리대상 유해물질을 취급하는 업무에 종사하는 경우에 그 작업장에 관리대상 유해물질의 가스 · 증기 또는 분진의 발산원을 밀폐하는 설비 또는 국소배기장치를 설치하여야 한다. 다만, 분말상태의 관리대상 유해물질을 습기가 있는 상태에서 취급하는 경우에는 그러하지 아니하다.
- 제420조(정의) : 이 장에서 사용하는 용어의 뜻은 다음과 같다. "관리대상 유해물질"이란 근로자에게 상당한 건강장해를 일으킬 우려가 있어 법 제39조에 따라 건강장해를 예방하기 위한 보건상의 조치가 필요한 원재료 · 가스 · 증기 · 분진 · 흄, 미스트로서 별표 12에서 정한 유기화합물, 금속류, 산 · 알칼리류, 가스상태 물질류를 말한다(173종).

12.1 공정 또는 작업장 명

발생원이 있는 공정 또는 작업장 명을 작성한다.

12.2 실내 · 외 구분

발생원의 장소가 실내인지 실외인지를 구분하여 기재한다.

12.3 발생원

유해물질 발생 설비를 기재한다.

12.4 유해물질의 종류

유해가스 명 또는 분진 명 등을 기재한다.

12.5 후드 형식

후드란 국소배기장치의 시작점으로 공간에서 오염물질이 포함된 공기를 유입시켜주는 역할을 하므로 국소배기장치에서 가장 중요한 부분이다.

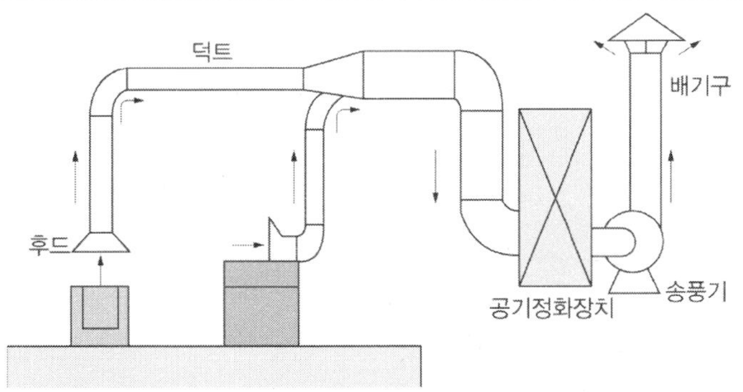

[후드형식]

※ 후드의 종류

작업 형태 및 방법, 오염물질의 특성 및 발생 특성, 작업공간의 크기 등에 따라 달라지는데 오염물질이 발생되는 근원을 기준으로 "포위식"과 "외부식" 후드로 나누어 구분한다.

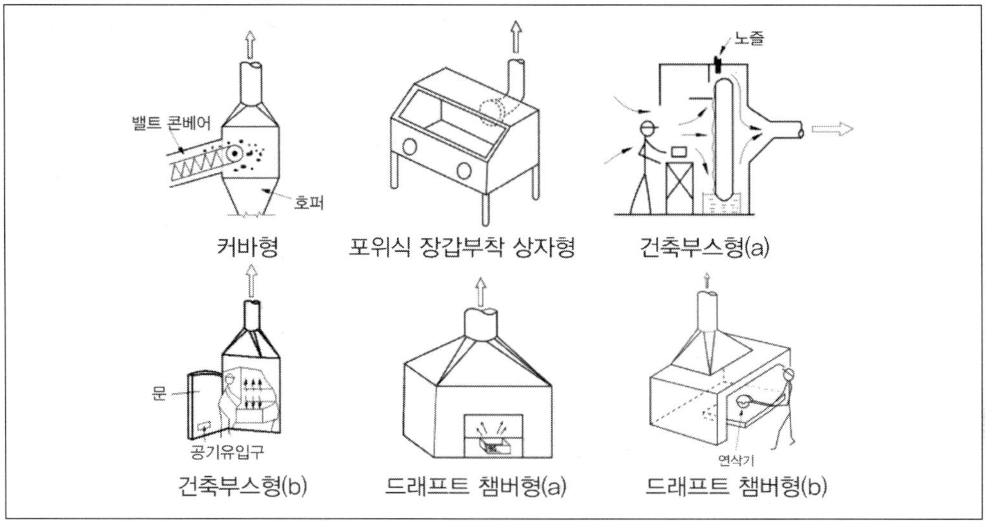

[포위식 후드]

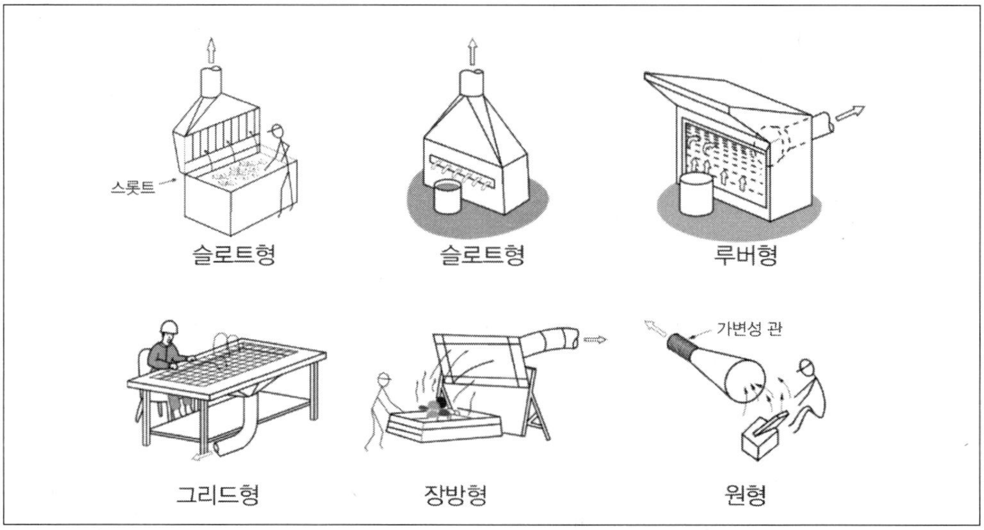

[외부식 후드]

12.6 후드의 제어풍속(m/s)

관리대상 유해물질 관련 국소배기장치 후드의 제어풍속

물질의 상태	후드 형식	제어풍속(m/sec)
가스 상태	포위식 포위형	0.4
	외부식 측방흡인형	0.5
	외부식 하방흡인형	0.5
	외부식 상방흡인형	1.0
입자 상태	포위식 포위형	0.7
	외부식 측방흡인형	1.0
	외부식 하방흡인형	1.0
	외부식 상방흡인형	1.2

※ 제어풍속 : 제어풍속(control velocity 또는 capture velocity)이란 오염물질을 후드 쪽으로 흡인하기 위하여 필요한 속도로서, 현장에서 실측하여 문서를 작성한다.

※ 제어풍속(위치) : 국소배기장치의 모든 후드를 개방한 경우의 제어풍속을 의미

- 포위식 후드의 경우 : 후드 개구면에서의 최소 풍속
- 외부식 후드의 경우 : 당해 후드 개구면으로부터 가장 먼 거리의 유해물질발생원(작업위치)에서의 풍속

분진작업장소에 설치하는 국소배기장치의 제어풍속

분진 작업 장소	제어풍속(m/sec)			
	포위식 후드의 경우	외부식 후드의 경우		
		측방 흡인형	하방 흡인형	상방 흡인형
암석 등 탄소원료 또는 알루미늄박을 체질하는 장소	0.7	-	-	-
주물모래를 재생하는 장소	0.7	-	-	-
주형을 부수고 모래를 터는 장소	0.7	1.3	1.3	-
그 밖의 분진작업 장소	0.7	1.0	1.0	1.2

후드의 설치 방법	제어풍속(m/sec)
회전체를 가지는 기계 전체를 포위하는 방법	0.5
회전체의 회전에 의하여 발생하는 분진의 흩날림 방향을 후드의 개구면으로 덮는 방법	5.0
회전체만을 포위하는 방법	5.0

12.6.1 후드의 재질 선정

- 후드는 내마모성 또는 내부식성 등의 재료 또는 도포한 재질을 사용하고, 변형 등이 발생하지 않는 충분한 강도를 지닌 재질로 하여야 한다.
- 후드의 입구 측에 강한 기류음이 발생하는 경우 흡음재를 부착하여야 한다.

12.6.2 방해기류 영향 억제

후드의 흡인기류에 대한 방해기류가 있다고 판단될 때에는 작업에 영향을 주지 않는 범위 내에서 기류 조정판을 설치하는 등 필요한 조치를 하여야 한다.

12.7 덕트 내 반송속도(m/s)

"반송속도"라 함은 덕트를 통하여 이동하는 유해물질이 덕트 내에서 퇴적이 일어나지 않는 상태로 이동시키기 위하여 필요한 최소 속도를 말한다. 덕트는 후드와 송풍기, 송풍기와 배출구를 연결시켜 주는 역할을 한다. 주덕트(main duct), 보조덕트 또는 가지덕트(sub duct), 접합(junction) 등으로 나뉜다. 덕트끼리 접합할 때에는 가능하면 비스듬하게 접합하는 것이 직각으로 접합하는 것보다 압력손실이 작다. 관련 자료(기술검토)를 확인하여 작성한다.

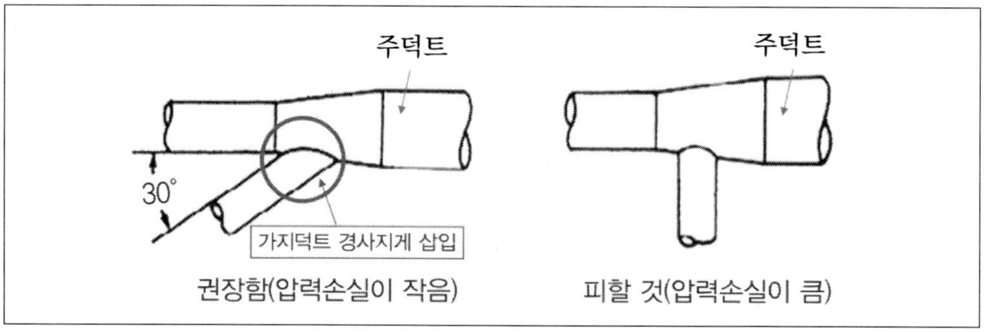

[압력손실]

〈반송속도〉

유해물질 발생형태	유해물질 종류	반송속도 (m/sec)
증기. 가스, 연기	모든 증기, 가스 및 연기	5.0~10.0
흄	아연흄, 산화알미늄 흄, 용접흄 등	10.0~12.5
미세하고 가벼운 분진	미세한 면분진, 미세한 목분진, 종이분진 등	12.5~15.0
건조한 분진이나 분말	고무분진, 면분진, 가죽분진, 동물털 분진 등	15.0~20.0
일반 산업분진	그라인더 분진, 일반적인 금속분말분진, 모직물분진, 실리카분진, 주물분진, 석면분진 등	17.5~20.0
무거운 분진	젖은 톱밥분진, 입자가 혼입된 금속분진, 샌드 블라스트분진, 주철보링분진, 납분진 등	20.0~22.5
무겁고 습한 분진	습한 시멘트분진, 작은 칩이 혼입된 납분진, 석면 덩어리 등	22.5 이상

12.8 배풍량(㎥/min)

후드별 배풍량을 기재하거나 송풍기별 배풍량을 확인(기술자료)하여 기재한다. 특히 배풍량의 단위를 주의하여 작성한다.

〈배풍량의 예시〉

후드 형태	후드 명칭	종횡비(W/L)	유량
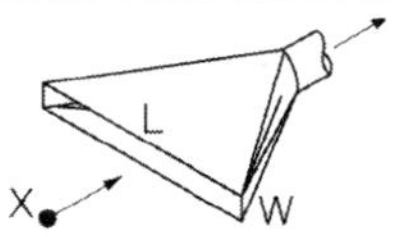	슬롯형	0.2 이하	Q=3.7LVX
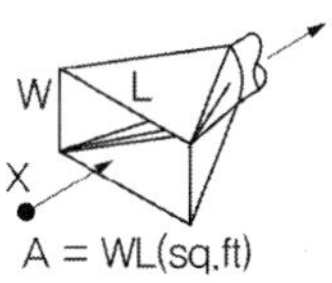	평편형	0.2 이상 또는 원형	Q=V(10X2+A)
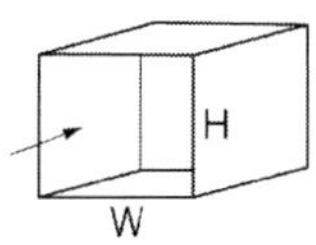	부스형	작업에 맞게	Q=VA=VWH

후드 형태	후드 명칭	종횡비(W/L)	유량
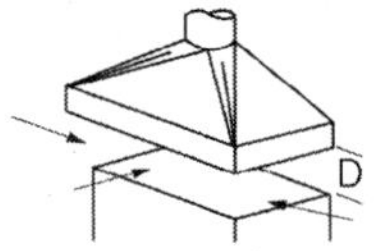	캐노피형	작업에 맞게	Q=1.4PVD P : 작업(물체) 둘레의 길이
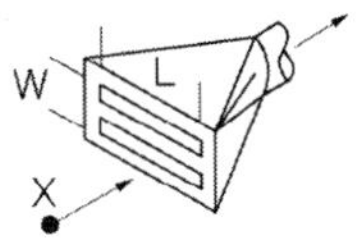	평편형 다중 슬롯	0.2 이상	Q=V(10X2+A)

12.9 전동기(송풍기)용량(㎾)

송풍기는 유해물질을 후드에서 흡인하여 덕트를 통하여 외부로 배출할 수 있는 힘을 만드는 설비로 원심력식 송풍기와 축류식 송풍기로 나누어진다.

▣ 원심력식 송풍기(Centrifugal Fans)

국소배기장치에 필요한 유량 속도와 압력 특성에 적합하며 설치비가 저렴하고 소음이 비교적 작기 때문에 많이 사용된다.

〈원심력식 특성〉

종류	특성
다익형	• 비교적 저속회전으로 소음이 적다. • 회전날개에 유해물질의 퇴적이 용이하고 청소가 곤란하다. • 효율은 35~50%로 낮으며 큰 마력의 용도에는 사용되지 않는다.
터보형(Turbo)	• 장소의 제약을 받지 않고 사용할 수 있으나 소음이 크다. • 효율은 60~70%로 높으며 압력 손실의 변동이 있는 경우에 사용하기 적합하다.
레디알형(Radial)	6~12개의 직선날개를 가지고 있고 마모나 오염된 경우에는 취급 및 교환이 용이하고 효율은 40~55%이다.

[원심력 송풍기 종류]

▣ 축류형 송풍기(Axial Fans)

견고하며, 재료비가 저렴하고 고효율이라는 장점이 있으나 비교적 소음도가 높고 정압 용량이 적다.

〈축류형의 특성〉

종류	특성
프로펠라 또는 디스크형	효율은 25~50%로 낮으나 설치비용이 저렴하며 전체환기에 적합한 형태이다.
튜브형 (Tube-Axial Type)	• 효율은 30~60%이고 모터를 덕트 외부에 부착시킬 수 있다. • 날개의 마모나 오염된 경우 청소와 교환이 용이하다.
베인형 (Vane-Axial Type)	• 저풍압, 다풍량의 용도로 적합하다. • 효율은 25~50%로 낮으나 설치비용이 저렴하다.

[축류형]

※ 송풍기의 용량(KW)을 기재한다. 특히 단위를 주의하여 작성한다.

12.10 전동기 방폭 형식

가스폭발의 위험지역이나 가연성가스를 배기하는 경우 방폭형 송풍기를 설치하여야 하며 이때 설치된 송풍기의 방폭 형식을 기재한다.

12.11 배기 및 처리순서

발생원부터 후드, 덕트, 정화설비, 송풍기 및 배출되는 순서를 기재한다. 유체의 흐름을 구체적으로 표현하여 쉽게 이해가 되도록 한다. 즉, 유해물질 발생에서부터 처리, 배출까지의 모든 설비를 순서대로 기재한다.

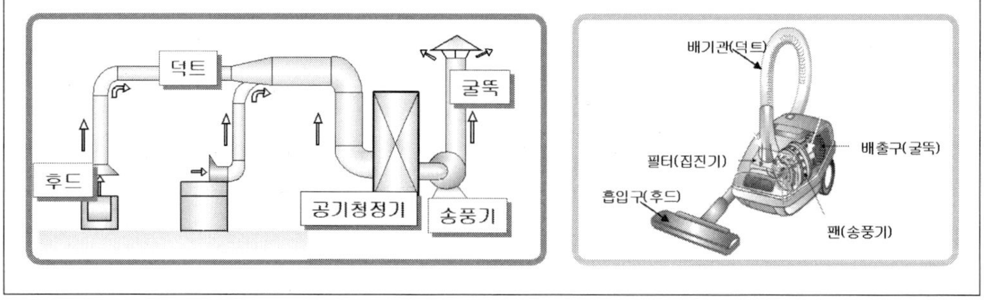

[흐름도]

13. 시나리오 및 피해 예측 결과

구 분	최악의 사고 시나리오			대안의 사고 시나리오		
기상 및 지형자료						
풍속(m/s)						
대기안정도(A~F)						
대기온도(℃)						
습도(%)						
표면거칠기(m)	□ 시골 □ 도시 □ 물위 또는 ( )m			□ 시골 □ 도시 □ 물위 또는 ( )m		
물질 및 설비						
물질명						
물질의 상태	□ 기체 □ 액체 □ 2상(액체+기체)			□ 기체 □ 액체 □ 2상(액체+기체)		
설비명(또는 배관부위)						
운전압력(MPa)						
운전온도(℃)						
누출구의 크기(mm2)						
웅덩이 크기(m2)						
피해예측결과						
누출결과						
직접계산(kg/s or kg)						
웅덩이(kg/s)						
설비/배관(kg/s)						
피해결과						
화재 - 복사열이 미치는 거리(m)	4 kW/m^2	12.5 kW/m^2	37.5 kW/m^2	4 kW/m^2	12.5 kW/m^2	37.5 kW/m^2
폭발 - 과압이 미치는 거리(m)	7 kPa	21 kPa	70 kPa	7 kPa	21 kPa	70 kPa
확산결과-인화성(m)	25% LEL	LEL	UEL	25% LEL	LEL	UEL
확산결과-독성(m)	ERPG 1	ERPG 2	ERPG 3	ERPG 1	ERPG 2	ERPG 3

주)
① 풍속은 1.5 m/s 또는 통상의 풍속
② 대기안정도는 F 또는 통상의 대기안정도
③ 대기 온도는 지난 3년간 낮 동안의 최대 온도 또는 통상 온도
④ 습도는 지난 3년간 낮 동안의 평균 습도 또는 통상 습도
⑤ 표면거칠기는 시골, 도시, 물위 중 하나를 체크하거나 실제 표면거칠기 기재
⑥ 물질의 상태는 기체, 액체, 2상 중 하나를 체크
⑦ 누출구의 크기는 탱크 또는 배관 누출의 경우에 한해 기재
⑧ 웅덩이 크기는 액면을 형성한 경우에 한해 기재
⑨ 직접계산에는 직접 계산한 누출속도(kg/s) 또는 누출량(kg)을 기재
⑩ 웅덩이, 설비, 배관에는 누출속도(증발속도) 또는 연소속도를 기재
⑪ 화재-복사열에는 4, 12.5, 37.5 kw/m^{2}의 복사열이 미치는 거리 기재(관심 복사열은 임의로 선정 가능)
⑫ 폭발-과압에는 7, 21, 70 kPa의 과압이 미치는 거리 기재(관심 과압은 임의로 선정 가능)
⑬ 확산-인화성에는 인화성액체나 가스의 농도가 25% LEL, LEL(폭발하한계), UEL(폭발상한계)이 되는 거리 기재(관심 농도는 임의로 선정 가능)
⑭ 확산-독성에는 독성물질의 농도가 ERPG 1, ERPG 2, ERPG 3가 되는 거리 기재(관심 농도는 임의로 선정 가능)
⑮ 영향을 미치는 복사열, 과압, 확산 농도는 변경 가능
⑯ 해당사항이 없는 항목은 생략 가능

시나리오 및 피해 예측 결과는 유해화학물질의 유출 · 누출 사고, 화재 · 폭발 사고가 사람 및 환경에 영향을 미칠 수 있는 사고시나리오를 선정하고 유해화학물질 취급사업장의 위험도를 선정하는 데 적용된다.

※ 용어의 정의

- "끝점"이라 함은 본 지침에서 주어진 끝점농도, 과압 또는 복사열 등의 수치에 도달하는 지점을 말한다.
- "냉동액체(Refrigerated liquid)"라 함은 상온 · 상압 하에서 가스인 물질을 냉각에 의하여 액체 상태로 만든 것을 말한다.
- "대안의 사고 시나리오"라 함은 최악의 사고시나리오 이외에 사업장에서 현실적으로 발생 가능성이 높은 사고시나리오 중 영향범위가 최대인 시나리오를 말한다.
- "최악조건의 시나리오"란 유해화학물질을 취급하는 개별 단위 설비에서 보유할 수

있는 최대의 양이 일정 조건하에서 10분 동안 모두 유출·누출되어 화재·폭발 및 확산된 것을 가정하여 분석된 시나리오를 말하는 것으로 일정 조건에서 시나리오 영향을 예측하기 위한 참고용으로 분석한다.

- “사고시나리오”란 유해화학물질 취급시설에서 화재, 폭발 및 유출·누출 사고로 인한 영향범위가 사업장 외부로 벗어나, 보호 대상에 영향을 줄 수 있는 사고를 의미한다. 취급시설에서 사용되는 동일 유해화학물질의 화재·폭발과 독성 시나리오 영향범위가 사업장 부지 경계를 벗어날 경우, 모두 사고시나리오로 선정한다.

13.1 풍속(m/s) 및 대기안정도

13.1.1 최악의 사고 시나리오 분석인 경우에는 지상 10 m 높이에서 초당 1.5 m의 풍속으로 하고 대기안정도는 등급을 사용한다.

13.1.2 대안의 사고 시나리오 분석인 경우에는 풍속은 과거 1년 이상 그 지역의 평균 기상 조건 및 대기안정도(〈붙임 2〉 참조)를 사용한다. 단, 확인 불가 시 풍속은 지상 10 m 높이에서 초당 3 m로 하고, 대기안정도는 D등급으로 사용한다.

〈붙임 2〉

〈대기안정도〉

바람속도, S (m/s)	낮			밤	
	복사강도의 크기				
	강	중	약	흐림	맑음
S ≤ 2	A	A-B	B	F	F
2〈S≤3	A-B	B	C	E	F
3〈S≤5	B	B-C	C	D	E
5〈S≤6	C	C-D	D	D	D
6〈S	C	D	D	D	D

주)
1. “바람속도”는 지상 10 m에서 측정한 수치임
2. “밤”이라 함은 해지기 1시간 전부터 해 뜬 후 1시간 사이를 말함
3. “강”이라 함은 맑은 날씨에서 태양의 고도가 60° 이상을 말함
4. “중”이라 함은 맑은 날씨에서 태양의 고도가 60° 미만 35° 이상을 말함

5. "약"이라 함은 맑은 날씨에서 태양의 고도가 35° 미만을 말함
6. 안정도 구분
   A : 매우 불안정함
   B : 불안정함
   C : 약간 불안정함
   D : 중립
   E : 약간 안정함
   F : 매우 안정함

13.2 대기 온도 및 대기습도

13.2.1 사고시나리오 분석의 경우 현지 기상을 적용하는 경우에는 직전 최소 1년간 해당 지역의 평균 온도 및 평균 습도를 적용한다. 단, 현지 기상을 적용하지 않을 경우에는 대기 온도 25℃, 대기습도 50%를 적용한다.

13.2.2 최악조건의 시나리오 분석의 경우 대기 온도 25℃, 대기습도 50%를 적용한다.

13.3 지표면의 굴곡 상태

13.3.1 시나리오의 지표면의 상태는 사업장이 위치한 지역의 지형적 특징을 고려하여 도시와 전원지형 중에 선택하여 사용한다.

13.3.2 도시지형은 건물과 나무 등이 많은 지형을, 전원지형은 평탄한 지형을 의미한다. 산업단지 내 위치한 경우 도시지형으로 판단한다. 다만, 사업장이 해안가에 위치하여 있는 경우 주변 여건 등을 고려하여 도시지형이 아닌 전원지형으로 선택할 수 있다.

13.4 물질명

물질명을 기재한다.

13.5 물질의 상태

□ 기체 □ 액체 □ 2상(액체+기체)를 구분하여 표시한다.

13.6 설비명(또는 배관 부위)

시나리오의 대상 설비의 명칭을 기재한다.

13.7 운전압력(MPa)

운전압력을 기재한다.

13.8 운전온도(℃)

13.8.1 사고시나리오는 운전온도를 사용하되 조건에 따라 운전온도가 변하는 경우는 영향범위가 최대가 되는 최곳점의 온도를 사용한다.

13.8.2 최악조건의 시나리오는 다음 각호와 같이 정한다.

- 냉동 액체를 취급하는 경우에는 운전온도를 사용한다.
- 냉동 액체 이외에 액체를 취급하는 경우에는 (일 년 중 또는 한 달 중) 낮 시간의 최고온도 또는 운전온도 중 큰 수치를 사용한다.
- 가스 상태의 물질은 운전온도를 사용한다.

13.9 누출구의 크기(mm^2) 및 누출 시간 산정

13.9.1 사고시나리오의 누출량을 산정하기 위한 누출공 크기는 다음 각호에 따라 산정한다.

- 누출공의 크기는 취급시설에서 유해화학물질이 누출될 수 있는 가장 큰 연결구 배관직경의 20% 이상으로 산정한다.
  가. 도금조와 같이 상부가 개방되어 있고 배수 배관 외 다른 취급시설과 배관으로 연결되지 않은 경우(배수 배관 밸브는 평상시 닫혀 있는 상태), 개방된 상부의 가로와 세로 합을 구한 후 0.5배 한 값의 20% 이상을 누출공의 크기로 한다.
- 위의 방법을 적용하지 않을 경우 다음의 산정 방법을 참고하여 누출공을 산정할 수 있다. 단, 이 경우 관련한 근거자료를 제출하여야 한다.
  가. KOSHA GUIDE(P-92-2012) 누출원 모델링에 관한 지침
  나. KOSHA GUIDE(P-110-2012) 화학공장의 피해최소화대책 수립에 관한 기술지침

다. 미국 석유화학협회의 위험기반검사 기준(API 581)에 따른 누출공 산출방법

- 다음의 경우에는 배관직경을 누출공의 크기로 산정한다.

  가. 가장 큰 연결구의 배관직경이 50 mm 미만인 경우

  나. 운전온도가 350℃ 이거나, 운전압력이 10 kgf/cm^2 이상인 특수설비의 경우

  다. 기타 탱크로리 체결 부위 등 파손확률이 높은 경우

13.9.2 누출시간 산정은 API 581에 따른 누출 시간 산출 방법을 참고하여 산정한다. 다만, 아래의 사항을 고려하여 산정할 수 있다.

- 취급시설의 수동적 완화장치와 능동적 완화장치를 적용하여 현실적으로 발생 가능성이 있는 누출 시간을 고려할 수 있다. 이 경우 완화장치와 누출시간의 인과관계가 충분히 증빙되어야 한다.
- 누출 현장에서 사람이 직접 누출 차단 조치를 수행해야 하는 경우는 누출을 차단할 수 있는 것으로 보지 아니하며 누출 시간 산정에 적용하지 않는다.

13.10 웅덩이 크기(m^2)

액면을 형성한 경우에 한하여 기재한다.

13.11 피해예측 결과

여기서부터는 계산식이 마련되어 있으나, 현실적으로 적용하기 어려운 부분이 있으므로 전용프로그램을 사용하여 결과를 도출한다.

14. 방폭전기/계장 기계 · 기구 선정기준

설치장소 또는공정	전기/계장기계 · 기구명	폭발위험장소별 선정기준(방폭형식)		
		0종장소	1종장소	2종장소

주)
① 전기/계장기계 · 기구명에는 전동기, 계측장치 및 스위치 등 폭발위험장소 내에 설치될 모든 전기/계장기계 · 기구를 품목별 또는 공정별, 품목별로 기재합니다.
② 방폭형식 표시기호는 한국산업규격에 따릅니다(예 : 내압방폭형 누름스위치 - Exd II B T4 등).

※ 방폭구조(용어의 정의)

• "폭발성가스분위기(Explosive gas atmosphere)"라 함은 발화 후 연소가 계속될 수 있는 가스, 증기 형태의 인화성 물질이 대기상태에서 공기와 혼합되어 있는 상태를 말한다.

[비고 : 인화상한(UFL) 이상 농도의 혼합기체는 폭발성가스분위기는 아니지만 쉽게 폭발성 분위기로 될 수 있으므로 폭발위험장소 구분 목적상 폭발성 가스분위기로 간주한다.]

• "폭발위험장소(Hazardous area"라 함은 전기설비를 제조 · 설치 · 사용함에 있어 특별한 주의를 요구하는 정도의 폭발성 가스분위기가 조성되거나 조성될 우려가 있는 장소를 말한다.

[비고 : 공정설비의 대부분의 구성품 내부에는 공기가 인입될 가능성이 없어 인화성 분위기로 간주하지 않음에도 불구하고 그 설비 내부는 일반적으로 폭발위험장소로 구분한다.]

- "비폭발위험장소(Non-hazardous area)"라 함은 전기설비를 제조 · 설치 · 사용함에 있어 특별한 주의를 요하는 정도의 폭발성 가스분위기가 조성될 우려가 없는 장소를 말한다.
- "폭발위험장소 종별(Zones)"라 함은 폭발성 가스분위기의 생성 빈도와 지속시간을 바탕으로 하는 구분되는 폭발위험장소를 말하며, 다음과 같이 3가지로 구분한다.
  ① "0종장소(Zone 0)"라 함은 폭발성 가스분위기가 연속적으로 장기간 또는 빈번하게 존재할 수 있는 장소를 말한다.
  ② "1종장소(Zone 1)"라 함은 폭발성 가스분위기가 정상작동 중 주기적 또는 빈번하게 생성되는 장소를 말한다.
  ③ "2종장소(Zone 2)"라 함은 폭발성 가스분위기가 정상작동 중 조성되지 않거나 조성된다 하더라도 짧은 기간에만 지속될 수 있는 장소를 말한다.

[비고 : 폭발성 가스분위기의 발생 빈도와 지속시간은 해당 산업 또는 적용에 관련된 별도의 코드를 적용할 수 있다.]

- "폭발위험장소의 범위(Extent of zone)"라 함은 누출원에서 가스/공기 혼합물의 농도가 공기에 의하여 폭발하한값 이하로 희석되는 지점까지의 거리를 말한다.
- "누출원(Source of release)"이라 함은 폭발성가스분위기를 조성할 수 있는 인화성 가스, 증기, 미스트 또는 액체가 대기 중으로 누출될 우려가 있는 지점 또는 위치를 말한다. 누출원의 등급은 다음과 같이 3가지로 분류한다.
  ① "연속 누출등급(Continuous grade of release)"이라 함은 연속, 빈번 또는 장기간 발생할 것으로 예상되는 누출을 말한다.
  ② "1차 누출등급(Primary grade of release)"이라 함은 정상작동 중에 주기적 또는 빈번하게 발생할 수 있을 것으로 예상되는 누출을 말한다.
  ③ "2차 누출등급(Secondary grade of release)"이라 함은 정상작동 중에는 누출 되지 않고 만약 누출된다고 하더라도 아주 드물거나 단시간 동안의 누출을 말한다.
- "증기압(Vapour pressure)"이라 함은 고체 또는 액체가 그 자신의 증기와 평형상태에 있을 때 발생하는 압력을 말한다.
- "폭발성 가스분위기 발화온도"라 함은 특정 조건(IEC 60079-20-1)에서, 공기와 혼합된 가스 또는 증기의 형태인 인화성 물질을 발화시키는 가열된 표면의 최저온도를

말한다.

- "인화 하한값(LFL : Lower flammable Limit)"이라 함은 공기 중에서 인화성 가스, 증기 또는 미스트의 농도가 이 값 미만에서는 폭발성 가스분위기가 조성되지 않는 한곗값을 말한다.

※ 방폭구조(용어의 정의)

- "내압(耐壓)방폭구조"란 방폭전기기기의 용기(이하 "용기"라 한다) 내부에서 가연성가스의 폭발이 발생할 경우 그 용기가 폭발압력에 견디고, 접합면, 개구부 등을 통해 외부의 가연성가스에 인화되지 않도록 한 구조를 말한다.
- "유입(油入)방폭구조"란 용기 내부에 절연유를 주입하여 불꽃·아아크 또는 고온발생 부분이 기름 속에 잠기게 함으로써 기름 면 위에 존재하는 가연성가스에 인화되지 않도록 한 구조를 말한다.
- "압력(壓力)방폭구조"란 용기 내부에 보호가스(신선한 공기 또는 불활성가스)를 압입하여 내부압력을 유지함으로써 가연성가스가 용기 내부로 유입되지 않도록 한 구조를 말한다.
- "안전증방폭구조"란 정상운전 중에 가연성가스의 점화원이 될 전기불꽃·아아크 또는 고온부분 등의 발생을 방지하기 위해 기계적·전기적 구조상 또는 온도 상승에 대해 특히 안전도를 증가시킨 구조를 말한다.
- "본질안전방폭구조"란 정상 시 및 사고(단선, 단락, 지락 등) 시에 발생하는 전기불꽃·아아크 또는 고온부로 인하여 가연성가스가 점화되지 않는 것이 점화시험, 그 밖의 방법에 의해 확인된 구조를 말한다.
- "특수방폭구조"란 앞에서 언급한 구조 이외의 방폭구조로서 가연성가스에 점화를 방지할 수 있다는 것이 시험, 그 밖의 방법으로 확인된 구조를 말한다.

〈가연성가스의 폭발등급 및 이에 대응하는 내압방폭구조의 폭발등급〉

최대안전틈새 범위(mm)	0.9 이상	0.5 초과 0.9 미만	0.5 이하
가연성가스의 폭발등급	A	B	C
방폭전기기기의 폭발등급	ⅡA	ⅡB	ⅡC

[비고] 최대안전틈새는 내용적이 8리터이고 틈새깊이가 25 mm인 표준용기 안에서 가스가 폭발할 때 발생한 화염이 용기 밖으로 전파하여 가연성가스에 점화되지 않는 최댓값

〈가연성가스의 폭발등급 및 이에 대응하는 본질안전방폭구조의 폭발등급〉

최소점화전류비의 범위(mm)	0.8 초과	0.45 이상 0.8 이하	0.45 미만
가연성가스의 폭발등급	A	B	C
방폭전기기기의 폭발등급	ⅡA	ⅡB	ⅡC

[비고] 최소점화전류비는 메탄가스의 최소점화전류를 기준으로 나타낸다.

〈가연성가스의 발화도 범위에 따른 방폭전기기기의 온도등급〉

가연성가스의 발화도(℃) 범위	방폭전기기기의 온도등급
450 초과	T1
300 초과 450 이하	T2
200 초과 300 이하	T3
135 초과 200 이하	T4
100 초과 135 이하	T5
85 초과 100 이하	T6

〈방폭전기기기의 구조별 표시방법〉

방폭전기기기의 구조별 표시방법	표시방법
내압방폭구조	d
유입방폭구조	o
압력방폭구조	p
안전증방폭구조	e
본질안전방폭구조	ia 또는 ib
특수방폭구조	s

14.1 방폭 전기기기 설치

방폭 전기기기는 방폭 성능이 손상되지 아니하도록 다음 기준에 따라 설치한다.

14.1.1 용기에는 방폭 성능을 손상시킬 우려가 있는 유해한 흠, 부식, 균열 또는 기름 등의 누출 부위가 없도록 한다.

14.1.2 방폭 전기기기 결합부의 나사류를 외부에서 쉽게 조작함으로써 방폭 성능을 손상시킬 우려가 있는 것은 드라이버, 스패너, 플라이어 등의 일반 공구로 조작할 수 없도록 한 자물쇠식 죄임구조로 한다. 다만, 분해 · 조립의 경우 이외에는 늦출 필요가 없으며, 책임자 이외의 자가 나사를 늦출 우려가 없는 것으로 방폭 성능의 보전에 영향이 적은 것은 자물쇠식 죄임을 생략할 수 있다.

14.1.3 방폭 전기기기 배선에 사용되는 전선, 케이블, 금속관 공사용 전선관 및 케이블 보호관 등은 방폭 전기기기의 성능을 떨어뜨리지 않는 것으로 한다.

14.2 누출 홀 크기 결정의 전제조건은 다음과 같다.

14.2.1 "누출 홀 크기"란 가연성가스의 누출이 일어나는 홀(hole)의 단면적을 말한다.

14.2.2 누출 홀 크기는 가연성가스의 누출 유량을 결정하는 데 사용되고 누출 유량은 위험장소 종류 및 위험장소 범위를 결정하는 데 반영되므로 누출 홀 크기는 어떤 시스템의 누출 특성을 검토함에 있어서 가장 중요한 인자이다.

14.2.3 누출 유량은 누출 홀 반경의 제곱에 비례하므로 누출 홀 반경이 과소하게 또는 과대하게 설정되지 아니하도록 주의한다.

14.3 누출 유량 결정 기본기준

14.3.1 연속누출등급의 누출 유량 값은 각 연속누출등급 누출원의 누출 유량 값을 합산하여 구한다.

14.3.2 1차 누출등급의 누출 유량 값은 동시 발생 가능성이 있는 각 1차 누출등급 누출원의 누출 유량 합산 값과 연속누출등급 누출원의 누출 유량 값을 합산하여 구한다.

14.3.3 2차 누출등급의 누출 유량 값은 각 2차 누출등급 누출원의 누출 유량 중 가장 큰 누출 유량 값과 1차 누출등급의 누출 유량 값을 합산하여 구한다.

14.3.4 위의 3가지의 기준에도 불구하고 배경농도를 결정하기 위한 누출 유량은 각 누출원의 부피 유량을 직접 합산하여 구한다.

14.4 희석등급구분의 전제조건

14.4.1 환기에 의하여 폭발성가스분위기가 형성되는 것을 방지할 수는 없지만, 형성된 폭발성가스분위기가 지속되는 것을 막을 수 있다.

14.4.2 누출 유량 대비 환기량이 클수록 폭발위험장소의 범위는 작아지고 폭발성가스분위기의 지속시간은 짧아진다. 누출 유량 대비 환기효과성이 충분히 높은 경우에는 폭발위험장소의 범위가 무시할 수 있는 수준으로 낮아지므로 비폭발위험장소로 간주할 수 있다.

14.4.3 공기가 실내나 밀폐공간으로 들어가거나 나가는 거동과 같은 '환기'의 개념과 구름이 희석되는 거동과 같은 '확산'은 매우 상이하지만 폭발성 가스분위기를 제거함에 있어서 둘 다 중요하다.

14.4.4 "희석등급"이란 환기 또는 대기 조건이 누출된 가연성가스를 안전한 수준으로 희석시킬 수 있는 정도를 말한다. 특정 환기 조건에서 누출 유량이 증가하면 희석등급은 낮아지고 특정 누출 유량에서 환기율이 감소하면 희석등급도 낮아진다.

14.4.5 희석등급은 가연성가스의 농도 변화에 따라 고희석 등급(High dilution), 중희석 등급(Medium dilution) 및 저희석 등급(Low dilution)으로 구분한다.

〈희석등급 구분 및 정의〉

희석등급	희석등급의 정의
고희석 등급	누출원과 가까운 지점에서의 가연성가스의 농도가 빠르게 감소하고, 누출이 종료된 이후에는 폭발성 분위기가 거의 지속되지 않는 경우
중희석 등급	누출이 진행되는 동안에는 가연성가스의 농도가 제어되어 위험장소의 경계가 안정적으로 형성되고, 누출이 종료된 이후에는 폭발성 분위기가 과도하게 지속되지 않는 경우
저희석 등급	누출이 진행되는 동안에 가연성가스의 농도가 높고 누출이 종료된 이후에도 폭발성 분위기가 오랫동안 지속되는 경우

〈실외 장소의 환기속도〉

실외의 유형	장애물이 없는 지역			장애물이 있는 지역		
지면으로부터의 높이	2m 이하	2m 초과 5m 이하	5m 초과	2m 이하	2m 초과 5m 이하	5m 초과
공기보다 가벼운 가스 누출 시 희석등급을 설정하기 위한 환기 속도	0.5m/s	1m/s	2m/s	0.5m/s	0.5m/s	1m/s
공기보다 무거운 가스 누출 시 희석등급을 설정하기 위한 환기 속도	0.3m/s	0.6m/s	1m/s	0.15m/s	0.3m/s	1m/s
높이와 무관하게 액체 풀의 증발률을 설정하기 위한 환기 속도	0.25m/s 초과			0.1m/s 초과		

[비고]

1. 이 표의 값에 적합한 경우에는 환기유효성이 “양호”한 것으로 볼 수 있다.
2. 실내의 경우에는 최소공기속도가 0.05m/s라는 가정하에 평가한다. 다만, 공기를 유입하거나 배출하는 개구부 근처와 같은 특정 상황에서는 다른 값을 최소공기속도로 가정할 수 있으며, 환기장치를 제어할 수 있는 경우에는 최소환기속도를 계산할 수 있다.
3. 밀집된 배관, 건축물, 나무 또는 벼랑 등과 같은 장애물이 가스설비 주변 공기의 흐름에 영향을 주는 경우 “장애물이 있는 지역”으로 판단하고, 그렇지 아니한 경우 “장애물이 없는 지역”으로 판단한다.

〈희석등급 구분의 기준〉

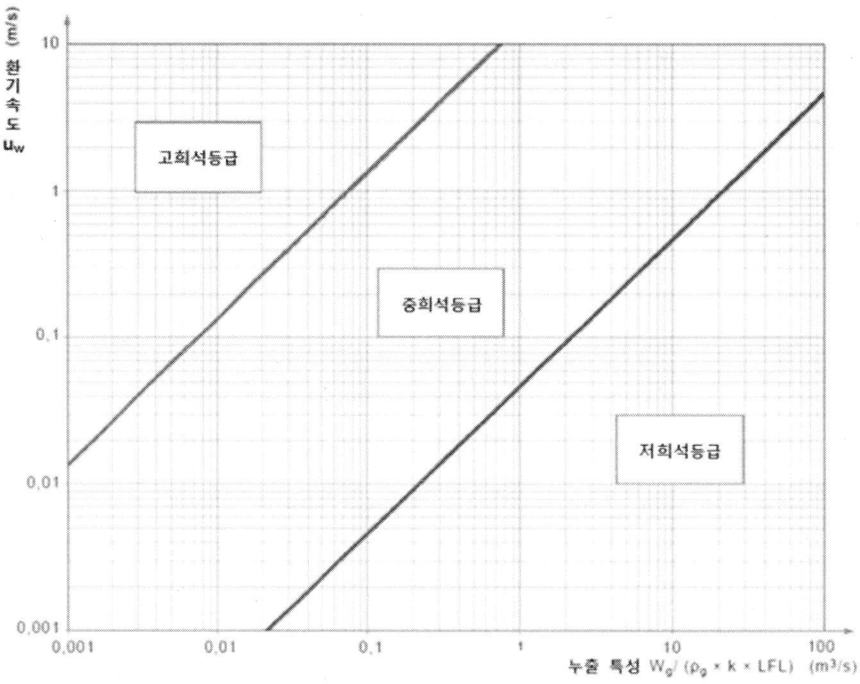

14.5 환기유효성 구분의 전제조건은 다음과 같다.

14.5.1 "환기유효성"이란 환기의 연속성 정도를 말한다.

14.5.2 환기유효성은 환기의 연속 여부에 따라 우수(Good), 양호(Fair) 및 미흡(Poor)으로 구분한다.

〈환기유효성구분의 기준〉

환기유효성의 구분	환기유효성 구분의 기준
우수	환기가 사실상 연속적으로 이루어지는 경우
양호	정상작동상태에서는 환기가 이루어진다고 볼 수 있는 경우. 간헐적으로 짧은 시간 동안 환기가 불연속적으로 일어나는 경우를 포함한다.
미흡	환기가 "우수" 또는 "양호"에 해당하지 아니하는 경우로서 불연속적 환기가 장기간 지속되지는 아니한다고 볼 수 있는 경우

14.6 위험장소 구분의 전제조건은 다음과 같다.

14.6.1 폭발성가스분위기의 존재 가능성이 있는 장소를 위험장소라고 하고, 위험장소는 0종 장소, 1종 장소 및 2종 장소로 구분한다.

14.6.2 일반적으로 위험장소는 누출등급에 의하여 구분된다. 충분히 환기가 되는 장소(개방 지역에 설치된 플랜트)의 경우 연속누출등급은 0종 장소, 1차누출등급은 1종 장소 및 2차누출등급은 2종 장소로 구분하는 것을 원칙으로 한다. 다만, 희석등급 및 환기유효성에 따라 위험장소의 등급을 다르게 할 수 있다.

〈위험장소의 정의〉

위험장소의 구분	위험장소의 정의
0종 장소	폭발성 가스분위기가 연속적으로, 장기간 또는 빈번하게 존재하는 장소
1종 장소	정상작동 중에 폭발성 가스분위기가 주기적 또는 간헐적으로 생성되기 쉬운 장소
2종 장소	정상작동 중 폭발성 가스분위기가 조성되지 않을 것으로 예상되며, 생성된다 하더라도 짧은 기간에만 지속되는 장소

〈누출 등급 및 환기유효성에 따른 폭발위험장소 설정〉

누출 등급	환기의 효과성						
	고희석 등급			중희석 등급			저희석 등급
	환기의 유효성						
	우수	양호	미흡	우수	양호	미흡	우수, 양호 또는 미흡
연속누출	비폭발위험 (0종장소 NE)[1]	2종장소 (0종장소 NE)[1]	1종장소 (0종장소 NE)[1]	0종장소	0종장소+2종장소	0종장소+1종장소	0종장소
1차누출	비폭발위험 (1종장소 NE)[1]	2종장소 (1종장소 NE)[1]	2종장소 (1종장소 NE)[1]	1종장소	1종장소+2종장소	1종장소+2종장소	1종장소 또는 0종장소[3]
2차누출[2]	비폭발위험 (2종장소 NE)[1]	비폭발위험 (2종장소 NE)[1]	2종장소	2종장소	2종장소	2종장소	1종장소 및 0종장소[3]

주1) 0종장소 NE, 1종장소 NE 또는 2종장소 NE는 정상상태에서는 무시하여도 되는 이론적 장소 즉

환기에 관한 정보가 없는 경우나 환기를 무시할 경우의 위험장소를 나타낸다.

주2) 2차누출등급에 의하여 생성되는 2종 장소가 1차 또는 연속누출등급에 의해 만들어진 장소보다 큰 경우 더 큰 거리를 선택한다.

주3) 환기가 아주 미흡하고 실질적으로 폭발성가스분위기가 지속적으로 형성되는 경우 0종 장소로 구분한다.

[비고]

1. '+'는 다음 위험장소 종류로 "둘러싸임"을 의미한다.
2. 자연적으로 환기되는 밀폐공간의 경우 환기의 유효성을 '우수'로 간주하지 아니한다.

※ 폭발위험장소의 범위를 설정하기 위해서는 다음을 고려한다.

- 위험장소의 범위는 공기 중 인화성 물질의 농도가 인화하한 이하로 희석되기 전 폭발성 분위기가 존재하는 추정 또는 계산된 거리를 말한다.
  ① 위험장소범위의 결정은 불확실성의 평가 수준을 고려한 안전율을 적용한다.
  ② 인화하한값 이하로 희석되기 전의 가스 또는 증기의 확산범위를 평가할 때는 전문가의 의견을 구하는 것이 바람직하다.
- 공기보다 무거운 가스는 지면보다 낮은 장소(예 : 피트, 우묵한 곳 등)로 흐를 수 있고, 공기보다 가벼운 가스는 높은 장소(지붕 쪽 등)에 체류할 가능성이 있다.

〈폭발위험장소의 범위(거리) 추정 그래프〉

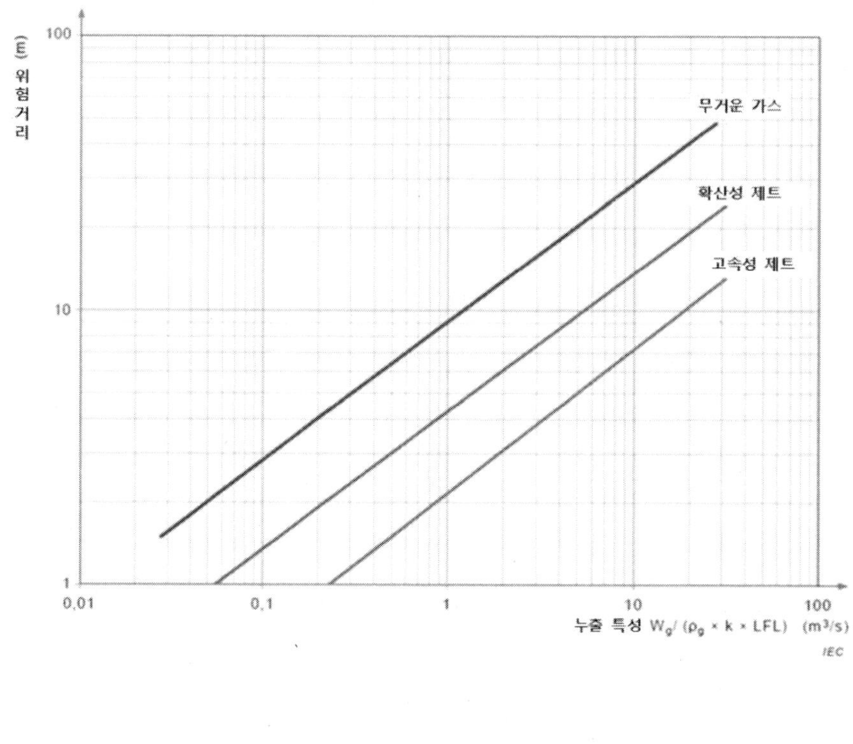

다음은 서식의 작성예로서 모든 방폭전기설비의 설치장소 및 공정에 따른 전기/계장기계 · 기구명을 작성하고 방폭형식을 작성한다.

설치장소 또는 공정	전기/계장기계 · 기구명	폭발위험장소별 선정기준(방폭형식)		
		0종장소	1종장소	2종장소
NG 취급 정압기실 및 보조보일러	Instrument 류 (PT,FT,TI등)	-	-	Ex ib IIB T3~T6, ExdIIBT3~T6
	NG FQIT 44A/B			Ex ia IIB T4 (Barrier 포함)
	Lighting 류 (형광등)	-	-	Ex e II T3~T6, ExdIIBT3~T6
	Fitting 류	-	-	Ex e II T3~T6, ExdIIBT3~T6
	JUNCTION BOX류 (Controlpanel)	-	-	Ex e II T3~T6, Exd,pIIBT3~T6
	Switch 류	-	-	Ex d IIB T3~T6
	Sensor 류 (Detector)	-	-	Ex ib IIB T3~T6, ExdIIBT3~T6
	ELECTRIC GAS PREHEATER	-	-	Ex d IIC T1~T6

15. 단락용량 계산서(short-circuit current)

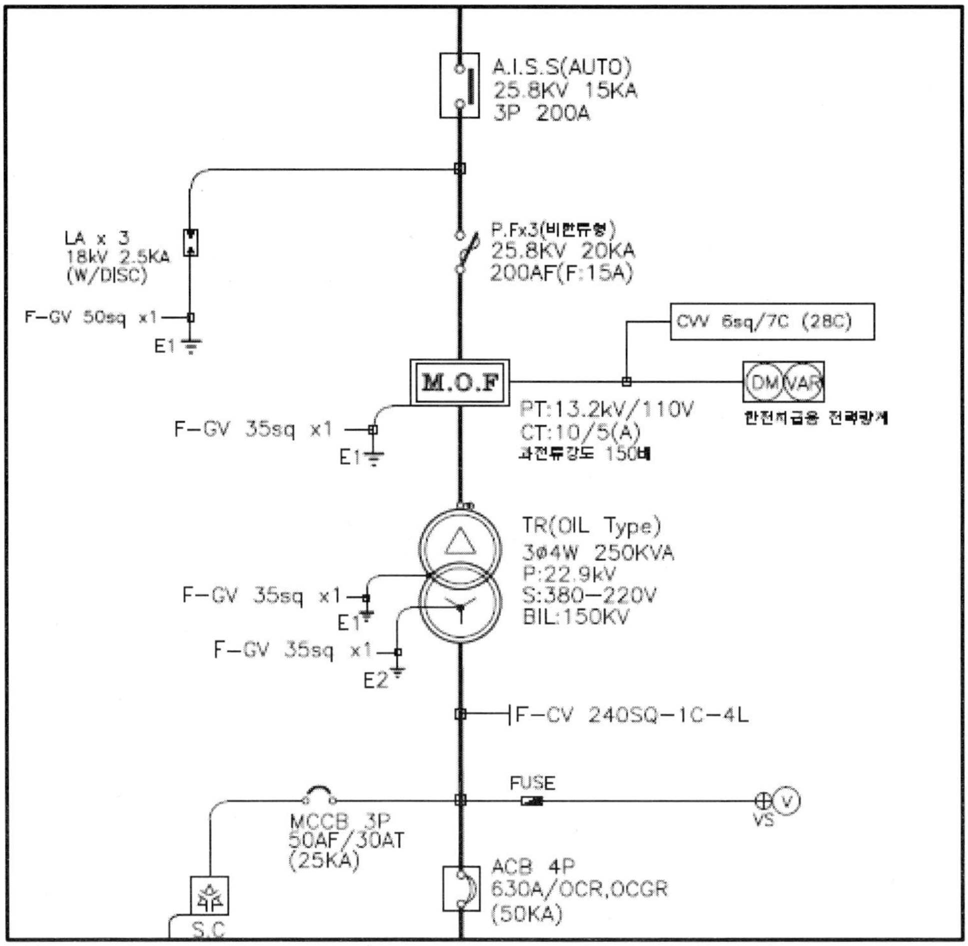

PROJECT :	--재생센터 PSM 작성용		
JOB NO. :	20210810		
CLIENT :	--재생센터		
AUTHOR :			인

1. 단락전류의 계산목적

전력계통에서 고장을 안전하고 동시에 신속하게 제거하기 위하여 차단기가 사용된다. 그 차단기 선정을 위해 설비 내의 각 차단기 설치점에 고장전류를 알아야 한다. 또 기기나 선로는 단락전류에 기계적, 열적으로 충분히 견디는 강도가 있어야 하며 보호계전방식의 선정 및 계전기 동작 정정치를 위해서는 고장전류를 알아야 한다. 고장전류 중에서도 가장 중요한 것이 3상 단락전류이지만 전원의 상태, 고장점의 위치, 부하 조건에 따라 3상 단락전류의 크기, 시간적 변화에 따른 전류량의 함유율이 다르며 정밀하게 계산하는 것은 거의 불가능에 가깝고 보통 옴법, 퍼센트 임피던스법, 퍼유니트법이 사용되지만 건축전기 설비에서는 일반적으로 퍼센트 임피던스에 의한 실용계산법이 많이 사용되고 있다.

1) 차단기 차단용량 결정
2) 케이블의 굵기 선정
3) 전력기기의 절연레벨 결정
4) 보호계전기의 정정
5) 계통의 구성

2. 단락전류 계산법

단락전류 계산 방법에는 대칭좌표법, 클라크좌표법, Ohm법, %임피던스법, PU법 등이 있으나 건축전기설비에는 %임피던스법이 주로 사용되고 있다.

2.1 계산법의 종류

1) 옴법

Ohm법은 단락 전원으로부터 고장점까지의 기기, 선로 등의 각 부분의 임피던스를 옴값으로 환산하여 계산한다.

$$I_s = \frac{E}{Z} = \frac{E}{Z_G + Z_T + Z_L}[A]$$

E : 상전압, Z : 발전기, 변압기, 선로임피던스

- 각 부분의 임피던스는 기준전압 E로 환산 필요
- 회로 중 변압기가 있으면 기준전압으로 환산해야 하는 불편이 있음

2) %임피던스법

기기, 선로 등의 각 임피던스를 기준용량, 기준전압에 대한 임피던스로 환산하여 오옴의 법칙을 적용하여 계산 ⇒ 많이 사용

$$\%Z = \frac{I_n Z}{E} \times 100\,[\%]$$

$$I_s = \frac{E}{Z} = \frac{E}{\frac{\%ZE}{100I}} = \frac{100}{\%Z} \times I_n$$

3) Per Unit법(단위법)

- %Z 값을 $\frac{1}{100}$한 Per Unit 임피던스로 표시한 것으로
- 전압, 전류, 전력 등에 어떤 기준량을 정하고 그 기준전압 또는 기준전류에 몇 배인가를 표시하는 방법이다.

$$Z_{[P.U]} = \frac{\%Z}{100} = \frac{Z(\Omega)}{Z_{\triangle}(\Omega)}$$

$$I_s = \frac{기준KVA}{\sqrt{3} \cdot V(KV) \cdot Z_{[PU]}}[A]$$

2.2 %임피던스법

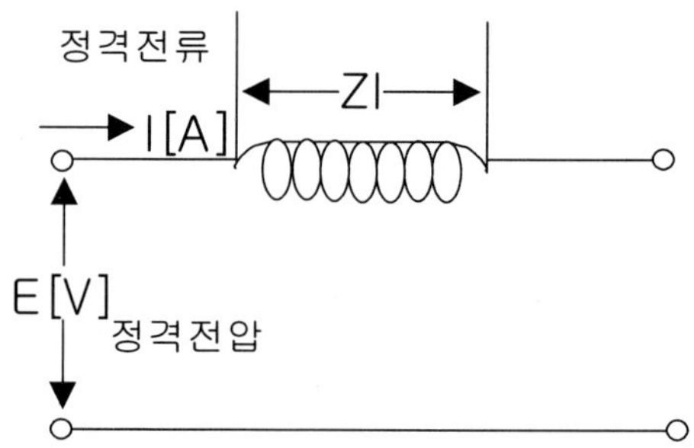

1) %임피던스의 정의

회로의 임피던스(Z)에 정격주파수, 정격전압에서 정격전류(I_n)가 흘렀을 때 임피던스에 의한 전압강하 ($I_n Z$)와 회로전압(E)과의 백분율로 나타낸 것이다.

$$\%Z = \frac{I_n \cdot Z}{E} \times 100 \ [\%] \ --- (1)$$

2) %임피던스를 사용하는 이유

- %Z는 기준전압이 달라도 %임피던스 값의 환산이 불필요
- 구간별로 임피던스의 크기를 정량화 가능(기준용량 동일시)
- %Z로부터 단락전류 계산이 편리하다.

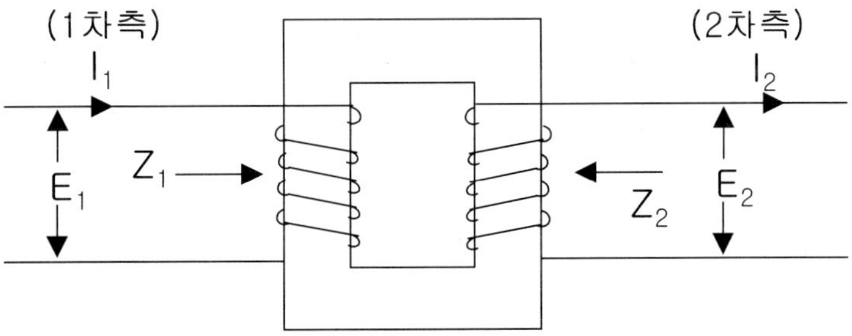

〈변압기의 1, 2차 회로〉

예를 들어 그림과 같은 변압기의 회로에서 $E_1 > E_2$일 때

변압비 즉, 권수비를 $a = \frac{E_1}{E_2}$라 하면

$\frac{I_1}{I_2} = \frac{1}{a}, \quad a^2 = \frac{Z_1}{Z_2}$ 이므로

$$\%Z_2 = \frac{Z_2 I_2}{E_2} \times 100 = \frac{\frac{1}{a^2} Z_1 \cdot a I_1}{\frac{1}{a} E_1} = \frac{Z_1 I_1}{E_1} \times 100 = \%Z_1$$

따라서 변압기의 임피이던스를 %Z로 나타내면 고압 측에서 보거나 저압 측에서 보아도 그 값이 같기 때문에 옴법처럼 기준전압으로 환산이 불필요하다.

3) 기준 MVA(기준용량) 설정

- 전원의 단락용량, 수전변압기 용량 및 2차 변압기 용량이 서로 달라서 %Z를 모두 같은 MVA(기준용량)으로 환산하여 통일된 고장전류를 계산하기 위해 설정한다.
- 한전의 기준용량은 100 MVA적용, 수전 측 기준인 경우 수전 최대변압기 용량으로 하면 편리하다.

4) 단락전류 계산 시 전제조건(IEEE)

- 부하전류는 무시
- 3상 단락(Zero Impedance)전류로 계산 → 가장 큰 값
- 정상전압으로 공급
- 사고 발생 시 전동기류는 정상운전 상태(기여 전류 고려)
- X/R 비를 모를 경우 큰 값을 적용(X/R비가 커질수록 과도현상이 커지고, 단락전류가 커진다) 154 KV 계통 → 25, 22 KV 계통 → 5
- Panel Board의 BUS 임피던스는 무시
- 정확한 계산은 불가능하므로 about를 전제한다.
- 과도상태는 xd"(1/2 cycle), xd'(1/2 ~ 3 cycle), xd(30 cycle 이후)로 구분되며, xd'(과도리액턴스)상태를 고려한다.

3. 단락전류의 계산

3.1 단락전류 종류

1) 고장전류 형태 ⇒ 고장전류는 시간 경과에 따라 변화한다.
- 계통의 고장전류는 횡축에 대하여
- 대칭(Symmetrical)인 교류분 전류가 흐른다.
- 여기에 직류분이 포함되면 비대칭 전류가 된다. 직류분은 회로정수(X/R비)에 따라 크기가 정해지고 시간과 함께 감쇄된다.
- 계통에 회전기가 연결되면 대칭분 고장전류도 시간에 따라 크기가 변화한다.

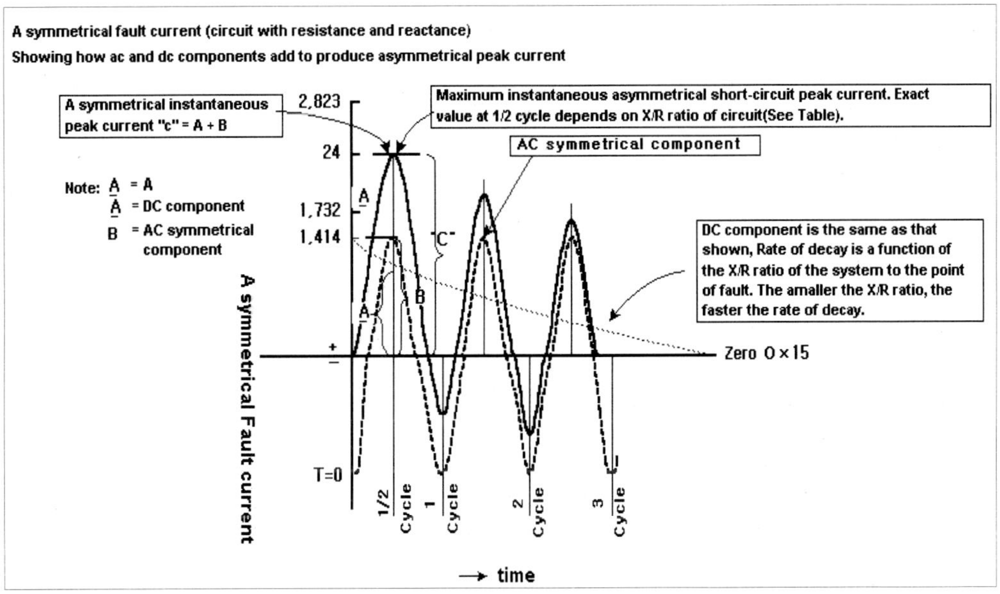

2) 대칭 단락전류 실효치(Interrupting Fault Current, I_s)

- 차단기 접점이 개방되는 시점(3~8 Cycle)의 고장전류 교류분만의 실효치로 표시 ⇒ Isym [rms]
- $I_S = \frac{B}{\sqrt{2}}$ ⇒ 임피던스로 계산할 수 있는 전류
- 적용 : 고압 및 특고압 차단기, ACB, MCCB 차단용량 선정한다.

3) 최대 비대칭 단락전류 실효치(First Cycle Fault Current)

- 고장 발생 후 1/2 Cycle 시점의 고장전류, 가장 큰 값 직류분을 포함한 실효치로 표시 ⇒ Iasym [rms]
- $I_{as} = \sqrt{(\frac{B}{\sqrt{2}})^2 + A^2}$
- 적용 : 케이블의 굵기 검토, 변성기 정격검토

4) 최대 비대칭 단락전류 순시치(I_p)

- 단락 발생 후 1/2 Cycle에서 최대가 되는 순시값
- 적용 : 직렬기기의 기계적 강도를 검토할 때 사용(I_S의 2.5배)

5) 3상 평균 비대칭 단락전류 실효치

3상 회로에서 각 상의 단락 발생 위상이 다르기 때문에 직류분 함유가 달라지므로 각상의 비대칭 단락전류의 실횻값을 평균한 값이다.

3.2 고장전류 공급원(Sources of Short Circuit Current)

1) 전동기의 기여 전류

전동기가 연결된 계통에 고장이 발생하면 고장 후 수 Cycle까지는 전동기에 직결된 부하의 회전에너지(관성)에 의해 전동기는 발전기로 작용하고 자신의 과도 리액턴스에 반비례한 고장전류를 사고점으로 공급한다.

⇒ 유도전동기 : 잔류자속만이 영향, 수 Cycle 후에 소멸

⇒ 동기전동기 : 타여자 방식, 감쇄가 비교적 느림

2) 공급전류의 크기

- 한전계통 : 정상전압과 기준MVA에 의한 공급 전류
- 발전기 : 정격전류의 11(Xd":9%) 배 전류
- 동기전동기 : 정격전류의 10(Xd":10%) 배 전류
- 유도전동기 : 정격전류의 4-5배(Xd" : 20-25%) 배 전류

3.3 단락전류 계산에 필요한 임피던스(3.5.3참조)

1) 전원 측 Impedance

- 전력회사에 협의하면 필요한 차단용량을 제시
- 이때 제시한 단락용량으로 전원측 %임피던스를 계산한다.

  ⇒ 단락용량을 기준 MVA로 환산

$$\%Z_S = \frac{\text{기준용량}}{\text{제시단락용량}} \times 100 = \frac{Pn}{Ps} \times 100 \quad \ldots\ldots (2)$$

$Pn(\text{기준용량}) = \sqrt{3}\, VIn,\ \ Ps(\text{단락용량}) = \sqrt{3}\, VIs$

$$\frac{Pn}{Ps} = IN \times \frac{1}{\frac{\%Z}{IN} \times 100} = \frac{\%Z}{100}, \quad \therefore \%Z_S = \frac{Pn}{Ps} \times 100$$

- 22.9KV 수용가는 개략 500MVA(X/R : 10)를 적용

2) 케이블 및 전선

- 기술계산 핸드북 등의 자료집 참조, 제작업체의 Data를 이용
- 케이블은 [Ω/km]로 Data가 주어지므로 이를 %Z로 환산한다.

⇒ %Z[Ω] 표시

$$\%Z = \frac{Z[\Omega] \times [\mathrm{kVA}]}{10 \times [\mathrm{kV}]^2} \cdots\cdots (3)$$

단, [KVA] : 기준용량, [KV] : 기준전압

$$\%Z = \frac{ZI}{E} \times 100 = \frac{Z \cdot EI}{E^2} \times 100$$

$$= \frac{Z[\Omega] \times [\mathrm{kVA}] \times 10^3}{[\mathrm{kV}]^2 \times 10^6} \times 100$$

$$= \frac{Z[\Omega] \times [\mathrm{kVA}]}{10 \times [\mathrm{kV}]^2}$$

※ 22.9 kV CNCV Cable 임피던스 참고 값

CNCV 60mm^2 : 0.3890 + j 0.1750[Ω/km]

CNCV 100mm^2 : 0.2305 + j 0.1502[Ω/km]

CNCV 200mm^2 : 0.1194 + j 0.1354[Ω/km]

[예] 22.9 kV 60mm^2 CV Cable의 선로 정수가 0.389+ j 0.175 Ω/km, 선로길이 1.5km, 기준용량(Base)을 1000kVA로 했을 경우의 %임피던스 값.

$$\%Z = \frac{[\mathrm{kVA}]\ \mathrm{base} \times Z[\Omega]}{10 \times [\mathrm{kV}]^2}$$

$$= \frac{1000 \times (0.389 + j0.175[\Omega/\mathrm{km}]) \times 1.5\mathrm{km}}{10 \times 22.9^2}$$

$$= 0.1113 + j\,0.05[\%]$$

3) 변압기

- 변압기 %임피던스는 변압기 명판에 표시된 것을 이용
- %임피던스를 알 수 없을 경우 표준 임피던스를 적용한다.

⇒ %Z를 기준 MVA로 환산

$$\%Z_2 = \%Z_1 \times \frac{[\mathrm{kVA}]_2}{[\mathrm{kVA}]_1} \cdots\cdots (4)$$

$[\mathrm{kVA}]_2$는 기준MVA

$$\%Z_1 = \frac{Z[\Omega] \times \mathrm{kVA}_1}{10 \times [\mathrm{kV}]^2},\quad \%Z_2 = \frac{Z[\Omega] \times \mathrm{kVA}_2}{10 \times [\mathrm{kV}]^2}$$

$$\frac{\%Z_2}{\%Z_1} = \frac{\mathrm{kVA}_2}{\mathrm{kVA}_1},\qquad \therefore\ \%Z_2 = \%Z_1 \times \frac{[\mathrm{kVA}]_2}{[\mathrm{kVA}]_1}$$

〈변압기의 표준임피던스〉

계통전압	권선의 BIL[kV]		임피던스전압[%]	
	고전압	저전압	표준	저감
22.9	125	-	6.0	
	150	60	6.0	
154	650	150	14.5	13.5

※ 변압기 %Z = 6% 이고 X/R = 7인 경우

$$\%R = \frac{\%Z}{\sqrt{1+7^2}} \qquad \%X = 7R$$

%Z = 0.8485 + j 5.9396(%)

구분	유도전동기	동기전동기	발전기
%Z	20-25	10-20	9
X/R	9	30	30
비고	1.5X"d	1.0X"d	X"d

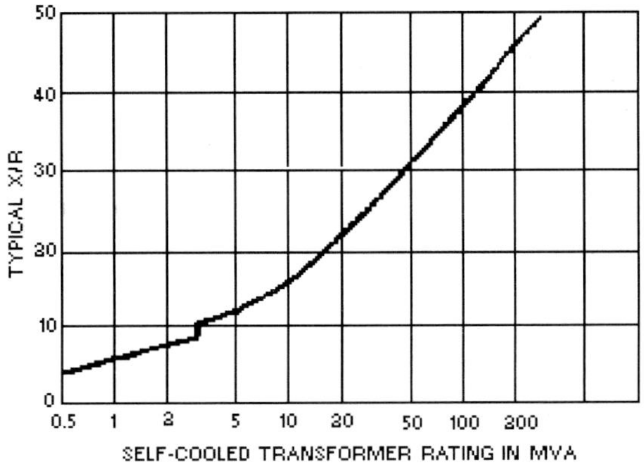

X/R Ratio of Transformer (Based on ANSI/IEEE C37.010-1979 [2])

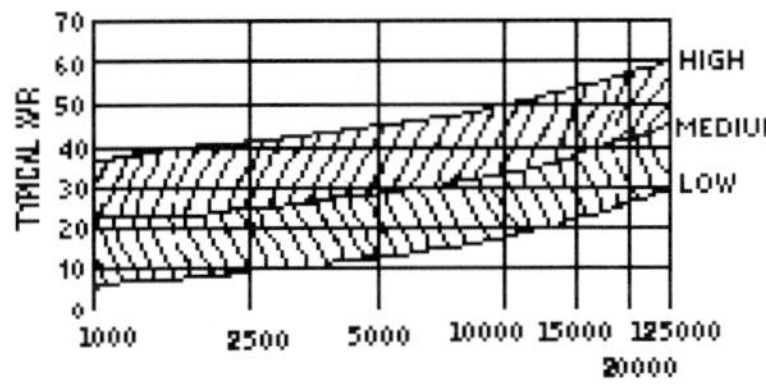

X/R Range for Small Generators and Synchronous Motors (Solid Rotor and Salient Pole) (From ANSI/IEEE C37.010-1979 [2])

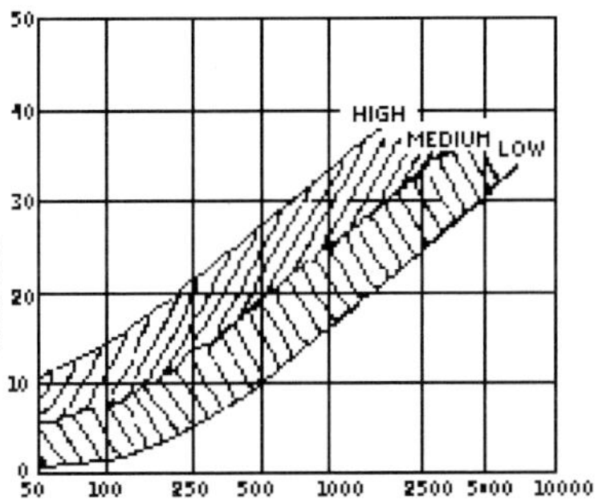

X/R Range for Three-Phase Induction Motors (From ANSI/IEEE C37.010-1979 [2])

4) 회전기 임피던스

회전기 단락 직후 내부 임피던스가 적기 때문에 단락 순시의 전류는 과도리액턴스(Xd″)에 이어서 과도리액턴스(Xd′)의해 제한한다.

※ 회전기 적용 임피던스(ANSI/IEEE 기준)

3.4 비대칭 계수(M.F : Multiplying Factor)

1) 고장 발생 초기의 비대칭 고장전류 값(r.m.s)
   - 교류분 대칭 전류 + DC분 전류 포함
   - 고장전류 속에 포함된 DC 분의 감쇄율 등에 대한 정확한 값을 알아야 하기 때문에 매우 어렵고 복잡하다.
2) M.F는 DC분이 포함된 비대칭 전류의 실효치 계산 시 적용한다.
   비대칭 실효치 = 대칭분 실효치×M.F
3) M.F는 단락회로의 X/R의 비에 따라 결정한다.

3.5 단락전류의 계산 방법

3.5.1 단락전류 계산 순서

1) 단선결선도 준비 · 검토
2) 임피던스 자료수집 및 변환
3) 임피던스도 작성 및 합성
4) 단락전류 계산

3.5.2 단락전류 계산 방법 및 절차

1) 전력계통 파악
   단선결선도를 준비하고 계통구성, 변압기 운전 방법, 발전기 · 전동기 등의 계통운영 방법, 결선 등 계통을 파악한다.
2) 임피던스 조사, Data 변환
   - 현장기기의 명판, 시험성적서, 케이블 포설 방법 등으로부터 각종 기기 및 케이블의 임피던스를 조사한다.
   - 조사된 임피던스를 %Z로 환산하고 이들 Data를 기준용량(Base KVA)의 Data로 변환한다.
3) 임피던스도 작성 및 합성
   - 기기나 선로의 임피던스, 리액턴스, 저항치 등의 정수를 결정하고 임피던스도를 작성한다.
   - 발전기, 전동기 등 전원의 역할을 하는 것은 무한대 모선으로 간주하여 한전

전원과 병렬 접속한다.

• 사고 점에서 본 전원 측의 임피던스를 합성한다.

4. 단락전류계산

4.1 단락전류 산출 시의 사고점 기준

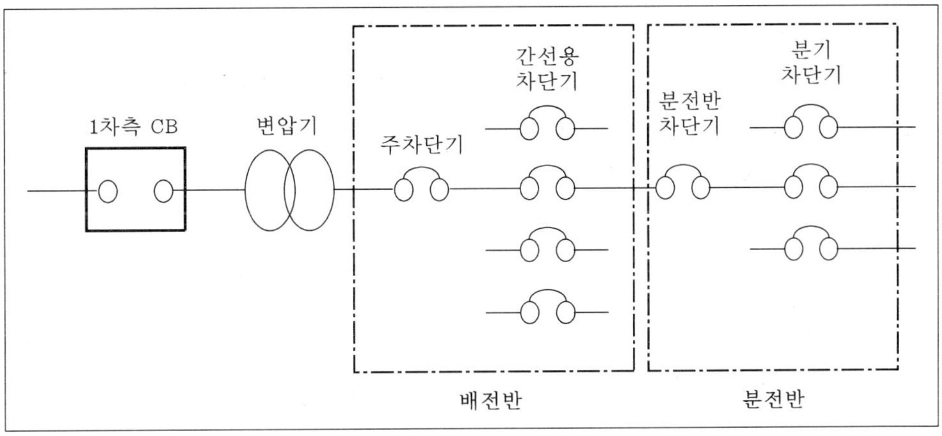

1) 주 차단기

변압기 2차 측에서 배전반 모선까지의 전로가

① 절연전선 또는 케이블인 경우 → 당해 전로 말단모선에서 발생한 단락전류의 값을 계산한다.

② 나도체인 경우 → 주 차단기의 부하 측 단자에서 발생한 단락전류의 값을 계산한다.

2) 간선용 차단기

① 절연전선 또는 케이블인 경우 → 분전반 주 차단기 전원 측에서 발생한 단락 전류값을 계산한다.

② 나도체인 경우 → 간선용차단기의 부하 측 단자에서 발생한 단락전류의 값을 계산한다.

3) 분전반 주 차단기

분전반 주 차단기의 부하 측 단자에서 발생한 단락전류의 값을 계산한다.

4) 분기 차단기

분기회로의 제1부하점에서 발생한 단락전류의 값을 계산한다.

4.2 계산 전제

1) 전원 측 임피던스를 "0"으로 간주, 변압기 임피던스, 케이블 임피던스, 차단기 임피던스만 고려한다.
2) 전동기 부하에 대한 고려는 개략 운전 중인 정격전류의 4배를 더한 값을 적용한다.
3) 방사상 배전방식을 기준으로 한다.
4) 단락사고에 영향을 주는 발전기, 동기전동기 등은 해당 없음
5) 한국전력의 자료가 필요한 경우 계산 시에 반영한다.

4.3 임피던스값

1) 변압기 임피던스 DATA (IEEE) ----------- 자기용량 기준

용량 [kVA]	1Φ변압기 %Z		3Φ변압기 %Z		용량 [kVA]	1Φ변압기 %Z		3Φ변압기 %Z	
	R	X	R	X		R	X	R	X
3	2.2	1.7	-	-	150	1	3.6	2.0	4.0
5	2.2	1.7	-	-	200	1	3.6	1.9	4.6
7.5	2.2	1.7	-	-	250	-	-	1.9	4.6
10	1.6	1.6	2.7	1.3	300	-	-	1.7	4.7
15	1.6	1.6	2.7	1.3	500	-	-	1.2	4.9
20	1.6	1.6	2.7	1.3	750	-	-	2.6	5.1
30	1.6	1.6	3.5	3.5	1,000	-	-	2.1	5.3
50	1.3	2	3.5	3.6	1,500	-	-	1.7	5.5
75	1.2	3.5	2.5	4.9	2,000	-	-	1.4	5.6
100	1.2	3.5	2.5	3.7	-	-	-	-	-

2) 선로 임피던스 DATA (IEEE)

단면적 [mm, mm²]	R[Ω/km]	X[Ω/km]		단면적 [mm, mm²]	R[Ω/km]	X[Ω/km]	
		1Φ선로	3Φ선로			1Φ선로	3Φ선로
1.6	8.573	0.1617	0.1152	60	0.3079	0.1342	0.1004
2.0	5.487	0.1606	0.1152	80	0.2330	0.1312	0.0984
2.6	3.248	0.1585	0.1156	100	0.1878	0.1289	0.0968
3.2	2.144	0.1558	0.1152	125	0.1523	0.1309	0.0981
5.5	3.195	0.1519	0.1156	150	0.1279	0.1289	0.0968
8.0	2.198	0.1558	0.1152	200	0.0989	0.1263	0.0938
14	1.278	0.1434	0.1063	250	0.0810	0.1243	0.0915
22	0.817	0.1447	0.1076	325	0.0641	0.1253	0.0912
30	0.603	0.1378	0.1026	400	0.0542	0.1234	0.0889
38	0.477	0.1401	0.1047	500	0.0466	0.1214	0.0853
50	0.365	0.1368	0.1024	-	-	-	-

3) ACB의 %리액턴스(기다리 기술계산 핸드북)

ACB 정격	리액턴스 %X (1,000 kVA기준)	
	415V 50Hz	380V 60Hz
100A 20kA	2.30	3.29
200A 20kA	0.35	0.50
600A 20kA	0.17	0.24
200A 40kA	0.35	0.50
600A 40kA	0.17	0.24
1000A 40kA	0.06	0.09
2000~3000A 70kA	0.04	0.06

4) MCCB의 %임피던스(기다리 기술계산핸드북)

정격전류 [A]	%Z (1,000 kVA기준)				정격전류 [A]	%Z (1,000 kVA기준)			
	415V 50Hz		380V 60Hz			415V 50Hz		380V 60Hz	
	%R	%X	%R	%X		%R	%X	%R	%X
15	3.46	0.06	4.13	0.09	175~225	0.21	0.06	0.25	0.09
20	2.54	0.06	3.03	0.09	250~300	0.10	0.06	0.12	0.09
30	1.63	0.06	1.94	0.09	350~400	0.078	0.06	0.09	0.09
50~75	0.54	0.06	0.64	0.09	500~600	0.04	0.06	0.05	0.09
100~150	0.38	0.06	0.45	0.09	700~800	0.038	0.06	0.04	0.09

5) BUS BAR 임피던스(LG)

BUS BAR 정격(A)	R [Ω/km]	X [Ω/km]	Z [Ω/km]	BUS BAR 정격(A)	R [Ω/km]	X [Ω/km]	Z [Ω/km]
160	0.2410	0.1574	0.2879	1,000	0.0315	0.0720	0.0786
200	0.2410	0.1574	0.2879	1,200	0.0261	0.0613	0.0666
400	0.0751	0.1224	0.1436	1,500	0.0221	0.0539	0.0582
600	0.0607	0.1092	0.1249	2,000	0.0129	0.0448	0.0470
800	0.0412	0.0864	0.0957	3,000	0.0112	0.0389	0.0400

6) BUS DUCT 임피던스(AL)

BUS DUCT 정격(A)	R [Ω/m]	X [Ω/m]	BUS DUCT 정격(A)	R [Ω/m]	X [Ω/m]
600	0.001385	0.000387	2,000	0.000293	0.000101
800	0.000851	0.000282	2,500	0.000221	0.000078
1,000	0.000645	0.000222	3,000	0.000184	0.000064
1,200	0.000523	0.000183	3,500	0.000146	0.000051
1,350	0.000443	0.000155	4,000	0.000129	0.000045
1,500	0.000386	0.000135	4,500	0.000122	0.000043
1,600	0.000367	0.000128	5,000	0.000098	0.000034

7) BUS DUCT 임피던스(CU)

BUS DUCT 정격(A)	R [Ω/m]	X [Ω/m]	BUS DUCT 정격(A)	R [Ω/m]	X [Ω/m]
600	0.000977	0.000456	2,500	0.000169	0.000091
800	0.000789	0.000387	3,000	0.000144	0.000078
1,000	0.000536	0.000282	3,500	0.000127	0.000068
1,200	0.000412	0.000222	4,000	0.000113	0.000061
1,360	0.000338	0.000183	4,500	0.000096	0.000052
1,500	0.000338	0.000183	5,000	0.000084	0.000045
1,600	0.000289	0.000155	5,500	0.000080	0.000043
2,000	0.000241	0.000128	6,500	0.000071	0.000031

4.4 단락전류 계산 방법

1) 단락전류 계산식

ACB, MCCB를 선정하기 위해서는 대칭단락전류 실효치를 계산한다.

$$I_S = \frac{100}{\%Z} \times I_n [A]$$

2) 1,000kVA기준 환산값(예시)

- 기준전압(Vn) = 0.38[V]
- 기준전류 $I_n = \frac{P_n[kVA]}{\sqrt{3} \times V_n[kV]} = \frac{10^3 \times 1}{10 \times 0.38^2} = 1,519[A]$
- 기준 %임피던스(1Ω당 %Z)

$$= \frac{P_n[kVA] \times Z[\Omega]}{10 \times V^2}$$

$$= \frac{10^3 \times 1}{10 \times 0.38^2}$$

$$= 692.5[\%/\Omega]$$

3) 각 %임피던스를 기준용량(BASE)으로 환산한다.
   ① 변압기 %임피던스를 환산
   ② ACB 및 MCCB %임피던스
   ③ 케이블 %임피던스를 환산
4) %임피던스 합성

16. 접지계획

- 심사대상기기 · 철구조물 등에 대한 접지 계획 및 배치에 관한 서류 · 도면 등은 다음 각호의 사항에 따라 작성하여야 한다.
- 접지계획에는 접지의 목적, 적용법규 · 규격, 적용범위, 접지방법, 접지종류 (계통접지, 기기접지, 피뢰설비 접지, 정밀장비접지 및 정전기 등을 포함) 및 접지설비의 유지관리 등을 포함한다.
- 접지 배치도에는 접지극의 위치, 접지선의 종류와 굵기 등을 표기한다.
- 피뢰설비에 관한 내용이 없는 경우가 많으므로 반드시 확인한다.

16.1 수뢰부의 배치

- 수뢰부의 배치는 구조물의 형상에 따라 다음에 나타낸 보호각, 회전구체, 메시치수 등을 조합하여 사용할 수 있다.

보호등급	회전구체반지름(m)	메시치수(m)	보호각 $\alpha°$
I	20	5×5	아래 그림 참조
II	30	10×10	
III	45	15×15	
IV	60	20×20	

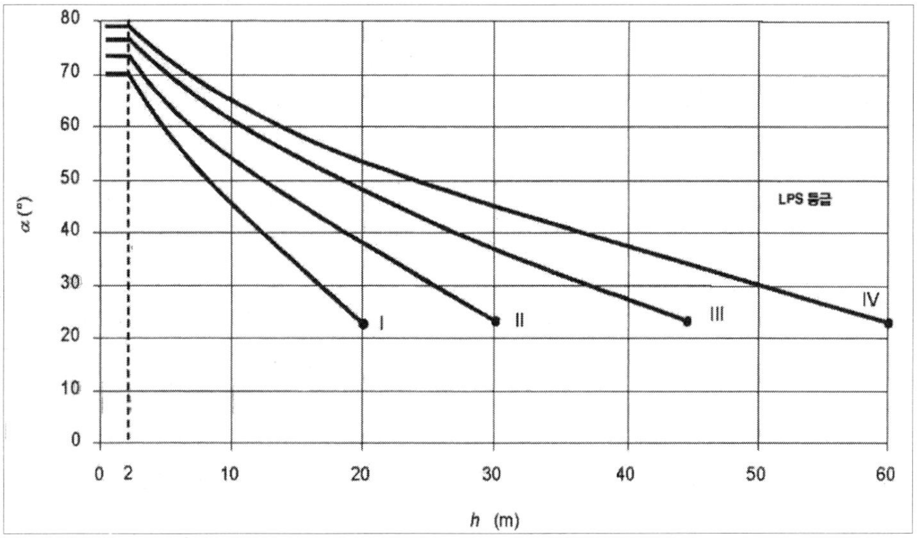

[등급별 보호각]

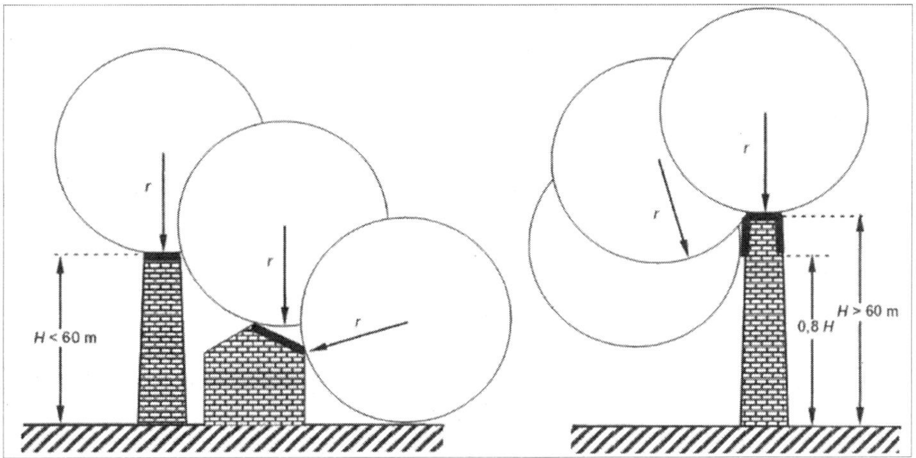

[회전구체법]

16.2 피뢰설비의 점검 및 정비

16.2.1 점검 시 확인 사항

피뢰설비의 점검을 통하여 다음 사항을 확인한다.

• 피뢰설비가 설계와 일치하고 있는지의 여부

- 피뢰설비의 모든 구성요소가 양호한 상태이고, 설계 시 의도한 기능을 달성할 수 있으며 부식이 있는지의 여부
- 최근에 시설된 구조물이 피뢰설비에 본딩되거나 피뢰설비에 적합한지의 여부

16.2.2 점검 순서

피뢰설비의 점검은 다음과 같이 실시한다.

- 건축물의 건설 중에 매설 접지극을 확인하기 위한 점검실시
- 피뢰설비를 설치한 후 확인하는 점검실시
- 보호대상 구조물의 성격과 피뢰설비의 부식 문제를 고려하여 정기적인 점검실시
- 변경, 수리 또는 구조물이 뇌격을 받았을 때, 추가적 점검실시

16.2.3 피뢰설비의 정비

피뢰설비의 신뢰성 유지를 위하여 점검 결과 발견된 결함은 지체 없이 정비하여야 한다.

16.3 접지설비의 유지관리

16.3.1 다음의 경우에는 접지저항을 측정하고 기록을 유지한다.

- 전기설비의 준공 후 사용하기 전
- 점검 주기에 따른 정기적인 측정
- 기기의 이동이나 증설, 개보수의 확인 등 필요 시
- 기기 사용 중에 전격 등과 같은 이상 요인이 감지된 경우

16.3.2 정기 접지저항 측정은 1년에 1회 이상을 실시하여. 접지저항의 변화추이 및 규정치 내의 적합 여부를 판정하여 필요한 경우에는 보수한다.

16.3.3 접지전극의 유지관리

매설된 접지전극 및 접속개소는 다음 표를 참조하여 정기적으로 점검한다.

점검부위	점검 사항	점검 결과
접지전극 매설부	• 굴착작업 또는 지형변경작업 유무	
	• 접지전극 또는 접지선 연결부의 부식	
	• 접지전극 또는 접지선 연결부의 절단	
	• 접지전극 위치 표시판의 설치 유무	
	• 동판 및 단자의 부식 유무	
점검 항목	• 접속부 연결 상태(이완해체) 등	
	• 접지선의 오손, 단선 유무	
	• 연결부 조임 상태	
접속 및 접지 개소	• 접지 개소의 부식, 접촉부 상태	
	• 접지선의 유지관리 상태	

CHAPTER 03

지적사항(안전자료)

안전자료(목록)	지적사항
유해 · 위험 물질 목록	• 일일 취급량이 사업개요의 취급량과 일치하지 않음
	• 유해 · 위험물질 목록에 기록되어 있는 자료와 MSDS가 일치하지 않음
	• 혼합가스(특히 수소가 포함되어 있는 경우)의 경우 각각 물질의 폭발한계를 기록하고 가장 위험한 물질을 기준으로 관리하는 것이 바람직함
	• 취급물질의 상태(외부 누출 시 상태)에 따라 기체일 경우는 LC 값을 기록하여야 함
	• 운전 중 발생하는 부산물을 포함한 모든 물질에 대한
	• GHS 지침에 따라 [가. 유해 위험성 분류]와 그림문자 및 신호어 일치
	• 물질안전보건자료에 공급자 정보를 누락 없이 기재하고 업체변경 시 up-date 할 것
	• 경고표지에 공급자 정보를 누락 없이 기재할 것
	• 물질명에 MSDS 상의 제품명을 기입하여야 함(차아염소산나트륨 등)
	• 물질명에 황산의 농도를 기입하여야 함
	• 수산화나트륨은 최신 MSDS를 확보하여 급성독성 여부를 확인하여야 함
	• 독성치는 내규에 따라 경구,경피,흡입 모두를 기재하여야 함
	• 사업장에서 취급하는 모든 물질의 MSDS를 확보하고 목록화하여야 함(Fuelgas, 질소 등 누락)
	• FuelGas의 경우 폭발상 · 하한값 등을 측정하여 MSDS 보완이 필요함
	• 물질안전보건자료는 최신본(1년 이내)으로 확보하여 관리하여야 함
	• 유해위험물질의 목록은 누락된 물질 없이 작성되어 있으나 SCR에서 암모니아수를 분사 시 발생되는 증기임으로 물질목록 제외하시기 바람
	• 사업장에서 사용하고 있는 유해 · 위험물질에 대한 물질안전보건자료(MSDS)의 작성, 비치, 교육, 경고표지 등이 최신본 관리가 미흡함
	• 유해 · 위험설비 및 목록(동력기계, 장치 및 설비, 배관, 안전밸브 등)이 누락되지 않게 잘 작성되어 있으나 개정된 사항에 맞게 업데이트가 필요함
	• 유해위험물질의 목록은 누락된 물질 없이 작성되어 있으나 SCR에서 암모니아수를 분사 시 발생되는 증기임으로 물질목록 제외하시기 바람
	• 일부 MSDS는 최신본으로 관리하시기 바람(s-BPDA, A7, SA, 질소, NG)
	• Lupragen®DMI(A7)MSDS의 경우 급성독성값(경피값)을 확인 바라며,급성독성 물질의 경우 그림문자 추가하여 관리하시기 바람
	• MSDS는 GHS기준이 미적용된 MSDS가 일부 포함되어 있음

안전자료(목록)	지적사항
	• 근로자는 작업장 내 사용하는 유해위험물질의 MSDS의 정확한 내용 숙지가 요구됨
	• MSDS와 유해위험물질목록이 상이함
	• 유해위험물질 목록에 CAS No.가 누락되어 있음
	• 유해위험물질목록에 일일 사용량 및 저장량이 누락된 곳이 있음
	• 사업장에서 사용하고 있는 물질에 대하여 목록화하여 작성하고 있으나, 독성치의 기재란에 모든 물질에 대하여 독성값(경구, 경피, 흡입)을 추가하여 기재가 요구됨
	• 일일 사용량을 기재하지 않음 (물질연번 : 23, 35, 41, 42, 43, 44, 47, 48, 49, 51, 52, 53, 54, 58, 59, 60)
	• 이상반응 유무를 기재하지 않음 (물질연번 : 19, 26, 39, 32, 34, 35, 36, 41, 42, 43, 44, 46, 47, 48, 52)
	• "개정이력"이 구비되어 있지 않음
	• 유해위험물질목록 작성 누락(질소와 포장용 필름, 인쇄용 잉크 등 추가 바람)
	• 톨루엔의 사용량이 7.2톤/일인데 저장량은 1.6m^{3}이므로 단위를 통일하기 바라며, 운휴 설비이므로 0으로 하고 비고란에 그 내용을 기록할 것
	• 화재/폭발의 위험이 있거나 독성이 강한 물질 중 사용/보유량이 많은 것들을 목록의 앞쪽에 배치하는 것을 권장함
	• 재질을 C.S.이나 SUS라고 기록하였는데 KS 또는 ASTM의 규격으로 표현할 것(전체 공통)
	• 유해 위험물질 목록에 기재된 일련번호와 물질안전보건자료(MSDS)의 일련번호를 일치시켜야 함
	• 최근 작성일자가 5년이 경과된 일부 물질안전보건자료(MSDS)를 공급사에 최신 자료를 요청하여 Update 할 것을 권장함
	• MSDS를 확보하고 유해 · 위험물질 목록에 등록하여 관리
동력기계목록	• 주요 재질은 KS/ASTM 규격에 따른 재질 기호로 기재
	• 방호장치의 종류에 법적인 안전/ 방호장치 및 모터보호장치(THT/R, EOCR, EMPR 등) 기재
	• 비고란에 인버터 또는 기동방식 등 기재
	• 개정된 고시에 따라 방호장치의 종류에는 모터보호 장치를 추가하여야하고, 비고란에 모터기동 방식의 작성이 요구됨
	• 단위 통일 요망

안전자료(목록)	지적사항
	• 누락 부분 추가 요망 (EX : 8ZFPH53,54)
	• SS400, S45C, SCS13, SUS314 등은 한국산업표준(KS) 규격에 맞게 작성이 필요함
	• A-120 설비의 경우 동력기계 목록에 표기되어 있으나 P&ID 도면에서 누락되어 있으므로 수정 필요
	• CR-100 설비의 경우 목록에 전동기 용량이 1.2 KW로 표기되어 있으나, P&ID도면에는 1.1 KW로 표기되어 있으므로 확인하여 수정 바람
	• HF-100전동기 설비의 경우 목록에 7.5 KW로 기재되어 있으나, P&ID 도면에 누락되어 있으므로 수정 요함
	• B-137E1/E2 브로어모터(정격용량이 7.5 KW)가 P&ID 도면에 누락되어 있으므로 수정 요함
	• 도면번호 (2A0301-113) - A-146 설비의 경우목록에 51 RPM이 기재되어 있으나, P&ID 도면에 누락되어 있으므로 기재 바람
	• 방호,보호장치의 종류에 FAN 또는 PUMP등의 모터의 경우 모터보호장치를 기재하여야 함(연번 1을 포함 한 모든 248종)
	• 방호,보호장치의 종류에 FAN 또는 PUMP등의 모터의 경우 모터보호장치를 기재하여야 함(연번 17번을 포함 한 모든 65종)
	• 주요재질은 KS나 ASTM으로 기록하여야 하므로 SUS 304가 아니고 STS 304로 표기할 것(보고서의 전 부분)
	• 동력기계목록의 방호장치의 종류가 모두 'Safety Cover'로 기록되어 있는데 모터 보호장치 (EOCR, EMPR 등)를 기록할 것
	• 주요 재질란에 해당 동력기계의 주요 구성품(펌프의 경우 케이싱, 임펠러, 축)을 구분하여 재질을 기입해야 함
	• 동력기계목록에서 DP-101A/B의 경우 rpm이 기입되어 있지 않음
	• 주요 재질란에 해당 동력기계의 주요 구성품(펌프의 경우 케이싱, 임펠러, 축)을 구분하여 재질을 기입하고 KS 또는 ASTM 분류기호로 작성
	• 동력기계의 방호장치가 Safety Valve일 경우 공정배관 계장도(P&ID) 상의 일련번호를 함께 기입해야 함
장치 및 설비명세	• 압력용기의 경우 비파괴검사를 실시하여야 함
	• 용접효율은 비파괴검사율 및 용접방식에 따라 결정되어야 함
	• 독성물질을 취급할 경우 비파괴검사를 100% 실시

안전자료(목록)	지적사항
	• 후 열처리 여부는 사용 재질, 두께 등을 기준으로 판단하여 누락되어 있을 경우 실시하도록 함
	• 개스킷 재질은 상표명이 아니라 일반명으로 제시
	• 사용 재질은 KS/ASTM 규격에 따른 재질 기호로 기재
	• 비고에 안전인증 및 안전검사 등 적용된 법령 기재
	• 압력용기 인증 대상일 경우 안전인증서 제출
	• 장치 및 설비 : 설계압력 수정 요망
	• 일부 가스켓 재질은 형태가 아닌 재질을 기재하시기 바람
	• H,OTANK류 운전온도atm의 수정이 필요함(ATM→AMB)
	• 장치 및 설비 사양의 '가스켓'은 '개스킷'으로 수정하고 (보고서의 전부분) non asbestos는 종류/재질/충진재로 다시 표현할 것(예. Spiral wound/STS 304/PTFE)
	• 장치 및 설비명세에서 AV-713 등 PE 재질 탱크의 계산두께를 기입하고 설계압이 F.L.인지 확인할 것. AD-701이 기록된 양식은 예전 양식이므로 사용하지 말 것
	• 장치 및 설비명세에서 AV-713 등 PE 재질 탱크의 계산두께를 기입하고 설계압이 F.L.인지 확인할 것. AD-701이 기록된 양식은 예전 양식이므로 사용하지 말 것
안전밸브 및 파열판 명세	• 안전밸브의 배출용량은 필요분출용량과 실제분출용량을 각각 제시
	• 안전밸브 등의 보호기기 운전 및 설계압력은 "장치 및 설비명세"와 일치
	• 안전밸브의 설정치에 따라 정밀도 조정
	• P&ID를 근거로 안전밸브 등의 배출연결부를 확인하고, 안전밸브 등의 작동 원인은 관련 설계 사양서를 확인
	• 재질은 KS/ASTM 규격에 따른 재질 기호로 기재
	• 배출용량과 정격용량은 (kg/hr) 단위로 누락되지 않도록 기재
	• 안전밸브 배출용량 계산서 제시
	• 안전밸브 분출 설정값을 현장과 일치시킬 것
	• 안전밸브 E30-PSV-005 등 정격 용량값을 확인하여 수정하여야 함
	• 안전밸브 및 파열판 : 상태, 설정압력, 오차범위 P&ID와 일치요망
	• 안전밸브설정 압력 오류
	• 보호기의 설계압력보다 안전밸브의 설정압력이 높게 설정되어있음(NO :

안전자료(목록)	지적사항
	4, 5, 8, 9, 12, 13, 16, 17, 20, 21, 24, 25, 28, 29, 32, 33)
	• 안전밸브 및 파열판 명세에서 비고란에 안전밸브 형식표시 없음.
	• R-SV-601의 배출용량이 6인치 배관으로 공급되는 냉각수인데 97 kg/hr로 되어 있으므로 검토 바람
	• U-SV-5601의 배출 연결부위가 GF로 되어 있는데 원어를 사용하기 바라며, 유체가 냉각수인데 연결부위가 다른 것과 다르게 되어 있음
배관 및 개스킷	• 배관 및 개스킷 : 유닛별로 배관 및 개스킷 표현 요망
	• 비파괴 검사방법을 기입하시기 바람 ex) RT(20) 등 …
	• 배관 및 가스켓 명세에 설계압력 단위가 kg/m^{2}로 되어 있음
	• 도시가스 정압기 필터에서 용접효율, 부식 여유, 계산두께가 기재되어 있지 않음
	• 도시가스 정압기 필터의 용적(3,500 m^3)이 잘못 기재됨
	• 장치 및 설비사양의 '가스켓'은 '개스킷'으로 수정하고 (보고서의 전부분) non asbestos는 종류/재질/충진재로 다시 표현할 것(예. Spiral wound/STS 304/PTFE)
	• 비고란에는 안전인증, 안전검사 등 적용받는 법령을 기록할 것
	• UV-601의 경우 용접효율이 85%인데 100%로 기록되어 있으며, 기타 자료도 틀림(자료 확인 요)
공정도면	• 펌프 토출 측에 압력계 및 Check Valve 누락
	• 토출 측의 차단밸브 후단에 압력계 설치
	• 범례도는 PFD와 P&ID의 일치
	• Signal 별로 구분하여 인터락 번호 및 설정값 기재
	• Control V/V 및 Regulator의 Normal/Fail Position 기재
	• 자동밸브는 밸브번호로 관리
	• 정압기에 설치된 안전밸브의 전·후단에 설치된 밸브는 C.S.O 기재
	• 배관번호는 누락 없이 기재하고 일련번호로 관리
	• Cooling Water Line 및 Tower Reflux Line에 설치되어 있는 Control Valve의 Failure position는 공정도면 position이 F.C임 일반적으로 F.O로 설치
	• 공정운전 조건에 따라 F.C가 더 안전할 경우 F.C로 설치할 수도 있음
	• 고압펌프의 Min. Flow Line는 펌프 토출 측 차단밸브 전단에 설치하는

안전자료(목록)	지적사항
	것이 바람직함
	• ATM 운전 Vessel 또는 탱크의 통기구에 설치되어 있는 차단밸브를 제거하거나 또는 차단밸브가 잠겨져 있을 경우 압력이 상승할 수 있을 경우 안전장치를 설치하여야 함
	• 인화점이 38℃ 미만인 위험물질을 저장하는 탱크의 통기구(대기 Vent)에 화염방지기를 설치
	• 독성물질을 취급하는 설비에 설치되어 있는 안전밸브전단에는 파열판을 설치하고 안전밸브와 파열판 사이에는 압력계 설치
	• Back Pressure가 있을 경우에는 벨로우즈 type을 설치하는 것이 바람직함
	• 안전밸브 토출 측 배관은 국소배기장치의 닥트와 별개로 구성하여야 함
	• 안전밸브 등의 전·후단 및 Main Header에는 차단밸브를 설치하지 말아야 함
	• 안전밸브 등을 복수로 설치할 경우 차단밸브를 설치할 수 있음
	• Main Header에 차단밸브를 설치할 경우 운전실에서 차단밸브의 열린 상태를 확인할 수 있도록 하여야 함
	• 위험물질을 배출하는 안전밸브 토출배관은 환경처리설비로 연결하여야 함
	• PSM 구역 및 설비를 명확하게 규정하고 안전장치(안전밸브, 소화설비, 주요 안전 인터록 등), 예방장치(화재, 가스 감지기 등) 등을 포함하여 작성
	• 이상 발생시의 인터록 작동조건 및 가동중지 범위의 최종 작동설비는 인터록에 의해 최종 작동되는 설비번호 기재
	• 인터록 작동조건 및 가동중지 범위는 공정개요 후단에 첨부하여야 함
	• 공정설명서에 '이상 발생시에 인터록 및 작업중지 조건'을 미작성하였으며, P&ID의 안전밸브는 설정압력, 사이즈를 도면에 표기 누락함
	• PRV 전후단 압력을 기재하시기 바람
	• PSV 배출 위치 표시하시기 바람(1-M-PI-313-002)
	• 정압기실 P&ID에 감지기를 추가하시기 바람
	• 재질은 SS400을 KS 규격인 SS275로 수정
	• PFD : KOSHA 가이드지침에 맞게 작성 요망(EX : EQ 넘버 기입)
	• P&ID : 숏스펙 업데이트 요망(EX : Nozzle1, 2 동력기기, 설비 구분 및 업데이트)
	• P&ID : 숏스펙 작성 누락(VD-P-1001)

안전자료(목록)	지적사항
	• 1) P&ID 개정이력이 구비되어 있지 않음
	• 공정안전보고서가 바인더로 사무실(재료연구팀)에 구비되어 있지 않음
	• P&ID : 안전밸브에 입구 및 출구 Size가 명기되어 있지 않음
	• P&ID : TFE-CVD-SR-01; 운전온도, 운전압력. 설계온도, 설계압력이 명확하게 기술되어 있지 않음
	• Legend 상의 Symbol과 실제 P&ID 도면과 일치하지 않음
	• P&ID : R LINE-3F : 운전온도, 운전압력. 설계온도, 설계압력이 명확하게 기술되어 있지 않음
	• 황산라인이 표시가 되어있지 않음
	• PFD에 압력, 온도, 유량이 누락되어 있음
내화설비	• 배관지지대 및 전선과 지지대도 내화설비를 하여야 함
	• 내화도면 입면도 및 평면도를 추가하시기 바람
	• 내화구조 표시도면을 첨부하시기 바람
국소배기장치 개요	• 국소배기장치 설치계획서 항목추가 요함(인터록 관련, 비상정지 시 발생원 처리대책 등)
	• 국소배기장치의 전동기용량 미기재(RB-201 외 4개)
가스경보설비	• 독성물질 취급 공정에는 독성물질 가스감지기를 설치하여야 함
	• 제어실 가스수신반에 감지기 위치를 도면에 표기할 것
	• 가스감지기 설정값을 표시하시기 바람
	• 수신부(경보기) 설치 위치를 도면에 표시하시기 바람
	• 가스누출감지경보기 : 감지번호 불일치(EX : COCC)
	• 가스감지기 수신반의 위치 도면에 표시하시기 바람.
건물 전체 배치도	• 소방차 이동경로 및 소방도로의 폭과 단위 공정간 안전거리 표기.
	• 수처리, 폐수처리장을 변경관리를 통해 제외하였으므로 전체 배치도에 표시하시기 바람
	• 공정 간 거리 표시할 것
	• 소방도로 표시할 것
	• 근로자 상주지역 및 제어실 위치 표시할 것
	• PSM 대상지역 및 근로자 상주지역을 표시 하시기 바람
설비배치도	• PSM 대상설비를 구분하여 표시하시기 바람

안전자료(목록)	지적사항
가스감지기 설치계획	• 비고에 가스감지기 방폭 여부 및 방폭등급 기재
	• 가스감지기의 설치 높이 기재. 수신반은 도면에 표기
세안 · 세척 안전보호장구 설치계획	• 안전보호구 착용 기준을 작업 시, 화재 시 등으로 분리하여 구체적으로 명시
	• 안전보호구 목록에 세척 · 세안시설을 추가하여 관리하시기 바람
	• 안전보호구 및 세척 · 세안시설 위치 도면을 추가하시기 바람
	• 세척 · 세안시설의 설치계획서 및 성능기준 등을 포함하는 계획서를 추가하시기 바람
	• 세척 · 세안시설의 성능을 유지하기 위한 점검주기를 포함하여 관리기준을 제정하기 바람
	• 성능의 유지를 위한 점검주기를 포함하여 관리기준을 제정하기 바람
폭발위험장소 구분도	• 폭발위험장소에 설치되는 전동기는 비고란에 KS code에 따른 방폭형식을 기재하여야 함
	• 폭발위험장소 구분도는 이전 KS Code에 따라 선정되어 있음
	• IEC 60079-10-1:2012(Ed.1)으로 계산되어 있으나, IEC 60079-10-1:2015(Ed.2)로 검토 권장함
	• 정압기실 등의 폭발위험장소 구분도, 입면도를 작성하시기 바람
	• 폭발위험장소 구분도에 종별 범례가 누락되어 있음
	• 공정안전보고서 내에 방폭계산 근거자료가 없음
	• 폭발위험장소 구분도를 작성 유지하고 있으나, 구분도의 결과에 대한 계산근거가 없으므로 보완 필요
	• 별표 20호 서식을 사용하여 방폭전기/계장 기계 · 기구 선정기준표를 작성하기 바람
	• 폭발위험장소 구분도를 작성 유지하고 있으나, 구분도의 결과 및 현재설치된 방폭구조에 대한 계산 근거가 없으므로 보완(계산근거)필요 (예 : MOTOR의 경우 Expiosion Proof Exe II T3로 선정된 근거가 없음)
	• 방폭공사 시방서 페이지 누락(PAGE 1 OF 4가 분실됨)
	• 2.5.1 폭발위험장소 구분도 및 방폭기기 선정기준 ; 산안규칙 제230조, IEC 코드 및 KOSHA 가이드 기준한 방폭반경계산 ; 업데이트 미비
	• KOSHA 가이드가 2012년도로 작성되어 있으므로 개정된 코드로 작성 요망
	• 희석등급 기입 오류(고희석을 중희석으로)
	• 인화점 60도(코샤가이드기준) 이하 물질 검토 요망

안전자료(목록)	지적사항
	• 폭발위험장소 구분도는 개정된 KS 기준에 의하여 작성하여야 함
	• 폭발위험장소 구분도는 개정된 KS 기준(IEC 60079-10-1)에 의하여 작성하여야 함
	• 폭발위험장소구분도에 종별 범례가 누락되어 있음
이상발생시 인터록 작동조건 및 가동중지 범위	• 인터록 설정범위를 기재하시기 바람
	• 공정도면과 관련하여 이상 발생시에 인터록 및 작업중지 조건 등의 사항들을 17호의 2 서식을 사용하여 작성이 요구됨
	• 다음내용을 수정하여야 함(구분기호→인터록 번호, 대상설비명→대상설비번호, kg/㎠→Mpa, 레벨%→m. 비정상 조건→설정 값)
	• 유량에 대한 단위를 무게와 체적이 혼합되어 기록되어 있으므로, 무게와 체적을 구분하여 기록하기 요함 (kg/h, ncm/h, ㎥/h, t/h 등으로 혼합 표현되어 있음)
	• 용어를 고시를 기준으로 변경 요함(비정상 조건→설정 값)
	• 가동중지 범위를 구체적이고 분명하게 설비번호 및 상태를 기술하여야 함
소화설비 설치계획	• 소방설비/화재탐지기 : 개정고시와 내규를 반영하여 수정하고 양식에 있는 설비의 개수나 범위가 도면과 일치하는지 검토가 필요함
	• 소방설비 설치계획표(17호의3서식)가 없음
화재탐지 · 경보설비 설치계획	• 화재탐지 · 경보설비 설치계획이 누락 됨
	• 고용노동부 고시에서 제공하는 화재탐지 및 경보설비 설치계획표를 작성하시기 바람
전기단선도	• 전기단선도에 전동기 등 연동장치와 관련된 기기의 제어회로를 추가하여야 함
	• 전기단선도 말단에 PSM 기기가 표시되어 있는지 확인 바람
	• 전기단선도 없음
	• 전기단선도에 개정고시된 사항을 반영 요구됨
	• 전기단선도 세부사항에 대한 자료 보완 - 단로기(DS)의 종류와 차단, 정격용량 및 보호방식에 대한 자료첨부 - 변압기의 종류와 보호방식에 대한 사항 추가 - ATS 작동 제어 회로 및 설명서 자료 보완 - 부스바의 굵기 표기 - 피뢰침과 관련된 도면 및 접지상세도 첨부
	• 단락용량 계산서가 없음

안전자료(목록)	지적사항
	• 고시(공정안전보고서의 제출 · 심사 · 확인 및 이행상태평가 등에 관한 규정 : 2017.11월)에 따라 각 부하 설비에 대한 단락전류 계산서를 첨부하도록 되어 있으므로 자료를 첨부하기 바람
	• 단락전류계산서 : 전기단선도 작성기준에 따라 단락전류계산서가 첨부되지 않음
접지계획	• 접지저항 측정지점 및 매쉬 접지점을 표기할 것
	• 도면은 있으나 유지보수 사항 등이 기입되어 있지 않음
	• 접지저항 측정표 - 접지저항 측정은 정기적(년1회 이상)으로 실시하도록 규정되어 있으나, 2016년 4월 19일 이후부터는 접지저항 측정자료가 없으므로 필요한 자료(접지저항측정표)를 첨부하기 바람
	• 접지계획서의 도면 및 자료 관리 • 항목(i)에 피뢰접지설비에 대한 내용은 기술되어 있으나, 피뢰침관련 도면이 누락되어 있으므로 피뢰관련 사항의 도면을 첨부하기 바람
	• 피뢰침 설치와 관련된 도면 및 자료첨부
	• 피뢰침을 제외하고 있으나, 설치된 탱크 및 구조물의 재질과 두께에 대한 자료가 없으므로 보완하기 바람
	• 접지설비 유지관리계획서 첨부
	• 접지설비 유지관리계획서를 작성하여 첨부 필요
	• 접지저항 측정표 바인딩 필요(16년 4월 22일 자료까지 바인딩 되어 있음)
환경배출 시스템	• 허가증은 최신본(변경 또는 증설관계)으로 교체되어 있는지 확인하시기 바람

CHAPTER 04

설계자료 및 도면

안전자료(항목)	필요설계서(자료)	필요도면
사업개요	• 작성자 교육 이수증 • 자격증 사본(작성자) • 전체설비 개요 • 전체설비에서 사용되는 원료의 종류 및 사용량 • 전체설비에서 제조되는 생산품의 종류 및 생산량	• 전체설비의 배치도
유해 · 위험물질의 종류 및 수량	• 별지 제13호서식	
유해 · 위험물질 목록	• 별지 제13호서식 • 물질안전보건자료의 첨부 • 복합 화학물질을 포함한 원료, 중간제품 및 완제품 등에 대한 안전 · 보건자료	
유해 · 위험설비의 목록 및 명세	• 별지 제14호서식	
장치 및 설비 명세	• 별지 제15호서식	
배관 및 개스킷 명세	• 별지 제16호서식	
안전밸브 및 파열판 명세	• 별지 제17호서식	
공정도면	• 공정개요 • 제조공정에 관한 기술자료 • 정상운전 범위의 선정자료 • 이상 운전조건과 경보치 설정 • 비상시 운전정지조건 • 장치 및 설비의 재질과 내용물과의 물리 화학적 영향 검토서 • 펌프, 압축기의 기능 및 용량 검토서	• 공정흐름도(Process Fow Diagram, PFD) • 공정배관 · 계장도 • 유틸리티 배관 계장도 (Utility Flow Diagram, UFD)
이상 발생시의 인터록 작동조건 및 가동중지 범위	• 별지 제17호의2서식	

<table>
<tr><th>안전자료(항목)</th><th>필요설계서(자료)</th><th colspan="2">필요도면</th></tr>
<tr><td rowspan="10">건물 · 설비의 배치</td><td rowspan="10">• 건물 및 설비 위치
• 건물과 건물 사이의 거리
• 건물과 단위 설비 간의 거리
• 단위 설비와 단위 설비 간의 거리 등의 사항</td><td rowspan="2">건물 · 설비의 배치도</td><td>• 평면도</td></tr>
<tr><td>• 입면도</td></tr>
<tr><td rowspan="2">기기 설치용 철구조물</td><td>• 평면도</td></tr>
<tr><td>• 입면도</td></tr>
<tr><td rowspan="2">배관 설치용 철구조물,</td><td>• 평면도</td></tr>
<tr><td>• 입면도</td></tr>
<tr><td rowspan="2">제어실
(Control Room)</td><td>• 평면도</td></tr>
<tr><td>• 입면도</td></tr>
<tr><td rowspan="2">전기실</td><td>• 평면도</td></tr>
<tr><td>• 입면도</td></tr>
<tr><td rowspan="3">철구조물의 내화처리</td><td rowspan="3">• 기둥 및 보 등에 대한 내화 처리방법
• 별지 제18호서식</td><td colspan="2">• 철구조물에 대한 내화(Fire Proofing) 처리 도면</td></tr>
<tr><td colspan="2">• 내화처리 기둥 도면</td></tr>
<tr><td colspan="2">• 내화처리 보 도면</td></tr>
<tr><td>소화설비 설치계획</td><td>• 별지 제17호의3 서식
• 소화설비 용량산출 근거 및 설계기준
• 계통 설명서</td><td colspan="2">• 소화설비 계통도
• 소화설비 배치도</td></tr>
<tr><td>화재탐지 · 경보설비 설치계획</td><td>• 별지 제17호의4 서식 또는
• 소방 관련법(위험물안전관리법 등) 서식 화재탐지 · 경보설비 설치계획서</td><td colspan="2">• 화재탐지도면
• 경보설비도면</td></tr>
<tr><td>가스누출감지 경보기 설치계획</td><td>• 별지 제17호의5 서식</td><td colspan="2">• 감지기 종류 · 형식별 배치도</td></tr>
<tr><td>세척 · 세안시설 및 안전보호 장구</td><td>• 안전 보호장구의 수량 및 확보계획
• 세척 · 세안시설 설치계획</td><td colspan="2">• 안전 보호장구 배치도
• 세척 · 세안시설 설치배치도</td></tr>
<tr><td>국소배기장치 설치계획</td><td>• 별지 제19호서식
• 덕트, 배풍기, 공기정화장치 등의 설계근거
• 제어 및 인터록 장치 계획
• 유해물질 · 분진작업 관련 설비별 특성에 따른 사항</td><td colspan="2">• 후드, 덕트의 배관 및 계장도
• 배풍기의 배관 및 계장도
• 공기정화장치(제진설비, 세정설비 및 흡착설비 등)의 배관 및 계장도
• 배기구 등의 배관 및 계장</td></tr>
</table>

안전자료(항목)	필요설계서(자료)	필요도면
		도(Piping & Instrument Diagram, P&ID)
폭발위험장소 구분도	• 방폭기기 선정기준 • 별지 제20호서식 • 방폭설계 기준에 대한 자료	• 폭발위험장소 구분도
전기단선도	• 부스바 또는 케이블의 종류, 굵기 및 가닥수 • 변압기의 종류 • 변압기의 정격(상수, 1 · 2차 전압) • 변압기의 1 · 2차 결선 및 접지방식, • 변압기의 보호방식, • 변압기보호를 위한 전동기 등 연동장치와 관련된 기기의 제어회로 • 각종 보호장치(차단기, 단로기)의 종류와 차단 및 정격용량 • 각종 보호장치(차단기, 단로기)의 보호방식 • 예비 동력원 또는 비상전원 설비의 용량 • 각종 보호장치의 단락용량 계산서 • 비상전원 설비용량 산출계산서(해당되는 경우)	• 전기단선도 • 예비 동력원 또는 비상 전원설비의 단선도(해당 시)
기 · 철구조물 등에 대한 접지계획	• 접지계획서[접지의 목적] • 적용법규 · 규격 • 적용범위 • 접지방법 • 접지종류(계통접지, 기기접지, 피뢰설비 접지, 정밀장비접지 및 정전기 등을 포함) • 접지설비의 유지관리 방안	• 접지배치도면[접지극의 위치, 접지선의 종류와 굵기 등을 표기한다.]
안전설계 제작 및 설치 관련 지침서	• 안전설계 제작 및 설치 관련 지침서	
압력방출설비	• 플레어스택의 용량 산출근거(해당시) • 플레어스택의 높이 계산근거	• 압력방출설비의 공정상세도면(P&ID)

안전자료(항목)	필요설계서(자료)	필요도면
	• 안전밸브 및 플레어스택을 포함하는 압력방출설비 설계기준 및 명세서 • 환경오염을 야기하는 배출물의 설계기준 및 명세서	
환경오염물질의 처리에 관련된 설비	• 환경 오염물질의 수지, 처리방법 관리 지침서 • 최종 배출농도 등의 관리 지침서	• 환경오염방지설비 도면

부록 1

공정안전보고서의 제출·심사·확인 및 이행상태평가 등에 관한 규정

개정 2020.01.16. 고시 제2020-55호

제1장 총칙

제1조(목적) 이 고시는 「산업안전보건법」제44조부터 제46조까지, 같은 법 시행령 제43조부터 제45조까지 및 같은 법 시행규칙 제50조부터 제54조까지의 규정에 따른 공정안전보고서의 제출·심사·확인 및 이행상태평가 등에 필요한 사항을 규정함을 목적으로 한다.

제2조(정의) ① 이 고시에서 사용하는 용어의 뜻은 다음과 같다.

1. 「산업안전보건법 시행령」(이하 "영"이라 한다) 제45조제1항에서 "고용노동부 장관이 정하는 주요 구조 부분의 변경"이란 다음 각 목의 어느 하나에 해당하는 경우를 말한다.
   가. 반응기를 교체(같은 용량과 형태로 교체되는 경우는 제외한다)하거나 추가로 설치하는 경우 또는 이미 설치된 반응기를 변형하여 용량을 늘리는 경우
   나. 생산설비 및 부대설비(유해·위험물질의 누출·화재·폭발과 무관한 자동화창고·조명설비 등은 제외한다)가 교체 또는 추가되어 늘어나게 되는 전기정격용량의 총합이 300킬로와트 이상인 경우
   다. 플레어스택을 설치 또는 변경하는 경우
2. 영 별표 13의 비고 제3호에 따른 "고온·고압의 공정운전조건으로 인하여 화재·폭발위험이 있는 상태"란 취급물질의 인화점 이상에서 운전되는 상태를 말한다.
3. 「산업안전보건법 시행규칙」(이하 "규칙"이라 한다) 제51조에 따른 "착공일"이란 유해·위험설비를 설치·이전할 경우에는 해당 설비를 설치·이전하는 공사를 시작하는 날을, 주요 구조부분을 변경하는 경우에는 해당 변경공사를 시작하는 날을 말한다.
4. 규칙 제53조제1항제1호에 따른 "설치과정"이란 주요 기계장치의 설치, 배관, 전기 및 계장작업이 진행되고 있는 과정을 말한다.
5. 규칙 제53조제1항제1호에 따른 "설치 완료 후 시운전단계"란 모든 기계적인 작업이 완료되고 원료를 공급하여 성능을 확인하기 위하여 운전하는 단계로, 상용생산 직전

까지의 과정을 말한다.

6. "공정위험성평가 기법"이란 사업장 내에 존재하는 위험에 대하여 정성(定性)적 또는 정량(定量)적으로 위험성 등을 평가하는 방법으로서 체크리스트기법, 상대위험순위 결정 기법, 작업자 실수 분석 기법, 사고예상 질문 분석 기법, 위험과 운전분석 기법, 이상위험도 분석 기법, 결함 수 분석 기법, 사건 수 분석 기법, 원인결과 분석 기법, 예비위험 분석 기법, 공정위험 분석 기법, 공정안정성 분석 기법, 방호계층 분석 기법 등을 말한다.
7. "체크리스트(Checklist)기법"이란 공정 및 설비의 오류, 결함상태, 위험상황 등을 목록화한 형태로 작성하여 경험적으로 비교함으로써 위험성을 파악하는 방법을 말한다.
8. "상대위험순위결정(Dow and Mond Indices, DMI)기법"이란 공정 및 설비에 존재하는 위험에 대하여 상대위험 순위를 수치로 지표화하여 그 피해정도를 나타내는 방법을 말한다.
9. "작업자실수분석(Human Error Analysis, HEA)기법"이란 설비의 운전원, 보수반원, 기술자 등의 실수에 의해 작업에 영향을 미칠 수 있는 요소를 평가하고 그 실수의 원인을 파악·추적하여 정량(定量)적으로 실수의 상대적 순위를 결정하는 방법을 말한다.
10. "사고예상질문분석(What-if)기법"이란 공정에 잠재하고 있는 위험요소에 의해 야기될 수 있는 사고를 사전에 예상·질문을 통하여 확인·예측하여 공정의 위험성 및 사고의 영향을 최소화하기 위한 대책을 제시하는 방법을 말한다.
11. "위험과 운전분석(Hazard and Operability Studies, HAZOP)기법"이란 공정에 존재하는 위험 요소들과 공정의 효율을 떨어뜨릴 수 있는 운전상의 문제점을 찾아내어 그 원인을 제거하는 방법을 말한다.
12. "이상위험도분석(Failure Modes Effects and Criticality Analysis, FMECA)기법"이란 공정 및 설비의 고장의 형태 및 영향, 고장형태별 위험도 순위 등을 결정하는 방법을 말한다.
13. "결함수분석(Fault Tree Analysis, FTA)기법"이란 사고의 원인이 되는 장치의 이상이나 고장의 다양한 조합 및 작업자 실수 원인을 연역적으로 분석하는 방법을 말한다.
14. "사건수분석(Event Tree Analysis, ETA)기법"이란 초기사건으로 알려진 특정한 장치의 이상 또는 운전자의 실수에 의해 발생되는 잠재적인 사고 결과를 정량(定量)적으로 평가·분석하는 방법을 말한다.

15. "원인결과분석(Cause-Consequence Analysis, CCA)기법"이란 잠재된 사고의 결과 및 사고의 근본적인 원인을 찾아내고 사고 결과와 원인 사이의 상호 관계를 예측하여 위험성을 정량(定量)적으로 평가하는 방법을 말한다.
16. "예비위험분석(Preliminary Hazard Analysis, PHA)기법"이란 공정 또는 설비 등에 관한 상세한 정보를 얻을 수 없는 상황에서 위험물질과 공정 요소에 초점을 맞추어 초기위험을 확인하는 방법을 말한다.
17. "공정위험분석(Process Hazard Review, PHR)기법"이란 기존 설비 또는 공정안전보고서(이하 "보고서"라 한다)를 제출 · 심사 받은 설비에 대하여 설비의 설계 · 건설 · 운전 및 정비의 경험을 바탕으로 위험성을 평가 · 분석하는 방법을 말한다.
18. "공정안전성 분석 기법(K-PSR, KOSHA Process safety review)"이란 설치 · 가동 중인 화학공장의 공정안전성(Process safety)을 재검토하여 사고위험성을 분석(Review)하는 방법을 말한다.
19. "방호계층 분석 기법(Layer of protection analysis, LOPA)"이란 사고의 빈도나 강도를 감소시키는 독립방호계층의 효과성을 평가하는 방법을 말한다.
20. "작업안전 분석 기법(Job Safety Analysis, JSA)"이란 특정한 작업을 주요 단계(Key step)로 구분하여 각 단계별 유해위험요인(Hazards)과 잠재적인 사고(Accidents)를 파악하고 이를 제거, 최소화 또는 예방하기 위한 대책을 개발하기 위해 작업을 연구하는 방법을 말한다.
21. "기존설비"란 보고서를 최초 제출하기 이전부터 가동 중인 설비로 영 제45조에 따른 보고서 제출대상인 설비(사용량 증가, 사용물질 변경 또는 산업안전보건법령 개정에 따라 제출대상이 된 설비를 포함한다)를 말한다.
22. "단위공장"이란 동일 사업장 내에서 제품 또는 중간제품(다른 제품의 원료)을 생산하는데 필요한 원료처리 공정에서부터 제품의 생산 · 저장(부산물 포함)까지의 일관공정을 이루는 설비를 말한다.
23. "단위공정"이란 단위공장 내에서 원료처리공정, 반응공정, 증류추출 등 분리공정, 회수공정, 제품저장 · 출하 공정 등과 같이 단위공장을 구성하고 있는 각각의 공정을 말한다.
24. "자체점검"이란 위험설비의 안전성을 확보하기 위하여 적용기준 및 표준에 따라 사업주가 일정 주기마다 자율적으로 실시하는 검사 및 시험 등의 점검을 말한다.
25. "심사"란 사업주가 규칙 제51조에 따라 제출한 보고서에 대해 제4장의 심사기준을 충족시키고 있는지를 확인하고 필요한 경우 의견을 제시하는 일체의 행위를 말한다.

26. “공동심사”란 영 제45조제2항,「고압가스 안전관리법 시행령」제10조제2항에 따라 사업주가 한국가스안전공사(이하 “가스안전공사”라 한다)에 제출한 보고서에 대하여 가스안전공사와 한국산업안전보건공단(이하 “공단”이라 한다)이 각각의 심사기준에 따라 동시 또는 순차적으로 심사하는 방법을 말한다.
27. “순차심사”란 제26호에 따른 공동심사의 방법으로서, 사업주가 제출한 보고서에 대하여 가스안전공사에서 우선 심사를 한 후, 공단에서는 가스안전공사의 심사결과를 참조하여 심사를 하는 방법을 말한다.
28. “동시심사”란 제26호에 따른 공동심사의 방법으로서, 사업주가 제출한 보고서에 대하여 가스안전공사와 공단이 동시에 심사를 하는 방법을 말한다.
29. “최악의 사고시나리오”란 누출·화재 또는 폭발이 일어난 지점으로부터 독성농도, 과압 또는 복사열 등의 위험수치에 도달하는 거리가 가장 먼 가상 사고를 말한다.
30. “대안의 사고시나리오”란 최악의 사고시나리오보다 현실적으로 발생 가능성이 높은 사고시나리오 중 누출·화재 또는 폭발이 일어난 지점으로부터 독성농도, 과압 또는 복사열 등의 위험수치에 도달하는 거리가 가장 먼 것을 말한다.

② 그 밖에 이 고시에서 정하지 아니한 용어의 뜻은 산업안전보건법(이하 “법”이라 한다) · 영 · 규칙 및 「산업안전보건기준에 관한 규칙」(이하 “안전보건규칙” 이라 한다)과 공단의 안전보건기술지침에서 정하는 바에 따른다.

제2조의2(적용제외) 영 제43조제2항제8호에서 “그 밖에 고용노동부 장관이 누출 · 화재 · 폭발 등으로 인한 피해의 정도가 크지 않다고 인정하여 고시하는 설비”란 비상발전기용 경유의 저장탱크 및 사용설비를 말한다.

제3조(비밀보장) ① 사업주는 제출된 보고서의 내용 중 기업의 정보 유출로 인한 피해가 우려되는 부분에 대하여는 기업의 비밀보장을 공단에 요구할 수 있다.

② 공단은 사업주로부터 비밀보장을 요구받은 부분에 대하여는 특별한 관리절차를 규정하고 이에 따라 관리하여야 한다.

제 2 장 보고서의 제출 · 심사 및 확인 등

제 1 절 보고서의 작성 · 제출

제4조(보고서 작성 및 심사신청 등) ① 사업주는 규칙 제51조에 따른 기간 내에 별지 제1호 서식의 보고서 심사신청서를 공단에 제출하여야 한다.

② 사업주는 제3장에 따라 보고서를 작성하여야 한다. 다만, 주요 구조부분 변경을 이유로 보고서를 작성하는 경우에는 그 변경부분 및 그와 관련된 부분에 한정한다.

③ 사업주는 보고서를 협력업체 근로자를 포함한 모든 근로자가 읽어 볼 수 있도록 한글로 작성하고, 전자파일 형식으로 작성하는 경우에는 해당 전자파일을 읽을 수 있는 전자시스템을 갖추어야 한다.

제5조(제출 면제) ① 공단은 사업주가 보고서를 제출하여 공단의 심사를 받은 후 다른 설비에 대한 보고서를 새로 제출하는 경우 이미 심사받은 보고서의 내용과 동일한 내용이 있을 때에는 그 내용의 제출을 면제할 수 있다.

② 분사, 합병, 계열분리 또는 매각 등의 사유로 사업주가 변경되었으나 보고서 제출 대상인 유해 · 위험설비는 변경되지 않았음을 변경된 사업주가 관할 중대산업사고 예방센터가 설치된 지방고용노동관서의 장(이하 "지방관서의 장"이라 한다)으로부터 인정받은 경우에는 보고서를 제출하지 아니할 수 있다.

제6조(작성자) ① 사업주는 보고서를 작성할 때 다음 각호의 어느 하나에 해당하는 사람으로서 공단이 실시하는 관련교육을 28시간 이상 이수한 사람 1명 이상을 포함시켜야 한다.

1. 기계, 금속, 화공, 요업, 전기, 전자, 안전관리 또는 환경분야 기술사 자격을 취득한 사람
2. 기계, 전기 또는 화공안전 분야의 산업안전지도사 자격을 취득한 사람
3. 제1호에 따른 관련분야의 기사 자격을 취득한 사람으로서 해당 분야에서 5년 이상 근무한 경력이 있는 사람
4. 제1호에 따른 관련분야의 산업기사 자격을 취득한 사람으로서 해당 분야에서 7년 이상 근무한 경력이 있는 사람
5. 4년제 이공계 대학을 졸업한 후 해당 분야에서 7년 이상 근무한 경력이 있는 사람 또는 2년제 이공계 대학을 졸업한 후 해당 분야에서 9년 이상 근무한 경력이 있는 사람

6. 영 제43조제1항에 따른 공정안전보고서 제출 대상 유해·위험설비 운영분야(해당 공정안전보고서를 작성하고자 하는 유해·위험설비 관련분야에 한한다.)에서 11년 이상 근무한 경력이 있는 사람

② 제1항에 따른 공단에서 실시하는 관련 교육은 다음 각호의 어느 하나의 교육을 말한다.

1. 위험과 운전분석(HAZOP)과정
2. 사고빈도분석(FTA, ETA)과정
3. 보고서 작성·평가 과정
4. 〈삭제〉
5. 사고결과분석(CA)과정
6. 설비유지 및 변경관리(MI, MOC)과정
7. 그 밖에 고용노동부 장관으로부터 승인받은 공정안전관리 교육과정

제 2 절 보고서의 심사

제7조(심사 등) ① 공단은 규칙 제52조에 따라 보고서를 접수하고 심사할 경우에는 소속 직원 중 다음 각 호의 분야에 해당하는 전문가로 심사반을 구성하고 심사책임자를 임명하여 규칙 제52조제1항에 따른 기간에 심사를 완료하고 사업주에게 그 결과를 통지하여야 한다.

1. 위험성평가
2. 공정 및 장치 설계
3. 기계 및 구조설계, 응력해석, 용접, 재료 및 부식
4. 계측제어·컴퓨터제어 및 자동화
5. 전기설비·방폭전기
6. 비상조치 및 소방
7. 가스, 확산 모델링 및 환경
8. 안전 일반
9. 그 밖에 보고서 심사에 필요한 분야

② 공단은 보고서를 심사할 때 특정 사항에 대하여 외부 전문가의 조언이 필요하다고 판단되는 경우에는 다음 각호의 자격을 갖춘 사람중 제1항에 따른 각 분야의 외부전문가를 부분적으로 심사에 참여시킬 수 있다. 이 경우 심사에 참여하는 외부전문가는 보고서를 공정하게 심사하여야 하고, 심사 중 알게 된 사실에 대하여는 다른 사람에게 누설하여서

는 아니 된다.

1. 해당 분야 기술사, 산업안전지도사 또는 산업위생지도사 자격을 취득한 사람
2. 대학에서 해당 분야의 조교수 이상의 직위에 있는 사람
3. 해당 분야의 박사학위를 취득한 후 그 분야의 실무경력 3년 이상인 사람
4. 해당 분야에 실무경력이 10년 이상인 사람
5. 그 밖에 공단 이사장이 인정하는 사람

③ 공단은 제2항에 따른 외부전문가를 심사에 참여시킨 때에는 여비와 수당을 지급할 수 있다.

제8조(공동심사 등) ① 공단은 영 제45조제2항에 따라 가스안전공사와 공동으로 심사하여야 한다. 이 경우 사업주는 동시 심사 또는 순차 심사 중 하나의 방법을 선택할 수 있으며, 보고서 4부를 가스안전공사에 제출하여야 한다.

② 공단은 순차심사를 하는 경우 가스안전공사의 심사 결과를 참조하여야 한다. 이 경우 공단의 심사기간은 가스안전공사로부터 보고서 3부 및 심사 결과를 이송받은 날부터 15일을 초과할 수 없다.

③ 공단은 동시 심사를 하는 경우 심사 일자, 장소 등을 가스안전공사와 협의하여야 한다. 이 경우 공단의 심사 기간은 규칙 제52조에 따라 30일을 초과할 수 없다.

제9조(사업장 관계자의 참여) 공단은 제7조에 따라 심사를 실시함에 있어 보고서의 내용설명 등을 위하여 사업주에게 보고서 작성에 참여한 관계자의 참석을 요청할 수 있다.

제10조(서류의 보완 등) ① 공단은 심사과정 중 서류의 보완, 그 밖에 추가서류 및 도면이 필요하다고 판단되는 경우 사업주에게 이를 요청할 수 있다. 이 경우 별지 제3호서식에 의하여 일괄 요청해야 한다.

② 제1항에 따른 서류보완 등의 기간은 심사 기간에 포함하지 않으며, 그 기간은 30일을 초과할 수 없다. 다만 사업주의 요청이 있는 경우에는 30일 이내에서 연장할 수 있다.

제 3 절 심사결과 조치

제11조(심사결과 구분) 공단은 보고서의 심사결과를 다음 각호의 어느 하나로 결정한다.

1. 적정 : 보고서의 심사기준을 충족한 경우

2. 조건부 적정 : 보고서의 심사기준을 대부분 충족하고 있으나 부분적인 보완이 필요한 경우
3. 부적정 : 다음 각 목의 어느 하나에 해당하는 경우
   가. 심사 결과 조건부 적정 항목이 10개 이상인 경우
   나. 제10조에 따른 서류보완을 기간 내에 하지 아니하여 심사가 곤란한 경우
   다. 안전보건규칙 제225조부터 제300조까지, 제311조 또는 제422조 중 어느 하나를 준수하지 않은 경우

제12조(심사결과의 조치 등) ① 공단은 보고서를 심사한 결과 제11조제1호 또는 제2호에 따라 적정 또는 조건부 적정 판정을 하는 경우에는 별지 제4호서식의 보고서 심사결과 통지서 및 별표 1의 심사필인 또는 서명이 날인된 보고서 1부를 첨부하여 해당 사업주에게 알리고, 지방관서의 장에게 보고하여야 한다.

② 공단은 보고서를 심사한 결과 제11조제3호에 따라 부적정 판정을 하는 경우에는 별지 제4호서식의 보고서 심사결과 통지서에 그 사유를 구체적이고 명확하게 작성하여 사업주에게 알려야 하며, 보고서 일체를 사업주에게 반려하여야 한다.

③ 공단은 제2항에 따라 보고서를 반려하는 경우에는 별지 제5호서식의 보고서 심사결과 조치 요청서에 그 사유를 구체적이고 명확하게 작성하여 지방관서의 장에게 보고하여야 한다.

④ 지방관서의 장은 제3항에 따른 보고를 받은 때로부터 7일 이내에 사업주에게 보고서 보완에 필요한 기간을 정하여 보고서를 보완한 후 다시 제출하도록 조치하여야 한다.

제13조(다른 기관과의 협조) ① 공단은 보고서를 심사한 결과「위험물안전관리법」에 따른 화재의 예방·소방 등과 관련되는 내용으로서 제11조제1호 및 제2호에 따라 적정 또는 조건부 적정 판정을 하는 경우에는 별지 제6호서식의 보고서 심사결과 통지서로 그 심사결과를 관할 소방관서의 장에게 알려야 한다.

② 공단은 제8조에 따라 보고서를 가스안전공사와 공동심사한 경우에는 별지 제7호서식의 보고서 심사결과 통지서로 그 심사결과를 고압가스시설의 허가관청에 알려야 한다. 다만, 제11조제3호에 따라 부적정 판정을 한 경우에는 알리지 아니할 수 있다.

제14조(재심사 신청) ① 사업주는 제12조제2항에 따라 보고서를 반려받은 경우에는 같은 조 제4항에 따라 지방관서의 장으로부터 재제출 명령을 받은 날부터 정해진 기간 이내에 보고서를 새로 작성하여 공단에 재심사를 신청하여야 한다.

② 보고서의 재심사와 관련한 절차 등에 관하여는 제4조부터 제13조까지를 준용한다.

제 4 절 확인

제15조(확인 요청 등) ① 사업주가 법 제46조제2항 및 규칙 제53조에 따라 확인을 받으려는 경우에는 확인을 받고자 하는 날의 20일 전까지 별지 제9호서식의 확인요청서를 공단에 제출하여야 한다.

② 규칙 제53조제1항에서 "그 밖에 자격 및 관련 업무 경력 등을 고려하여 고용노동부장관이 정하여 고시하는 요건을 갖춘 사람"은 다음 각호의 어느 하나에 해당하는 사람으로 한다.

1. 화공 또는 안전관리(가스, 소방, 기계안전, 전기안전, 화공안전)분야 기술사
2. 기계안전 또는 전기안전 분야 산업안전지도사
3. 화공 또는 안전관리 분야 박사학위를 취득한 후 해당 분야에서 3년 이상 실무를 수행한 사람

③ 공단은 제1항에 따라 사업주로부터 확인요청을 받은 때에는 요청서 접수일부터 7일 이내에 확인실시 일정을 결정하여 사업주에게 알려야 한다.

④ 사업주가 규칙 제53조제1항 단서에 따라 공단의 확인을 생략하려는 경우에는 다음 각호의 사항이 포함된 자체감사 결과를 공단에 제출하여야 한다.

1. 자체감사에 참여한 외부 전문가의 자격 입증 서류 1부
2. 공단이 정한 자체감사 확인점검표 1부
3. 자체감사결과에 따른 보완 및 시정계획서 1부

⑤ 공단은 사업주가 제4항에 따라 제출한 자체감사결과를 제16조를 준용하여 처리한다. 이 경우 사업주가 제4항 각 호에 따른 서류를 제출하지 아니하였거나, 자체감사결과가 부실하여 제16조제1항 각 호의 어느 하나로 구분하여 확인하기 어렵다고 판단되면 제1항 및 제3항에 따라 확인을 실시할 수 있도록 조치하여야 한다.

⑥ 규칙 제53조제1항제4호에서 "고용노동부 장관이 정하여 고시하는 사업장"은 다음 각호의 어느 하나에 해당하는 사업장으로 한다.

1. 법 제47조에 따라 공단이 수행하는 안전·보건진단을 받은 사업장. 다만, 안전·보건진단에 보고서 내용 및 이행 여부에 대한 진단이 포함된 경우로 한정한다.
2. 〈삭제〉

제16조(확인 등) ① 공단은 규칙 제50조에 따른 공정안전보고서의 세부내용 등이 현장과 일치하는지 여부를 확인하고 다음 각 호의 어느 하나로 그 결과를 결정한다.

1. 적합 : 현장과 일치하는 경우
2. 부적합 : 다음 각 목의 어느 하나에 해당하는 경우
   가. 확인 결과 현장과 일치하지 않은 사항이 10개 이상인 경우
   나. 안전보건규칙 제225조부터 제300조까지, 제311조 또는 제422조 중 어느 하나를 준수하지 않은 경우
3. 조건부 적합 : 현장과 일치하지 않은 사항이 일부 있으나 제2호에 따른 부적합에까지는 이르지 않은 경우

② 공단은 제1항에 따른 확인결과를 별지 제10호서식의 확인결과통지서로 사업주에게 통지하고, 지방관서의 장에게 보고하여야 한다.

③ 공단은 확인실시결과 제1항제2호 또는 제3호에 따라 부적합 또는 조건부 적합 판정을 하는 경우에는 별지 제11호서식의 확인결과조치요청서에 그 사유와 변경요구내용 등을 구체적이고 명확하게 작성하여 지방관서의 장에게 보고하여야 한다.

④ 지방관서의 장은 공단으로부터 제3항에 따라 보고를 받은 때에는 부적합 사항에 대해 7일 이내에 사업주에게 변경계획의 작성을 명하는 등 필요한 행정조치를 하여야 하며, 사업주는 행정조치를 받은 날로부터 15일 이내에 변경계획을 작성하여 지방관서의 장에게 제출하여야 한다.

⑤ 지방관서의 장은 변경계획의 적절성을 검토하여 그 결과를 사업주에게 알려야 한다. 이 경우 지방관서의 장은 변경계획의 적정성에 대한 검토를 공단에 요청할 수 있다.

⑥ 사업주는 제4항에 따른 변경계획에 따라 이행을 완료하면 별지 제9호서식의 확인요청서로 공단에 다시 확인을 요청하여야 한다.

⑦ 제6항에 따라 다시 확인을 요청한 경우의 절차에 관하여는 제15조제1항부터 제3항까지 및 제16조를 준용한다.

제 5 절 보고

제17조(보고 등) ① 공단은 규칙 제50조부터 제53조까지의 규정에 따른 보고서의 접수·심사 및 확인 등에 관한 사항을 분기별로 지방관서의 장에게 보고하여야 한다.

② 공단은 다음 각 호의 어느 하나에 해당하는 사업장이 있을 때에는 지방관서의 장에게 보고하여야 한다.

1. 보고서 제출기간 경과 사업장
2. 제14조에 따른 재심사 신청을 하지 않은 사업장
3. 제15조에 따른 확인요청을 하지 않은 사업장

③ 지방관서의 장은 제2항에 따라 보고받은 사항에 대하여는 법령에 따라 필요한 조치를 하여야 한다.

제 3 장 보고서 작성기준

제 1 절 일반사항

제18조(사업개요 등) ① 사업주는 보고서 제출대상 설비에 대한 사업개요를 별지 제12호서식의 사업개요에 작성하여야 한다.

② 보고서 제출 대상설비가 전체설비 중 일부분 또는 변경설비인 경우에는 그 해당 부분에 한정하여 보고서를 작성·제출할 수 있다. 이 경우 다음 각호의 사항을 첨부하여야 한다.

1. 전체설비 개요
2. 전체설비에서 사용되는 원료의 종류 및 사용량
3. 전체설비에서 제조되는 생산품의 종류 및 생산량
4. 전체설비의 배치도

제18조의2(통합서식의 사용) 법 제44조에 따른 보고서와 함께 「화학물질관리법」제23조에 따른 장외영향평가서, 같은 법 제41조에 따른 위해관리계획서 및 「고압가스 안전관리법」 제13조의2에 따른 안전성향상계획을 작성하고자 하는 사업주는 공단의「공정안전보고서 등의 통합서식 작성방법에 관한 기술지침」에 따라 보고서를 작성·제출할 수 있다.

제 2 절 공정안전자료

제19조(유해·위험물질의 종류 및 수량) ① 보고서의 대상 설비에서 취급·저장하는 원료, 부원료, 첨가제, 촉매, 촉매보조제, 부산물, 중간 생성물, 중간제품, 완제품 등 모든 유해·위험 물질은 별지 제13호서식에 기재하여야 한다.

② 저장량은 설비의 최대 저장량을, 취급량은 그 설비에서 하루 동안 취급할 수 있는 최대량

을 기재하여야 한다.

제20조(유해 · 위험물질 목록) ① 유해 · 위험 물질목록은 별지 제13호서식의 유해 · 위험물질 목록에 다음 각호의 사항에 따라 작성하여야 한다.

1. "노출기준"란에는 고용노동부 장관이 고시한「화학물질 및 물리적인자의 노출기준」에 따른 시간가중평균노출기준을 기재하고, 위 고용노동부 고시에 규정되어 있지 않은 물질에 대하여는 통상적으로 사용하고 있는 시간가중평균노출기준을 조사하여 기재한다.
2. "독성치"란에는 취급하는 물질의 독성값(경구, 경피, 흡입)을 기재한다.
3. "이상반응 유무"란에는 이상반응을 일으키는 물질 및 조건을 기재한다.

② 유해 · 위험물질목록에는 법 제110조에 따라 작성된 물질안전보건자료를 첨부하여야 한다.

제21조(유해 · 위험설비의 목록 및 명세) ① 유해 · 위험설비 중 동력기계 목록은 별지 제14호서식의 동력기계 목록에 다음 각 호의 사항에 따라 작성하여야 한다.

1. 대상 설비에 포함되는 동력기계는 모두 기재한다.
2. "명세"란에는 펌프 및 압축기의 시간당 처리량, 토출측의 압력, 분당회전속도 등, 교반기의 임펠러의 반경, 분당회전속도 등, 양중기의 들어 올릴 수 있는 무게, 높이 등 그 밖에 동력기계의 시간당 처리량 등을 기재한다.
3. "주요 재질"란에는 해당 기계의 주요 부분의 재질을 재질분류기호로 기재한다.
4. "방호장치의 종류"란에는 해당 설비에 필요한 모든 방호장치의 종류를 기재한다.

② 장치 및 설비 명세는 별지 제15호서식의 장치 및 설비 명세에 다음 각 호의 사항에 따라 작성하여야 한다.

1. "용량"란에는 탑류의 직경 · 전체길이 및 처리단수 또는 높이, 반응기 및 드럼류의 직경 · 길이 및 처리량, 열교환기류의 시간당 열량 · 직경 및 높이, 탱크류의 저장량직 · 경 및 높이 등을 기재한다.
2. 이중 구조형 또는 내외부의 코일이 설치되어 있는 반응기 및 드럼류는 동체 및 자켓 또는 코일에 대하여 구분하여 각각 기재한다.
3. "사용 재질"란에는 재질분류 기호로 기재한다.
4. "개스킷의 재질"란에는 상품명이 아닌 일반명을 기재한다.
5. "계산 두께"란에 부식여유를 제외한 수치를 기재한다.

6. "비고"란에는 안전인증, 안전검사 등 적용받는 법령명을 기재한다.

③ 배관 및 개스킷 명세는 별지 제16호서식의 배관 및 개스킷 명세에 다음 각호의 사항에 따라 작성하여야 한다.

1. 해당 설비에서 사용되는 배관에 관련된 사항은 공정 배관·계장도(Piping & Instrument Diagram, P&ID)상의 배관 재질 코드별로 기재한다.
2. "분류코드"란에는 공정 배관·계장도 상의 배관분류 코드를 기재한다.
3. "유체의 명칭 또는 구분"란에는 관련 배관에 흐르는 유체의 종류 또는 이름을 기재한다.
4. "배관 재질"란에는 사용 재질을 재질분류 기호로 기재한다.
5. "개스킷 재질 및 형태"란에는 상품명이 아닌 일반적인 명칭 및 형태를 기재한다.

④ 안전밸브 및 파열판 명세는 별지 제17호서식의 안전밸브 및 파열판 명세에 다음 각호의 사항에 따라 작성하여야 한다.

1. 설정압력 및 배출용량은 안전보건규칙 제264조 및 제265조에 따라 산출하여 설정한다.
2. "보호기기 번호"란에는 안전밸브 또는 파열판이 설치되는 장치 및 설비의 번호를 기재한다.
3. 보호기기의 운전압력 및 설계압력은 별지 제15호서식의 장치 및 설비 명세에 기록된 운전압력 및 설계압력과 일치하여야 한다.
4. 안전밸브 및 파열판의 트림(Trim)은 취급하는 물질에 대하여 내식성 및 내마모성을 가진 재질을 사용하여야 한다.
5. 안전밸브와 파열판의 정밀도 오차범위는 아래 기준에 적합하여야 한다.

구분	설정압력	설정압력 대비 오차범위
안전밸브	0.5 MPa 미만	±0.015 MPa 이내
	0.5 MPa이상 2.0 MPa 미만	±3% 이내
	2.0 MPa 이상 10.0 MPa 미만	±2% 이내
	10.0 MPa 이상	±1.5% 이내
파열판	0.3 MPa 미만	±0.015 MPa 이내
	0.3 MPa 이상	±5% 이내

6. "배출구 연결 부위"란에는 배출물 처리 설비에 연결된 경우에는 그 설비 이름을 기재하고, 그렇지 않은 경우에는 대기방출이라고 기재한다.
7. 〈삭 제〉
8. "정격용량"란에는 안전밸브의 정격용량을 기재한다.

제22조(공정도면) ① 공정개요에는 해당 설비에서 일어나는 화학반응 및 처리방법 등이 포함된 공정에 대한 운전조건, 반응조건, 반응열, 이상반응 및 그 대책, 이상 발생 시의 인터록 및 조업중지조건 등의 사항들이 구체적으로 기술되어야 하며, 이 중 이상 발생 시의 인터록 작동조건 및 가동중지 범위 등에 관한 사항은 별지 제17호의2서식의 이상 발생 시 인터록 작동조건 및 가동중지 범위에 작성하여야 한다.

② 공정흐름도(Process Fow Diagram, PFD) 에는 주요 동력기계, 장치 및 설비의 표시 및 명칭, 주요 계장설비 및 제어설비, 물질 및 열 수지, 운전온도 및 운전압력 등의 사항들이 포함되어야 한다. 다만, 영 제43조제1항제1호부터 제7호까지에 해당하지 아니하는 사업장으로서 공정특성상 공정흐름도와 공정배관·계장도를 분리하여 작성하기 곤란한 경우에는 공정흐름도와 공정배관·계장도를 하나의 도면으로 작성할 수 있다.

③ 공정배관·계장도에는 다음 각 호의 사항을 상세히 표시하여야 한다.

1. 모든 동력기계와 장치 및 설비의 명칭, 기기번호 및 주요 명세(예비기기를 포함한다) 등
2. 모든 배관의 공칭직경, 라인번호, 재질, 플랜지의 공칭압력 등
3. 설치되는 모든 밸브류 및 모든 배관의 부속품 등
4. 배관 및 기기의 열 유지 및 보온·보냉
5. 모든 계기류의 번호, 종류 및 기능 등
6. 제어밸브(Control Valve)의 작동 중지 시의 상태
7. 안전밸브 등의 크기 및 설정압력
8. 인터록 및 조업 중지 여부

④ 유틸리티 계통도에는 유틸리티의 종류별로 사용처, 사용처별 소요량 및 총 소요량, 공급설비 및 제어개념 등의 사항을 포함하여야 한다.

⑤ 유틸리티 배관 계장도(Utility Flow Diagram, UFD) 에는 공정 배관·계장도에 표시되는 모든 것을 포함하여야 한다.

제23조(건물·설비의 배치도 등) 각종 건물, 설비 등의 전체 배치도에 관련된 사항들은 다음 각호의 사항에 따라 작성하여야 한다.

1. 각종 건물, 설비의 전체 배치도에는 건물 및 설비위치, 건물과 건물 사이의 거리, 건물과 단위설비 간의 거리 및 단위설비와 단위설비 간의 거리 등의 사항들이 표시되어야 하고 도면은 축척에 의하여 표시한다.

2. 설비 배치도에는 각 기기 간의 거리, 기기의 설치 높이 등을 축척에 의하여 표시한다.
3. 기기 설치용 철구조물, 배관 설치용 철구조물, 제어실(Control Room) 및 전기실 등의 평면도 및 입면도 등을 각각 작성한다.
4. 철구조물의 내화처리에 관한 사항은 다음 각 목의 사항에 따라 작성한다.
   가. 설비내의 철구조물에 대한 내화(Fire Proofing) 처리 여부를 별지 제18호서식의 내화구조 명세에 기재하고 이와 관련된 상세도면을 작성한다.
   나. 상세도면에는 기둥 및 보 등에 대한 내화 처리방법 및 부위를 명확히 표시한다.
   다. 내화처리 기준은 안전보건규칙 제270조를 참조하여 작성하되 이 기준은 내화에 대한 최소의 기준이므로 사업장의 상황에 따라 이 기준 이상으로 실시하여야 한다.
5. 소화설비 설치계획을 별지 제17호의3서식 또는 소방 관련법(위험물안전관리법 등) 서식의 소화설비 설치계획에 작성하고 소화설비 용량산출 근거 및 설계기준, 소화설비 계통도 및 계통 설명서, 소화설비 배치도 등의 서류 및 도면 등을 작성한다.
6. 화재탐지·경보설비 설치계획을 별지 제17호의4서식 또는 소방 관련법(위험물안전관리법 등) 서식 화재탐지·경보설비 설치계획에 작성하고 화재탐지 및 경보설비 명세 배치도 등의 서류 및 도면 등을 작성한다.
7. 심사대상 설비에서 취급·저장하는 화학물질의 누출로 인한 화재·폭발 및 독성물질의 중독 등에 의한 피해를 방지하기 위하여 누출이 예상되는 장소에는 해당 화학물질에 적합한 가스누출감지 경보기 설치계획을 별지 제17호의5서식의 가스누출감지경보기 설치계획에 작성하고 감지대상 화학물질별 수량 및 감지기의 종류·형식, 감지기 종류·형식별 배치도 등의 서류 및 도면 등을 작성한다.
8. 심사대상 설비에서 취급·저장하는 화학물질에 근로자가 다량 노출되었을 경우에 대한 세척·세안시설 및 안전보호 장구 등의 설치계획·배치에 관하여 안전 보호장구의 수량 및 확보계획, 세척·세안시설 설치계획 및 배치도 등의 서류 및 도면 등을 작성한다.
9. 해당 설비에 설치하는 국소배기장치 설치계획은 별지 제19호서식의 국소배기장치 개요에 작성하되, 다음 각 목의 사항을 포함하여야 한다.
   가. 덕트, 배풍기, 공기정화장치 등의 설계근거
   나. 제어 및 인터록 장치
   다. 후드, 덕트, 배풍기, 공기정화장치(제진설비, 세정설비 및 흡착설비 등), 배기구 등의 배관 및 계장도(Piping & Instrument Diagram, P&ID)

라. 그 밖의 유해물질·분진작업 관련 설비별 특성에 따른 사항

마. 비상정지 시 발생원 처리대책

제24조(폭발위험장소 구분도 및 전기단선도 등) ① 가스 폭발위험장소 또는 분진 폭발위험장소에 해당되는 경우에는「한국산업표준(KS)」에 따라 폭발위험장소 구분도 및 방폭기기 선정기준을 다음 각호의 사항에 따라 작성하여야 한다.

1. 폭발위험장소 구분도에는 가스 또는 분진 폭발위험장소 구분도와 각 위험원별 폭발위험장소 구분도표를 포함한다.
2. 방폭기기 선정기준은 별지 제20호서식의 방폭전기/계장 기계·기구 선정기준에 작성하되, 각 공장 또는 공정별로 구분하여 해당되는 모든 전기·계장기계·기구를 품목별로 기재한다.
3. 방폭기기 형식 표시기호는「한국산업표준(KS)」에 따라 기재한다.

② 전기단선도는 수전설비의 책임분계점부터 저압 변압기의 2차 측(부하설비 1차 측)까지를 말하며, 이 단선도에는 다음 각호의 사항을 포함하여야 한다.

1. 부스바 또는 케이블의 종류, 굵기 및 가닥수 등
2. 변압기의 종류, 정격(상수, 1·2차 전압), 1·2차 결선 및 접지방식, 보호방식, 전동기 등 연동장치와 관련된 기기의 제어회로
3. 각종 보호장치(차단기, 단로기)의 종류와 차단 및 정격용량, 보호방식 등
4. 예비 동력원 또는 비상전원 설비의 용량 및 단선도
5. 각종 보호장치의 단락용량 계산서 및 비상전원 설비용량 산출계산서(해당될 경우에 한정한다)

③ 심사대상기기·철구조물 등에 대한 접지계획 및 배치에 관한 서류·도면 등은 다음 각호의 사항에 따라 작성하여야 한다.

1. 접지계획에는 접지의 목적, 적용법규·규격, 적용범위, 접지방법, 접지종류(계통접지, 기기접지, 피뢰설비접지, 정밀장비접지 및 정전기 등을 포함) 및 접지설비의 유지관리 등을 포함한다.
2. 접지 배치도에는 접지극의 위치, 접지선의 종류와 굵기 등을 표기한다.

제25조(안전설계 제작 및 설치 관련 지침서) 모든 유해·위험설비에 대해서는 안전설계·제작 및 설치 등에 관한 설계·제작·설치관련 코드 및 기준을 작성하여야 한다.

제26조(그 밖에 관련된 자료) ① 플레어스택을 포함한 압력방출설비에 대하여는 플레어스택의 용량 산출근거, 플레어스택의 높이 계산근거 및 압력방출설비의 공정상세도면(P&ID) 등의 사항을 작성하여야 한다.

② 환경오염물질의 처리에 관련된 설비에 대하여는 설비 내에서 발생되는 환경 오염물질의 수지, 처리방법 및 최종 배출농도 등의 사항을 작성하여야 한다.

제 4 장 보고서 심사기준

제 1 절 공정안전자료

제41조(공정안전자료 심사기준) 규칙 제50조제1항제1호의 공정안전자료는 다음 각 호의 기준에 의하여 심사하여야 한다. 다만, 안전보건조치의 적정성 여부를 판단할 때에는 필요 시 공단기술지침, 한국산업표준, 국제기준(ISO/IEC) 등에서 정하는 안전보건기준을 참고할 수 있다.

1. 보고서에 포함되어야 할 다음 각 목의 필수적 기술자료의 분류 여부
   가. 화학물질에 대한 안전보건자료
   나. 제조공정에 관한 기술자료 · 도면
   다. 공정설비에 관한 기술자료 · 도면
2. 다음 각 목의 기술적 사항을 포함한 화학물질 안전보건자료의 체계적 정리 여부
   가. 사업장내에서 제조 · 취급 · 저장되는 순수화학물질뿐만 아니라 복합 화학물질을 포함한 원료, 중간제품 및 완제품 등에 대한 안전 · 보건자료
   나. 화학물질의 화재 · 폭발 특성에 관한 정확한 자료와 반응위험성, 독성을 포함한 유해성, 노출기준, 물리 · 화학적 안정성, 다른 물질과 혼합 시 위험성, 장치설비에 대한 부식성 및 마모성, 소화방법, 누출시 처리방법
   다. 제조공정 특성에 맞도록 자체적으로 알기 쉽게 정리하고 보완된 화학물질의 안전 · 보건 자료
3. 다음 각 목의 기술적 사항을 포함한 제조공정 기술자료 · 도면의 정리 여부
   가. 다음 사항이 포함된 제조공정의 흐름도의 확보
      (1) 모든 주요 공정의 유체흐름
      (2) 물질 및 열수지
      (3) 공정을 이해할 수 있는 제어계통과 주요 밸브

(4) 주요장치 및 회전기기의 명칭과 주요 명세

(5) 모든 원료 및 공급유체와 중간제품의 압력과 온도

(6) 주요장치 및 회전기기의 유체 입·출구 표시

나. 유해·위험물을 포함한 모든 화학물질의 종류와 최대 보유량

다. 제조공정에 대한 화학반응식 및 조건

라. 정상운전 범위의 선정, 이상 운전조건과 경보치 설정 및 비상시 운전정지조건

마. 장치 및 설비의 재질과 내용물과의 물리화학적 영향 검토

바. 펌프, 압축기의 기능 및 용량 검토

사. 운전조건을 감안한 설계압력과 온도의 검토

아. 운전 중에 발생할 수 있는 이상상태(운전조건 범위에서 벗어남)에 대한 조치사항

4. 다음 각 목의 기술적 사항을 포함한 공정설비 기술자료·도면의 체계적 정리 여부

가. 각종 장치 및 배관계통의 명세서

나. 다음 내용이 포함된 공정배관계장도의 확보

(1) 모든 동력기계와 장치 및 설비의 기능과 주요명세

(2) 장치의 계측제어 시스템과의 상호관계

(3) 안전밸브의 크기 및 설정압력, 안전보건규칙 제266조에 따른 안전밸브 전·후단 차단밸브 설치금지 사항

(4) 연동시스템 및 자동 조업정지 등 운전방법에 대한 기술

(5) 그 밖에 필요한 기술정보

다. 각종 운전정지 절차와 연동 시스템에 대한 자료와 도면

라. 건물 및 설비의 전체 배치도

마. 설비 배치도

바. 건물 및 철구조물의 평면도 및 입면도

사. 철구조물 등의 내화처리 기준

아. 소화설비, 화재 탐지 및 경보설비의 설치계획 및 배치도

자. 가스누출감지경보기 설치계획

차. 세척·세안시설 및 안전 보호장구 설치계획

카. 국소배기장치 설치계획

타. 폭발위험장소 구분도 및 방폭설계 기준에 대한 자료

파. 전기단선도

하. 접지계획

5. 장치 및 설비의 설계 · 제작 · 설치에 관련된 기준의 적정 여부(한국산업표준 또는 동등 이상일 것)
6. 안전밸브 및 플레어스택을 포함하는 압력방출설비 및 환경오염을 야기하는 배출물의 설계기준 및 명세의 적정 여부
7. 최신 설계기준 이전의 설계기준에 따라 설치되어 사용되고 있는 장치 및 설비에 대한 설계기준을 그 장치 및 설비를 사용하는 동안 서류로 비치하여 관리하고 있는지 여부
8. 제3호의 제조공정 기술자료 · 도면 및 제4호의 공정설비 기술자료 · 도면은 공정, 장치 및 설비, 배관, 계측제어 계통 등의 변경시 즉시 보완되고 있는지 여부

제 5 장 이행상태평가

제54조(평가의 종류 및 대상 등) ① 규칙 제54조에 따른 이행상태평가의 종류 및 실시시기는 다음 각 호와 같다.

1. 신규평가 : 보고서의 심사 및 확인 후 1년이 경과한 날부터 2년 이내. 다만, 제5조제2항의 경우에는 사업주가 변경된 날부터 1년 이내에 실시한다.
2. 정기평가 : 신규평가 후 4년마다. 다만, 제3호에 따라 재평가를 실시한 경우에는 재평가일을 기준으로 4년마다 실시한다.
3. 재평가 : 제1호 또는 제2호의 평가일부터 1년이 경과한 사업장에서 다음 각 목의 구분에 따른 시기
   가. 사업주가 재평가를 요청한 경우 : 요청한 날부터 6개월 이내
   나. 제58조에 따른 평가결과가 P등급 또는 S등급인 사업장을 지도 · 점검한 결과 다음의 어느 하나에 해당하는 경우 : 해당 사유 확인일부터 6개월 이내
      1) 유해·위험시설에서 위험물질의 제거 · 격리 없이 용접·용단 등 화기작업을 수행하는 경우
      2) 화학설비·물질변경에 따른 변경관리절차를 준수하지 않은 경우
      3) 〈삭제〉

② 이행상태평가는 사업장 단위로 평가함을 원칙으로 한다. 다만, 사업장의 규모가 크고 단위공장별로 공정안전관리체제를 구축 · 운영하고 있는 사업장에서 요청하는 경우 단위공장별로 이행상태를 평가할 수 있다.

③ 보고서를 이미 제출하여 평가를 받은 사업장이 영 제43조에 따른 유해 · 위험설비를

추가로 설치 · 이전하거나, 제2조제1항제1호에 따른 주요 구조부분의 변경에 따라 보고서를 추가로 제출하는 경우에는 평가를 면제할 수 있다.

제55조(평가반 구성 등) ① 지방관서의 장은 이행상태평가를 실시할 때에는 중대산업사고예방센터 감독관으로 평가반을 구성하고, 평가책임자를 임명하여야 한다.

② 지방관서의 장은 이행상태평가를 실시함에 있어 전문가의 조언이 필요하다고 인정되는 경우에는 제7조제1항에 따른 공단 소속 전문가 또는 제7조제2항제1호 내지 제3호에 따른 외부전문가를 평가에 참여시켜야 한다. 이 경우 평가에 참여하는 전문가는 평가 중 알게 된 비밀을 다른 사람에게 누설하여서는 아니 된다.

③ 고용노동부 장관은 제2항제2호에 따라 외부전문가를 평가에 참여시킨 때에는 여비와 수당을 지급할 수 있다.

제56조(평가계획의 수립 등) ① 지방관서의 장은 제54조제1항의 평가시기에 따라 평가계획을 수립하고 평가대상 사업장에는 사전에 평가일정을 알려야 한다.

② 이행상태평가는 평가반이 사업장을 방문하여 다음 각호의 방법으로 실시한다.

1. 사업주 등 관계자 면담
2. 보고서 및 이행관련 문서 확인
3. 현장 확인

제57조(이행상태평가 기준) 보고서 이행상태평가의 세부평가항목 및 배점기준 등은 다음과 같다.

1. 이행상태평가표의 총배점 및 최고환산점수는 각각 1,620점 및 100점이며, 평가항목, 항목별 배점, 환산계수 및 최고 환산점수 등은 별표 3과 같다.
2. 세부평가항목별 평가점수는 별표 4와 같이 우수(A, 10점), 양호(B, 8점), 보통(C, 6점), 미흡(D, 4점), 불량(E, 2점) 등 5단계로 구분하며, 항목별 평가결과에 따라 해당되는 점수와 평가근거를 면담 또는 확인 결과란에 기재한다.
3. 〈삭 제〉
4. 해당사항이 없는 평가항목의 경우에는 “해당 없음”으로 표기하고 그 항목은 점수가 없는 것으로 본다.
5. 환산점수는 항목별로 평가점수에 환산계수를 곱한 점수를 말하며, 환산점수의 총합은 항목별 환산점수를 모두 합한 점수를 말한다.

제58조(평가결과) ① 지방관서의 장은 제57조에 따른 평가기준에 의해 부여한 점수에 따라 사업장 또는 단위공장(단위공장별로 이행상태를 실시한 경우에 한정한다)별로 다음 각 호의 어느 하나에 해당하는 등급을 부여하여야 한다.

1. P등급(우수) : 환산점수의 총합이 90점 이상
2. S등급(양호) : 환산점수의 총합이 80점 이상 90점 미만
3. M+등급(보통) : 환산점수의 총합이 70점 이상 80점 미만
4. M-등급(불량) : 환산점수의 총합이 70점 미만

② 지방관서의 장은 제1항의 평가등급, 평가점수 등 평가결과에 대한 소견서를 첨부하여 평가를 마친 날부터 1개월 이내에 사업주에게 알려야 하며 이를 다음 반기부터 적용한다.

제6장 수 수 료

제59조(수수료 등) ① 보고서의 심사를 받고자 하는 자는 법 제166조제1항에 따라 공단이 지정하는 금융기관 등을 통하여 수수료를 납부하여야 한다.

② 제1항에 따른 수수료는 고용노동부 장관이 따로 정하는 수수료 규정에 따른다.

제60조(재검토기한) 고용노동부 장관은 「행정규제기본법」 및 「훈령 · 예규 등의 발령 및 관리에 관한 규정」에 따라 이 고시에 대하여 2018년 1월 1일 기준으로 매 3년이 되는 시점(매 3년째의 12월 31일까지를 말한다)마다 그 타당성을 검토하여 개선 등의 조치를 하여야 한다.

부　칙 〈제27호, 2006. 9. 29.〉

제1조(시행일) 이 고시는 공포한 날부터 시행한다. 다만, 제5장 이행상태평가는 2007년 1월 1일부터 시행한다.

부　칙 〈제2009-90호, 2009. 12. 30.〉

이 고시는 2010년 1월 1일 부터 시행한다. 다만, 제57조 제1호와 제2호의 개정규정은 2010년 7월 1일부터 적용한다.

부　칙 〈제2012-11호, 2012. 1. 26.〉

이 고시는 2012년 1월 26일부터 시행한다.

부　　칙 〈제2014-22호, 2014. 5. 26.〉

이 고시는 발령한 날부터 시행한다.

부　　칙 〈제2014-64호, 2014. 12. 24.〉

이 고시는 2015년 1월 1일부터 시행한다.

부　　칙 〈제2016-40호, 2016. 8. 18.〉

제1조(시행일) 이 고시는 2016년 8월 18일부터 시행한다. 다만, 제57조의 개정규정은 2017년 7월 1일부터 시행한다.

부　　칙 〈제2017-34호, 2017. 6. 28.〉

제1조(시행일) 이 고시는 2017년 6월 28일부터 시행한다.

부　　칙 〈제2017-62호, 2017. 11. 2.〉

제1조(시행일) 이 고시는 발령한 날부터 시행한다.

부　　칙 〈제2020-55호, 2020. 1. 16.〉

제1조(시행일) 이 고시는 2020년 1월 16일부터 시행한다.

【별표 1】

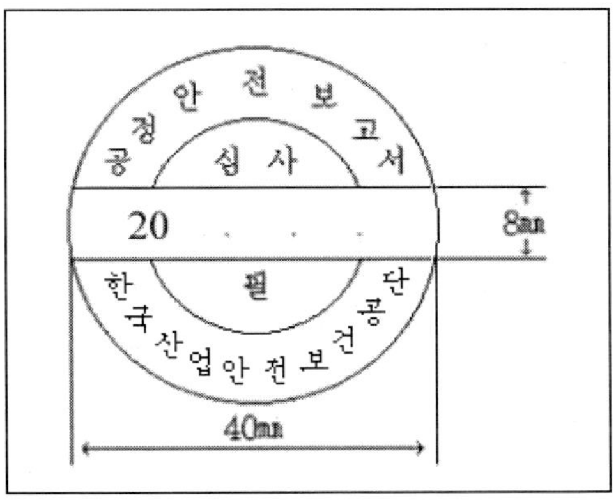

(그림 1)

【별표 2】〈삭제〉

【별표 3】 평가항목별 배점기준

항 목	최고 실 배점	환산계수	최고환산 점수
안전경영과 근로자참여	370	0.057	21.0
공정안전자료	70	0.071	5.0
공정위험성평가	130	0.041	5.5
안전운전 지침과 절차	80	0.050	4.0
설비의 점검 · 검사 · 보수계획, 유지계획 및 지침	120	0.046	5.5
안전작업허가 및 절차	80	0.106	8.5
도급업체 안전관리	100	0.080	8.0
공정운전에대한 교육 · 훈련	70	0.071	5.0
가동전 점검지침	60	0.050	3.0
변경요소 관리계획	70	0.100	7.0
자체감사	90	0.044	4.0
공정사고조사 지침	90	0.033	3.0
비상조치계획	80	0.044	3.5
현장확인	210	0.081	17.0
계	1,620	-	100

【별표 4】 세부평가항목

- 안전경영과 근로자 참여								
구분	항 목		면담/확인결과					
			A	B	C	D	E	평가근거
공장장 (1~9)	1	회사의 경영목표로 안전·보건을 우선적으로 강조하고 실천하는가?						
	2	공정안전관리(PSM) 12개 요소의 내용과 목적을 정확하게 이해하고 있는가?						
	3	공정위험성평가, 변경요소관리, 공정사고 및 자체감사결과의 개선권고사항 및 처리현황을 정기적으로 확인하고 있는가?						
	4	사업장 내·외부 PSM 관련 안전·보건 교육훈련계획을 승인하고 그 결과를 보고 받는가?						
	5	도급업체 안전관리의 구체적 내용을 잘 알고 있는가?						
	6	PSM이행분위기 확산을 위해 노력하고 있는가?						
	7	안전보건활동(위험성평가, 자체감사, 외부 컨설팅 등)과 안전분야 투자를 연계하여 투자계획을 수립하는 지						
	8	안전에 대한 목표를 설정하고 목표대비 실적을 평가하며 관련 내용을 근로자들에게 공유하는 지						
	9	PSM 관련 활동에 근로자(도급업체 포함) 참여를 보장하는 지						

- 안전경영과 근로자 참여								
구분	항 목		면담/확인결과					
			A	B	C	D	E	평가근거
부장/과장(관리감독자)(10~14)	10	공정안전관리(PSM) 12개 요소의 내용과 목적을 정확하게 이해하고 있는가?						
	11	안전·보건문제에 관하여 근로자 의견을 수시로 청취하여 조치하고 상급자에게 보고하는가?						
	12	공정위험성평가, 변경요소관리, 공정사고, 및 자체감사결과의 개선권고사항 및 처리현황을 정기적으로 확인하고 있는가?						
	13	안전작업허가절차에 대해 구체적으로 잘 알고 있는가?						
	14	설비의 점검·검사·보수 계획, 유지계획 및 지침의 내용에 대해 구체적으로 잘 알고 있는가?						
조장/반장(15~19)	15	공정안전관리(PSM) 12개 요소의 내용과 목적을 정확하게 이해하고 있는가?						
	16	안전·보건문제에 관하여 근로자 의견을 수시로 청취하여 조치하고 상급자에게 보고하는가?						
	17	공정위험성평가, 변경요소관리, 공정사고 및 자체감사결과의 개선권고사항 및 처리현황을 정기적으로 확인하고 있는가?						
	18	안전작업허가 절차에 대해 잘 알고 있는가?						
	19	설비의 점검·검사·보수 계획, 유지계획 및 지침의 내용에 대해 잘 알고 있는가?						

- 안전경영과 근로자 참여								
구분	항 목		면담/확인결과					
			A	B	C	D	E	평가근거
현장 작업자 (20~27)	20	업무를 수행할 때 공정안전자료를 수시로 활용하고 있는가?						
	21	자신이 작업 또는 운전하고 있는 시설에 대해 가동 전 점검절차를 알고 있는가?						
	22	보고서에 규정된 안전운전절차를 정확하게 숙지하고 있는가?						
	23	공정 또는 설비가 변경된 경우 시운전 전에 변경사항에 대한 교육을 받는가?						
	24	상급자가 자체감사 결과를 설명해 주는가?						
	25	사업장내 공정사고에 대한 원인을 알고 있는가?						
	26	자신이 작업 또는 운전하고 있는 시설 에 대한 위험성평가 결과를 알고 있는가?						
	27	비상시 비상사태를 전파할 수 있는 시스템 및 자신의 역할(임무)을 숙지하고 있는가?						
정비보수 작업자 (도급업체직원 포함) (28~30)	28	안전한 방법으로 유지·보수 작업을 수행할 수 있도록 작업 공정의 개요·위험성·안전작업허가절차 등에 대하여 작업 전에 충분한 교육을 받았는가?						
	29	화기작업관련 화재·폭발을 막기 위한 안전상의 조치를 잘 알고 있는가?						
	30	밀폐공간 작업 시 유해위험물질의 누출, 근로자중독 및 질식을 막기 위한 안전상의 조치를 잘 알고 있는가?						

- 안전경영과 근로자 참여								
구분	항 목		면담/확인결과					
			A	B	C	D	E	평가근거
도급 업체 작업자 (31~33)	31	작업지역 내에서 지켜야 할 안전수칙 및 출입 시 준수해야하는 통제규정에 대해 교육을 받았는가?						
	32	작업하는 공정에 존재하는 중대위험요소에 대해 잘 알고 있는가?						
	33	작업 중에 비상사태 발생 시 취해야 할 조치 사항을 알고 있는가?						
안전 관리자 (34~37)	34	PSM에 대한 충분한 지식을 보유하고, 사업장 내의 PSM 추진체계에 대하여 정확하게 이해하고 있는가?						
	35	사업장의 PSM 추진상황에 대하여 수시로 조·반장 및 근로자 등의 의견을 수렴하고 문제점을 발굴하여 경영진에게 보고하는가?						
	36	정비부서 근로자, 도급업체 근로자 등이 공정시설에 대한 설치·유지·보수 등의 작업을 할 때 관련규정의 준수여부를 확인하는가?						
	37	연간 PSM 세부추진 계획을 수립·시행하는 등 PSM전반을 감독할 수 있는 권한을 부여받고 있나?						

- 공정안전자료

구분	항 목		면담/확인결과					
			A	B	C	D	E	평가근거
공정안전자료(1~7)	1	사업장에서 사용하고 있는 유해위험물질의 목록이 누락된 물질없이 정확히 작성되어 있는가?						
	2	사업장에서 사용하고 있는 유해·위험물질에 대한 물질안전보건자료(MSDS)의 작성, 비치, 교육, 경고표지 등이 적절하게 되었는가?						
	3	유해·위험설비 및 목록(동력기계, 장치 및 설비, 배관, 안전밸브 등)이 정확히 작성되어 있으며 현장과 일치하는가?						
	4	공정흐름도(PFD), 공정배관계장도(P&ID), 유틸리티흐름도(UFD)가 정확히 작성되어 있으며 현장과 일치하는가?						
	5	건물·설비의 배치도(가스누출감지경보기 설치계획, 국소배기장치 설치계획 등)가 산업안전보건법령 및 동고시 기준에 따라 작성되어 있으며 현장과 일치하는가?						
	6	폭발위험장소구분도, 전기단선도, 접지계획은 정확히 작성되어 있으며 현장과 일치하는가?						
	7	플레어스택, 환경오염물질 처리설비 등이 산업안전보건법령 및 동고시 기준에 따라 작성되어 있으며 현장과 일치하는가?						

사 업 개 요

<table>
<tr><td colspan="3">사업장명:</td><td rowspan="2">사업의 구분</td><td rowspan="2">□ 설치 · 이전
□ 변경
□ 기존설비</td></tr>
<tr><td colspan="3">사업자 등록번호:</td></tr>
<tr><td colspan="3">대표자 성명:</td><td rowspan="2">심 사 대 상 설비명</td><td rowspan="2"></td></tr>
<tr><td colspan="3">표준산업분류(업종분류):</td></tr>
<tr><td colspan="3">예상근무 근로자수:</td><td>전기계약용량</td><td>kW</td></tr>
<tr><td>보고서 작성자 (작성 참여자 모두 기재)</td><td colspan="2"></td><td>작성자 자격</td><td></td></tr>
<tr><td>컨설팅업체 (컨설팅업체에서 작성한 경우)</td><td colspan="4">업체명 : 사업자등록번호 :
주 소 : 전화 :
작성지원 내용:</td></tr>
<tr><td rowspan="6">사 업
주요내용</td><td></td><td>품 명</td><td>사용량 또는 생산량</td><td>주요용도</td></tr>
<tr><td>주원료 또는 재료</td><td></td><td></td><td></td></tr>
<tr><td>주생산품</td><td></td><td></td><td></td></tr>
<tr><td rowspan="3">주 요 사 업 내용 또는 변경내용</td><td colspan="3"></td></tr>
<tr><td colspan="3"></td></tr>
<tr><td colspan="3"></td></tr>
<tr><td rowspan="3">사업장의
위치 및 부지</td><td>위 치</td><td colspan="3">전화번호:
전송번호:</td></tr>
<tr><td>부 지</td><td colspan="3">m^2(평)</td></tr>
<tr><td>주요건물</td><td colspan="3">동 층 연면적 : m^2(평)</td></tr>
<tr><td rowspan="3">추진일정</td><td>총사업기간</td><td colspan="3">년 월 일 ~ 년 월 일</td></tr>
<tr><td>착공예정일</td><td colspan="3">년 월 일</td></tr>
<tr><td>시운전기간</td><td colspan="3">년 월 일 ~ 년 월 일</td></tr>
</table>

210mm×297mm[일반용지 60g/㎡(재활용품)]

【별지 제13호서식】

[별지 제13호서식] <개정 2020.1.16>

유해 · 위험물질 목록

화학물질	CAS No	분자식	폭발한계(%)		노출기준	독성치	인화점(℃)	발화점(℃)	증기압(20℃, mmHg)	부식성 유무	이상반응 유무	일일사용량	저장량	비고
			하한	상한										

주)

① 유해 · 위험물질은 제출대상 설비에서 제조 또는 취급하는 모든 화학물질을 기재합니다.

② 증기압은 상온에서 증기압을 말합니다.

③ 부식성 유무는 있으면 ○, 없으면 ×로 표시합니다.

④ 이상반응 여부는 그 물질과 이상반응을 일으키는 물질과 그 조건(금수성 등)을 표시하고 필요시 별도로 작성합니다.

⑤ 노출기준에는 시간가중평균노출기준(TWA)을 기재합니다.

⑥ 독성치에는 LD50(경구, 쥐), LD50(경피, 쥐 또는 토끼) 또는 LC50(흡입, 4시간 쥐)을 기재합니다.

210mm×297mm[일반용지 60g/㎡(재활용품)]

【별지 제14호서식】

동력기계 목록

동력기계 번호	동력 기계명	명세	주요재질	전동기용량 (kW)	방호·보호 장치의 종류	비고

주)

① 방호·보호장치의 종류에는 법적인 안전/방호장치와 모터보호장치(THT＼R, EOCR, EMPR 등) 등을 기재합니다.

② 비고에는 인버터 또는 기동방식 등을 기재합니다.

【별지 제15호서식】

장치 및 설비 명세

장치 번호	장치명	내용물	용량	압력 (MPa)		온도 (℃)		사용재질			용접효율	계산두께 (mm)	부식여유 (mm)	사용두께 (mm)	후열처리 여부	비파괴검사 (%)	비고
				운전	설계	운전	설계	본체	부속품	개스킷							

주)

① 압력용기, 증류탑, 반응기, 열교환기, 탱크류 등 고정기계에 해당합니다.

② 부속물은 증류탑의 충진물, 데미스터(Demister), 내부의 지지물 등을 말합니다.

③ 용량에는 장치 및 설비의 직경 및 높이 등을 기재합니다.

④ 열교환기류는 동체측과 튜브측을 구별하여 기재합니다.

⑤ 자켓이 있는 압력용기류는 동체측과 자켓측을 구별하여 기재합니다.

【별지 제16호서식】

[별지 제16호서식] <개정 2020.1.16>

배관 및 개스킷 명세

분류 코드	유체의 명칭 또는 구분	설계 온도	설계 압력	배관 재질	개스킷 재질 및 형태	비파괴검사율	후열처리 여부	비고

주)

① 분류코드란에는 공정배관계장 도면상의 배관분류 코드를 기재합니다.

② 배관재질란은 KS/ASTM 등의 기호로 기재합니다.

③ 개스킷 재질 및 형태란에는 일반명 및 형태를 기재하고 상품번호는 기재하지 아니합니다.

210mm×297mm[일반용지 60g/㎡(재활용품)]

【별지 제17호서식】

안전밸브 및 파열판 명세

계기 번호	내용물	상태	배출 용량 (kg/hr)	정격 용량 (kg/hr)	노즐크기		보호기기압력			안전밸브 등			정밀도 (오차범위)	배출 연결 부위	배출 원인	형식
					입구	출구	기기 번호	운전 (MPa)	설계 (MPa)	설정 (MPa)	몸체 재질	TRIM 재질				

주)

① 배출원인에는 안전밸브의 작동원인(냉각수 차단, 전기공급중단, 화재, 열팽창 등) 중 최대로 배출되는 원인을 기재합니다.

② 형식에는 안전밸브의 형식(일반형, 벨루우즈형, 파일럿 조작형)을 기재합니다.

【별지 제17호의2서식】

[별지 제17호의2 서식] <개정 2020.1.16>

이상발생시 인터록 작동조건 및 가동중지 범위

인터록 번호	대상설비 번호	설정값				감지기 번호	최종 작동설비	가동중지 범위	점검주기	비고
		온도 (℃)	압력 (MPa)	액위 (m)	기타					

주)

① 인터록번호는 다른 인터록과 구분되는 번호를 기재합니다.

② 대상설비는 인터록 및 조업중지가 되는 설비명을 기재합니다.

③ 설정값에는 미리 설정한 온도, 압력, 액위 등을 순차적으로 기재합니다.

④ 감지기번호(계기번호)는 설정된 온도, 압력, 액위 등의 감지기의 번호를 기재합니다.

⑤ 최종작동설비는 인터록에 의해 최종 작동되는 설비를 기재합니다.

⑥ 가동중지범위는 인터록에 의해 가동중지되는 범위를 기재합니다.

⑦ 점검주기는 감지기, 최종작동설비 등의 점검주기를 기재합니다.

210mm×297mm[일반용지 60g/㎡(재활용품)]

【별지 제17호의3서식】

[별지 제17호의3 서식] <개정 2020.1.16>

소화설비 설치계획

설치지역	소화기	자동확산소화기	자동소화장치	옥내소화전	스프링클러	물분무소화설비	포소화설비	CO_2소화설비	할로겐화합물소화설비	청정소화약제소화설비	옥외소화전

주)

① 설치지역별로 소화기 등 소화설비의 설치개수를 기재합니다.

② 스프링클러 등 수계소화설비는 Deluge(딜루지) 밸브 등의 설치개수를 기재합니다.

③ CO_2 소화설비 등 가스계소화설비는 기동용기 등의 설치개수를 기재합니다.

④「소방시설 설치 · 유지 및 안전관리에 관한 법률 시행령」별표 1 및「위험물안전관리법 시행규칙」별표 17에 따라 분만소화설비 등 다른 형태의 소화설비를 추가하여 기재합니다.

210mm×297mm[일반용지 60g/㎡(재활용품)]

【별지 제17호의4서식】

[별지 제17호의4 서식] <개정 2020.1.16>

화재탐지경보설비 설치계획

설치지역	단독경보형감지기	비상경보설비	시각경보기	자동화재탐지설비	비상방송설비	자동화재속보설비	통합감시시설	누전경보기

주)

「소방시설 설치 · 유지 및 안전관리에 관한 법률 시행령」별표 1 및「위험물안전관리법 시행규칙」별표 17에 따라 다른 형태의 경보설비가 설치된 경우에는 추가하여 기재합니다.

【별지 제17호의5서식】

[별지 제17호의5 서식] <개정 2020.1.16>

가스누출감지경보기 설치계획

감지기 번호	감지 대상	설치 장소	작동 시간	측정 방식	경보 설정값	경보기 위치	정밀도	경보시 조치내용	유지 관리	비고

주)
① 감지대상은 감지하고자 하는 물질을 기재합니다.
② 설치장소는 구체적인 화학설비 및 부속설비의 주변 등으로 구체적으로 기재합니다.
③ 경보설정치는 폭발하한계(LEL)의 25% 이하, 허용농도 이하 등으로 기재합니다.
④ 경보시 조치내용은 경보가 발생할 경우 근로자의 조치내용을 기재합니다.
⑤ 유지관리에는 교정 주기 등을 기재합니다.

210mm×297mm[일반용지 60g/㎡(재활용품)]

【별지 제18호서식】

[별지 제18호 서식] <개정 2020.1.16>

내화구조 명세

내화설비 또는 지역	내 화 부 위	내화시험기준 및 시간	비 고

주)
① 내화설비 또는 지역은 건축물명, 배관지지대명, 설비명 등을 기재합니다.
② 내화부위는 내화의 범위(예 : 배관지지대 등)를 기재합니다.
③ 내화시험기준 및 시간은 한국산업규격에 따른 내화시험방법에 의하여 기재합니다.

【별지 제19호서식】

[별지 제19호 서식] <개정 2020.1.16>

국소배기장치 개요

공정 또는 작업장명	실내외 구분	발생원	유해물질 종류	후드 형식	후드의 제어풍속 (m/s)	덕트내 반송속도 (m/s)	배풍량 (㎥/min)	전동기		배기 및 처리순서
								용량 (kW)	방폭형식	

주)

① 발산원은 유해물질 발생설비를 기재합니다.

② 유해물질 종류는 유해가스명 또는 분진명 등을 기재합니다.

③ 후드의 제어풍속은 발생원에서 후드입구로 흡입되는 풍속을 말합니다.

④ 배기 및 처리순서는 유해물질 발생에서부터 처리, 배출까지의 모든 설비를 순서대로 기재합니다.(예 : 집진기, 세정기 등을 기재하고 필요시 후드, 덕트, 배기구, 배풍기 및 공기정화장치의 상세도면과 명세 등 별도 작성 제출)

210mm×297mm[일반용지 60g/㎡(재활용품)]

【별지 제19호의2서식】

시나리오 및 피해예측 결과

구 분	최악의 사고 시나리오			대안의 사고 시나리오		
기상 및 지형자료						
풍속(m/s)						
대기안정도(A~F)						
대기온도(℃)						
습도(%)						
표면거칠기(m)	□ 시골 □ 도시 □ 물위 또는 ( )m			□ 시골 □ 도시 □ 물위 또는 ( )m		
물질 및 설비						
물질명						
물질의 상태	□ 기체 □ 액체 □ 2상(액체+기체)			□ 기체 □ 액체 □ 2상(액체+기체)		
설비명(또는 배관부위)						
운전압력(MPa)						
운전온도(℃)						
누출구의 크기(mm^2)						
웅덩이 크기(m^2)						
피해예측결과						
누출결과						
직접계산(kg/s or kg)						
웅덩이(kg/s)						
설비/배관(kg/s)						
피해결과						
화재-복사열이 미치는 거리(m)	4 kW/m^2	12.5 kW/m^2	37.5 kW/m^2	4 kW/m^2	12.5 kW/m^2	37.5 kW/m^2
폭발-과압이 미치는 거리(m)	7 kPa	21 kPa	70 kPa	7 kPa	21 kPa	70 kPa
확산결과-인화성(m)	25% LEL	LEL	UEL	25% LEL	LEL	UEL
확산결과-독성(m)	ERPG 1	ERPG 2	ERPG 3	ERPG 1	ERPG 2	ERPG 3

주)

① 풍속은 1.5 m/s 또는 통상의 풍속,
② 대기안정도는 F 또는 통상의 대기안정도
③ 대기온도는 지난 3년간 낮동안의 최대 온도 또는 통상 온도
④ 습도는 지난 3년간 낮동안의 평균 습도 또는 통상 습도
⑤ 표면거칠기는 시골, 도시, 물위 중 하나를 체크하거나 실제 표면거칠기 기재
⑥ 물질의 상태는 기체, 액체, 2상 중 하나를 체크
⑦ 누출구의 크기는 탱크 또는 배관 누출의 경우에 한해 기재
⑧ 웅덩이 크기는 액면을 형성한 경우에 한해 기재
⑨ 직접계산에는 직접 계산한 누출속도(kg/s) 또는 누출량(kg)을 기재
⑩ 웅덩이, 설비, 배관에는 누출속도(증발속도) 또는 연소속도를 기재
⑪ 화재-복사열에는 4, 12.5, 37.5 kw/m^2의 복사열이 미치는 거리 기재(관심 복사열은 임의로 선정 가능)
⑫ 폭발-과압에는 7, 21, 70 kPa의 과압이 미치는 거리 기재(관심 과압은 임의로 선정 가능)
⑬ 확산-인화성에는 인화성액체나 가스의 농도가 25% LEL, LEL(폭발하한계), UEL(폭발상한계)이 되는 거리 기재(관심 농도는 임의로 선정 가능)
⑭ 확산-독성에는 독성물질의 농도가 ERPG 1, ERPG 2, ERPG 3가 되는 거리 기재(관심 농도는 임의로 선정 가능)
⑮ 영향을 미치는 복사열, 과압, 확산 농도는 변경 가능
⑯ 해당사항이 없는 항목은 생략 가능

【별지 제20호서식】

[별지 제20호 서식] <개정 2020.1.16>

방폭전기/계장 기계 · 기구 선정기준

설치장소 또는공정	전기/계장기계 · 기구명	폭발위험장소별 선정기준(방폭형식)		
		0종장소	1종장소	2종장소

주)

① 전기/계장기계 · 기구명에는 전동기, 계측장치 및 스위치 등 폭발위험장소 내에 설치될 모든 전기/계장 기계 · 기구를 품목별 또는 공정별, 품목별로 기재합니다.

② 방폭형식 표시기호는 한국산업규격에 따릅니다.(예 : 내압방폭형 누름스위치 - Exd II B T4 등)

210mm×297mm[일반용지 60g/㎡(재활용품)]

【별지 제21호서식】

[별지 제21호서식] <개정 2020.1.16>

위험성평가 참여 전문가 명단

책임분야	성 명	소속회사	직 책	주 요 경 력

주)

① 책임분야란에는 전문가가 맡은 분야를 기재합니다.

② 주요 경력란에는 전문가의 주요경력 및 경력 연수를 기재합니다.

210mm×297mm[일반용지 60g/㎡(재활용품)]

부록 2

사고시나리오 선정 및 위험도 분석에 관한 기술지침

제1장 개 요

1-1. 목적

이 지침은 「화학물질관리법」 제23조, 같은 법 시행규칙 제19조 규정에 따른 화학사고예방관리계획서 작성에 필요한 사고시나리오 선정 및 위험도 분석을 위한 세부사항을 정함을 목적으로 한다.

1-2. 적용범위

이 지침은 유해화학물질의 유출 · 누출 사고, 화재 · 폭발 사고가 사람 및 환경에 영향을 미칠 수 있는 사고시나리오를 선정하고 유해화학물질 취급사업장의 위험도를 선정하는데 적용된다.

1-3. 정의

① 이 지침에서 사용되는 용어의 정의는 다음 각호와 같다.

1) "끝점(종말점)"이란 사람이나 환경에 영향을 미칠 수 있는 독성농도, 과압, 복사열 등의 수치에 도달하는 지점을 말한다.
2) "영향범위"란 화학사고로 인해 유해화학물질이 화재·폭발 또는 유출 · 누출되어 사고지점으로부터 사람이나 환경에 영향을 미칠 수 있는 구역을 말한다.
3) "사고시나리오"란 유해화학물질 취급시설에서 화재, 폭발 및 유출 · 누출 사고로 인한 영향범위가 사업장 외부로 벗어나, 보호대상에 영향을 줄 수 있는 사고를 의미한다. 취급시설에서 사용되는 동일 유해화학물질의 화재 · 폭발과 독성 시나리오 영향범위가 사업장 부지 경계를 벗어날 경우, 모두 사고시나리오로 선정한다.
4) "최대보유량"이란 유해화학물질 취급시설에서 어느 순간이라도 기준함량 이상의 유해화학물질이 취급되거나 존재할 수 있는 유해화학물질의 체류최대 용량을 말한다. 다만 배관 내에서 체류하는 양은 제외한다.

5) "인화성 가스"란 "인화한계 농도의 최저한도가 13% 이하 또는 최고한도와 최저한도의 차가 12% 이상인 것으로서 표준압력(101.3kPa)에서 20℃에서 가스 상태인 물질을 말한다.

6) "인화성 액체"란 표준압력(101.3kPa)에서 인화점이 60℃ 이하이거나 고온·고압의 공정운전조건으로 인하여 화재·폭발위험이 있는 상태에서 취급되는 물질을 말한다.

7) "냉동액체"란 상온·상압 하에서 가스인 물질을 냉각에 의하여 액체 상태로 만든 것을 말한다.

8) "단위설비"란 탑류, 반응기, 드럼류, 열교환기류, 탱크류, 가열로류 등과 이에 연결되어 있는 펌프, 압축기, 배관 등 부속장치 또는 설비 일체를 말한다.

9) "사업장"이란 일정 지역 내에서 일련의 공정을 이루는 시설들이 단일 혹은 다수의 단위공장으로 이루어져 하나의 운영자에 의해 관리되는 취급시설 단위를 말한다. 다만, 도로나 하천 등으로 인하여 구분된 다수의 단위공장으로 구성된 사업장의 경우 도로나 하천 등을 포함한 전체 단위공장을 하나의 사업장으로 간주할 수 있다.

10) "물반응성물질"이란 사고대비물질 중 공기 중의 수분과 반응하여 유해화학물질을 생성시킬 수 있는 화학물질을 말한다.

11) "시나리오 구간"이란 위험도 분석을 위한 사고시나리오 대상설비의 개시사건 분석 적용 범위로 해당 단위설비의 인입 측 플렌지에서부터 연결 단위설비의 인입측 플렌지까지로 한다. 다만 연결배관에 펌프, 자동차단밸브 등이 있는 경우에는 이를 포함한 부분까지를 시나리오 구간으로 구획할 수 있다.

12) "최악조건의 시나리오"란 유해화학물질을 취급하는 개별 단위설비에서 보유할 수 있는 최대의 양이 일정 조건 하에서 10분동안 모두 유출·누출되어 화재·폭발 및 확산된 것을 가정하여 분석된 시나리오를 말하는 것으로 일정 조건에서 시나리오 영향을 예측하기 위한 참고용으로 분석한다.

② 이 밖의 이 지침에서 사용하는 용어는 이 지침에서 특별히 규정하는 경우를 제외하고는 「화학물질관리법」(이하 "법"이라 한다), 같은 법 시행령, 같은 법 시행규칙(이하 "규칙"이라 한다) 및 화학물질안전원 고시 「화학사고예방관리계획서 작성 등에 관한 규정」(이하 "작성 규정"이라 한다) 및 「화학사고예방관리계획서 검토 등에 관한 규정」에서 정하는 바에 따른다.

제2장 시나리오 분석 조건

2-1. 시나리오 선정을 위한 시설별 최대보유량 산정

① 시나리오는 유해화학물질을 취급하는 단위설비를 대상으로 하되, 취급시설의 최대보유량은 취급시설의 설계용량과 취급되는 유해화학물질의 물리화학적 특성(성상 및 비중 등)을 고려하여 산정한다.

② 제조·사용시설의 경우에는 펌프, 압축기, 배관 등 부속장치를 제외한 설비 본체 용기의 최대보유량을 산정한다.

③ 보관시설의 경우에는 바닥면적을 고려하여 보관시설에서 보관할 수 있는 (또는 보관 예정인) 최대수량으로 최대보유량을 산정한다. 여러 종류의 유해화학물질을 동일한 공간에서 구역을 나누어 보관하는 경우에는 배치구역도 상에서 보관할 수 있는 최대수량을 고려하여 최대보유량을 각각 산정한다. 특히, 규제대상 함량(농도) 이상인 상태로 동일 공간에 분산 보관하는 경우에는 각각의 분산량을 합한 양을 해당 유해화학물질의 최대보유량으로 한다.

④ 저장시설의 경우에는 저장시설에서 저장할 수 있는 양을 최대보유량으로 한다. 두 개 이상의 저장탱크가 서로 배관으로 연결된 경우 직접 연결된 모든 저장탱크에서 저장할 수 있는 최대용량을 합산한다. 다만, 펌프 등 이송설비 후단에서 배관으로 연결된 경우는 제외한다.

2-2. 시나리오 규정수량 확인

① 사고시나리오의 분석은 2-1에서 산정된 취급시설별 최대보유량이 "작성 규정"의 별표 2에서 정한 유해화학물질 사고시나리오 규정수량(이하 "시나리오 규정수량"이라 한다) 이상의 단위설비를 대상으로 한다.

② 제1항에도 불구하고 3-2 제4항의 물반응성물질은 물반응성물질 자체의 시나리오 규정수량 뿐만 아니라 유출·누출된 물반응성물질이 모두 〈붙임 5〉의 반응생성물로 전환된 것으로 보고 반응생성물에 대한 시나리오 규정수량도 고려하여 시나리오를 선정한다.

③ 사업장 내에서 상하차 장소의 탱크로리와 운반중인 IBC 탱크 등 보관용기는 작성 규정 별지 제1호 서식(사업장의 작성수준 구분)을 작성할 때 최대보유량 산정 대상에서 제외되지만 아래 사항에 해당할 경우에는 시나리오 분석을 해야 한다.

1) 탱크로리는 해당 상하차 장소에서 해당 물질을 최대로 운반하는 용량을 기준으로 사고시나리오 규정수량 이상인 경우
2) 보관용기는 보관시설에서 2-1 ③항에 따라 산정한 해당 물질의 최대보유량이 사고시나리오 규정수량 이상인 경우

④ 사내배관 및 사외배관은 사고시나리오 대상에서 제외할 수 있으며, 제출수준 구분을 위한 최대보유량 산정에서도 고려하지 않을 수 있다.

2-3. 영향범위 끝점

① 끝점은 유해화학물질의 물리 · 화학적 특성에 따른 화재 · 폭발 및 유출 · 누출의 위험에 따라 다음의 각 호에 의하여 결정하여야 한다.

1) 독성물질

가. 독성값의 농도가 〈붙임 1〉에서 규정한 끝점농도(mg/m^3 또는 ppm)에 도달하는 지점을 끝점으로 한다. 다만 혼합물질인 경우에는 국립환경과학원 고시「화학물질의 분류 및 표시 등에 관한 규정」별표 1 제3장에 따라 예측한 독성값을 반영하여 끝점농도를 구할 수 있다.

나. 유해화학물질별 끝점농도 기준의 적용 우선순위는 다음에 제시되는 순서를 따른다.

(1) 미국산업위생학회(AIHA)의 ERPG-2
(2) 미국 환경보호청(EPA)의 1시간 AEGL-2
(3) 미국 에너지부(DOE)의 PAC-2
(4) 미국직업안전보건청(NIOSH) 의 IDLH 수치 10% (IDLH×0.1)
(5) IDLH 수치가 없는 물질은 다음의 순서대로 IDLH 수치를 대신하여 사용할 수 있다.

㉠ 0.1×LC50 또는 0.2×LC50(급성흡입독성값)

* 30분 노출에 대한 값의 경우 0.1, 4시간 노출에 대한 값의 경우 0.2 적용

㉡ 1×LCLo(급성흡입독성값)

* LC50 또는 LCLo의 단위가 mg/L인 경우는 아래와 같이 단위를 mg/m^3으로 전환하여 적용한다.

$$1\ mg/L = 1{,}000\ mg/m^3$$

㉢ 0.01×LD50 (급성경구독성값)

㉣ 0.1×LDLo (급성경구독성값)

* LD50 또는 LDLo의 단위(mg/kg 실험동물 체중)는 아래와 같이 단위를 mg/m^3으로 전환하여 적용한다.

$$X\ mg/m^3 = [(Y\ mg/kg)(70\ kg)]\ /\ 0.4\ m^3$$

2) 인화성 가스 및 인화성 액체

가. 폭발은 1 psi의 과압이 걸리는 지점을 적용한다.

나. 화재는 40초 동안 5 kW/m^2의 복사열에 노출되는 지점을 적용한다.

다. 그 외, 화재·폭발의 가능성이 있다고 판단되는 경우, 가 및 나 에 따라 끝점을 구한다.

2-4. 풍속 및 대기안정도

① 사고시나리오에 대한 영향범위를 분석할 때의 대기조건은 실제 해당 지역의 직전 최소 1년간 기상조건을 이용한다. 단, 풍속 또는 대기안정도를 확인할 수 없는 경우에는 풍속은 초당 3 m로, 대기안정도는 〈붙임 2〉의 “D”로 한다.

② 최악조건의 시나리오에 대한 영향범위를 분석할 때의 대기조건은 초당 1.5m의 풍속으로 하고, 대기안정도는〈붙임 2〉의 “F”로 한다.

2-5. 대기온도 및 대기습도

① 사고시나리오 분석의 경우 현지기상을 적용하는 경우에는 직전 최소 1년간 해당지역의 평균 온도 및 평균 습도를 적용한다. 단, 현지기상을 적용하지 않을 경우에는 대기온도 25℃, 대기습도 50%를 적용한다.

② 최악조건의 시나리오 분석의 경우 대기온도 25℃, 대기습도 50%를 적용한다.

2-6. 지표면의 굴곡상태

① 시나리오의 지표면의 상태는 사업장이 위치한 지역의 지형적 특징을 고려하여 도시와 전원지형 중에 선택하여 사용한다.

② 도시지형은 건물과 나무 등이 많은 지형을, 전원지형은 평탄한 지형을 의미한다. 산업단지 내 위치한 경우 도시지형으로 판단한다. 다만, 사업장이 해안가에 위치하여

있는 경우 주변 여건 등을 고려하여 도시지형이 아닌 전원지형으로 선택할 수 있다.

2-7. 누출원의 높이

① 사고시나리오 분석의 경우에는 실제 누출되는 높이를 사용하거나 지표면 누출을 가정한다.

② 최악조건의 시나리오 분석의 경우에는 지표면에서 누출되는 것으로 가정한다.

2-8. 누출물질의 온도

① 사고시나리오는 운전온도를 사용하되 조건에 따라 운전온도가 변하는 경우는 영향범위가 최대가 되는 최고점의 온도를 사용한다.

② 최악조건의 시나리오는 다음 각 호와 같이 정한다.

1) 냉동액체를 취급하는 경우에는 운전온도를 사용한다.

2) 냉동액체 이외에 액체를 취급하는 경우에는 (일년 중 또는 한달 중) 낮 시간의 최고온도 또는 운전온도 중 큰 수치를 사용한다.

3) 가스상태의 물질은 운전온도를 사용한다.

제3장 시나리오 분석

3-1. 누출량 산정의 일반사항

① 시나리오 누출량은 일반적으로 다음과 같이 산정한다.

1) 사고시나리오의 경우 누출공과 누출시간 등을 고려하여 누출량을 산정한다.

2) 최악조건의 시나리오 경우 10분 동안 최대보유량이 모두 누출되는 것을 가정하여 산정한다.

② 보관시설에서 시나리오 누출량은 다음과 같이 산정한다.

1) 사고시나리오

가. 화재 · 폭발 : 보관시설에서 보관할 수 있는 시나리오 대상 물질의 최대보유량이 3-3에 따른 누출시간 동안 누출된 양으로 산정한다.

나. 독성 : 시나리오 대상 물질을 보관하고 있는 개별 용기 중 가장 큰 용기의 양이 3-3에 따른 누출시간 동안 누출된 양으로 산정한다.

2) 최악조건의 시나리오의 경우 화재 · 폭발 및 독성의 경우 모두 제1항의 2)에 따라

산정한다.

③ 매립형 지하 저장탱크에서 시나리오 누출량은 다음과 같이 산정한다(펌프를 통해 사용시설로 이송하는 경우로 한정한다). 사고시나리오의 경우 3-3에 따른 누출시간 동안 이송펌프의 토출용량(예 : kg/min)을 곱한 값의 양으로 산정한다. 이 때 누출공은 지하저장탱크와 사용시설로 이송하는 펌프의 연결배관의 직경을 고려한다.

④ 탱크로리에서 시나리오 누출량은 다음과 같이 산정한다.

1) 사고시나리오의 경우 탱크로리 용기에 저장할 수 있는 최대보유량을 누출량으로 한다. 단, 탱크로리 저장탱크가 격벽 등으로 나누어져 있으며 각 구획간 물질의 이송을 별도로 제어할 수 있는 경우, 독성에 한하여 각 구획 중 최대보유량을 시나리오의 누출량으로 산정할 수 있다.

2) 최악조건의 시나리오 경우 화재 · 폭발 및 독성 모두 탱크로리 용기의 최대보유량을 기준으로 산정한다.

3-2. 독성 및 화재·폭발 시나리오 분석

① 사고시나리오 규정수량 이상이 되는 취급시설에 대한 사고시나리오 및 최악조건의 시나리오는 다음과 같이 분석한다.

② 급성독성물질의 확산

1) 대기 온도에서 가스인 독성물질을 가스 상태로 저장 · 취급하거나 압력을 가하여 액체 상태로 저장 · 취급하는 경우 사고시나리오 분석을 통한 누출량(최악조건의 시나리오는 10분 동안 최대보유량)이 전량 확산되는 것으로 가정한다.

2) 대기 온도에서 액체인 독성물질을 저장 · 취급하는 경우에는 사고시나리오 분석을 통한 누출량(최악조건의 시나리오는 10분 동안 최대보유량)이 액체층을 형성하는 것으로 가정한다.

가. 액체층의 표면적은 방류벽 등과 같은 확산방지 설비가 되어 있지 않은 때에는 액체의 층이 1cm 깊이로 형성되는 것으로 가정하여 액체고임면적의 표면적을 계산한다.

나. 방류벽 등과 같은 확산방지 설비가 되어 있는 때에는 그 면적을 액체층의 표면적으로 산정한다. 다만, 누출량이 방류벽 등의 용량보다 작거나 용량을 충분히 처리할 수 있는 시스템을 갖춘 경우에 한정한다. 다만, 누출된 주위 표면이 포장되지 않았거나 평편하지 않은 때에는 실제 주위의 표면 상태를 감안 할 수 있으며, 적용된 수식을 제시하여야 한다.

다. 대기 중으로 확산되는 속도는 액체층의 표면에서 증발되는 속도로 가정하고 증발속도는 〈붙임 4〉을 이용하여 계산한다.

3) 냉동액체를 저장 · 취급하는 경우

가. 누출된 물질이 확산되는 것을 방지하기 위한 적절한 조치가 되어 있지 않거나 누출된 물질이 확산되어 액체의 층이 1cm 이하일 경우, 가스의 경우와 같이 사고시나리오 분석을 통한 누출량(최악조건의 시나리오는 10분 동안 최대보유량)이 모두 누출되어 확산되는 것으로 가정한다.

나. 누출된 물질이 확산되는 것을 방지하기 위한 적절한 조치가 되어 있어 누출된 액체의 층이 1cm 이상 형성되는 경우는 동시에 액체가 누출되어 액체층을 형성하는 것으로 가정하고 대기 중으로 확산되는 속도는 액체층의 표면으로부터 그 물질의 비점에서 증발되는 속도로 가정한다.

다. 증발속도는 〈붙임 4〉를 이용하여 계산한다.

③ 인화성 가스, 인화성 액체 및 인화성 냉동액체

1) 폭발을 일으키는 경우 폭발효율은 TNO 멀티에너지 모델, TNT 당량 모델 등에서 제시하는 값으로 산정한다.

2) 누출량 중 증기운 폭발로 연계되는 양은 가스인 경우는 사고시나리오 또는 최악조건의 시나리오 분석에서 산정된 누출전량, 액체인 경우는 누출량이 액체의 층을 이룬 면적에서 최초 10분간 증발된 양으로 한다.

3) 그 외, 화재 · 폭발의 가능성이 있다고 판단되는 경우, 1) 및 2)을 적용하여 분석한다.

④ 물반응성물질

1) 이 지침에서 적용되는 물반응성물질 및 수분과 반응하여 발생 가능한 유해화학물질(이하 "반응생성물"이라 한다)은 〈붙임 5〉의 목록을 따르며 여기서의 반응생성물은 가스에 한정한다.

2) 물반응성물질을 취급 · 저장하는 취급시설에서 물반응성물질이 누출되어 확산되는 영향범위와 반응생성물이 확산되는 영향범위를 비교하여 피해거리가 큰 값을 영향범위로 선정한다.

3) 물반응성물질의 누출량을 참고하며, 물반응성물질의 증발량 산정 〈붙임4〉를 참고하여 산정한다.

4) 물반응성물질의 반응생성물을 산정할 때 물반응성물질이 가스상태로 누출되는 경우에는, 반응생성물의 누출량은 누출되는 물반응성물질이 모두 반응생성물로

전환되는 것으로 가정하여 산정한다.

5) 물반응성물질이 반응생성물을 산정할 때 액체상태로 누출되는 경우에는, 형성되는 액체층 표면으로부터 증발된 물반응성물질이 모두 반응생성물로 전환되는 것으로 가정하여 산정한다.

⑤ 탑조류 등에서 유해화학물질의 성상이 나누어져 있는 경우, 구획을 나누어 누출량을 성상별로 산정할 수 있다.

3-3. 사고시나리오 분석에서 누출공 및 누출시간 산정

① 사고시나리오의 누출량을 산정하기 위한 누출공 크기는 다음 각 호에 따라 산정한다.

1) 누출공의 크기는 취급시설에서 유해화학물질이 누출될 수 있는 가장 큰 연결구 배관직경의 20%이상으로 산정한다.

가. 도금조와 같이 상부가 개방되어 있고 배수 배관 외 다른 취급시설과 배관으로 연결되지 않은 경우(배수 배관 밸브는 평상시 닫혀 있는 상태), 개방된 상부의 가로와 세로 합을 구한 후 0.5배 한 값의 20% 이상을 누출공의 크기로 한다.

2) 1)의 방법을 적용하지 않을 경우 다음의 산정방법을 참고하여 누출공을 산정할 수 있다. 단, 이 경우 관련한 근거자료를 제출하여야 한다.

가. KOSHA GUIDE(P-92-2012) 누출원 모델링에 관한 지침

나. KOSHA GUIDE(P-110-2012) 화학공장의 피해최소화대책 수립에 관한 기술지침

다. 미국 석유화학협회의 위험기반검사 기준(API 581)에 따른 누출공 산출방법

3) 1) 및 2)에도 불구하고 다음의 경우에는 배관직경을 누출공의 크기로 산정한다.

가. 가장 큰 연결구의 배관직경이 50mm 미만인 경우

나. 운전온도가 350℃ 이거나, 운전압력이 10kgf/cm^2 이상인 특수설비의 경우

다. 기타 탱크로리 체결부위 등 파손확률이 높은 경우

② 누출시간 산정은 API 581에 따른 누출시간 산출방법을 참고하여 산정한다. 다만, 아래의 사항을 고려하여 산정할 수 있다.

1) 취급시설의 수동적 완화장치와 능동적 완화장치를 적용하여 현실적으로 발생 가능성이 있는 누출시간을 고려할 수 있다. 이 경우 완화장치와 누출시간의 인과관계가 충분히 증빙되어야 한다.

2) 누출현장에서 사람이 직접 누출차단 조치를 수행해야 하는 경우는 누출을 차단할

수 있는 것으로 보지 아니하며 누출시간 산정에 적용하지 않는다.

3-4. 수동적 완화장치 적용

① 본 지침에서의 수동적 완화장치는 방류벽과 같이 액체물질의 수평확산을 막는 설비 또는 사면과 천정 물리적 격벽으로 분리·차단된 실내와 같이 액체 또는 기체물질의 확산을 막거나 완화시키는 설비를 말한다.

② 방류벽과 같은 수평확산 방지 설비에서 누출된 액체물질의 액체고임면적은 다음을 따라 산정한다.

1) 누출된 액체물질을 모두 가둘 수 있는 경우는 해당 방지 설비 면적을 적용하여 확산정도를 산정한다.

2) 누출된 액체물질을 모두 가두지 못하여 넘치는 경우 해당 방지 설비 면적과 넘친 액체물질이 1cm 층을 이룬 면적을 합산하여 산정한다.

③ 실내에 설치되어 있는 취급시설은 다음을 고려하여 적용한다.

1) 일반적으로 실내면적을 제2항의 1)의 면적으로 적용할 수 있다.

2) 실내 공간 내에서 또 다른 별도 독립된 실내 공간으로 운전되는 취급시설은 별도의 실내 공간으로 간주할 수 있다.

3) 실내 공간의 밀폐정도에 따라 〈붙임 3〉에 따른 완화지수를 적용할 수 있다.

④ 3-1 제3항의 지하저장탱크의 경우 누출가능성이 있는 이송펌프의 위치의 상황에 따라 제2항 또는 제3항을 적용한다.

제4장 위험도분석 및 결정

4-1. 위험도 분석의 대상 및 검토요소

① 위험도 분석은 화학사고예방관리계획서 작성 대상 사업장 단위로 하여 사고시나리오만을 대상으로 분석한다. 즉, 사고시나리오 규정수량 이상으로 시나리오 분석한 결과 영향범위가 사업장 부지 경계를 벗어나지 않는 시나리오와 최악조건의 시나리오는 위험도 분석에서 제외한다.

② 위험도 분석을 위한 검토요소는 사고시나리오 개수, 사고시나리오 시설빈도, 사고시나리오 거리, 사고시나리오 영향범위 내 주민수를 말한다.

1) 사고시나리오 개수는 사고시나리오 규정수량 이상인 취급시설에 대해 시나리오

를 분석한 결과 영향범위가 사업장 부지 경계를 벗어난 사고시나리오의 총 개수를 말한다.

2) 사고시나리오 시설빈도는 각 사고시나리오별로 시나리오 구간 내에서 발생 가능한 각 개시사건의 고장빈도와 해당 개시사건의 개수의 곱의 합을 구하고 이들을 더한 총합을 말하며 개시사건 및 빈도는 방호계층분석기법(LOPA)을 활용하여 도출하며, 작성 규정 별지 제13호 서식의 개시사건과 빈도에 따른다.

3) 사고시나리오 거리는 사고시나리오별로 사업장 부지경계로부터 외부로 영향을 미친 직선거리들을 모두 합한 값을 말한다.

4) 사고시나리오 영향범위 내 주민수는 각 사고시나리오별로 장외영향범위 내 포함된 거주민수와 근로자수의 합을 구하고 이들을 더한 총합을 말하며, 아래 사항을 고려하여 산정한다.

가. 사업장이 산업단지에 위치한 경우 위험도 분석을 위한 인구수에서 근로자는 고려하지 않는다.

나. 산업단지는 한국산업단지공단에서 운영하는 산업입지정보시스템(www.industryland.or.kr)에 등록된 국가산업단지, 일반 산업단지, 외국인투자지역, 농공단지를 의미하며 입주계약 및 공장등록 등 증빙서류를 요청 시 제출 하여야 한다. 단, 산업단지에 입주한 사업장의 사고시나리오 영향범위가 산업단지 경계구역 밖으로 영향을 미쳐 산업단지 경계구역 밖에 위치한 사업장의 근로자에게 영향을 미칠 경우에는 해당 근로자는 주민수에 포함시켜야 한다.

다. 사고시나리오의 영향범위가 중복되는 경우라도 중복되는 주민수는 포함하여 합산한다.

4-2. 위험도 분석을 위한 구간별 점수표 적용

① 사고시나리오 개수, 사고시나리오 시설빈도, 사고시나리오 거리, 영향범위 내 주민수의 총합을 각각 확인하고, 작성규정 별표 3의 제 1항에 따라 구간별로 점수를 확인한다.

1) 사고빈도 점수(사고시나리오 총 개수의 구간점수와 사고시나리오 시설 빈도 합의 구간점수의 합)은 최대 6점이 될 수 있다.

2) 사고영향 점수(사고시나리오 거리의 합 구간점수와 사고시나리오 영향범위 내 주민수 합의 구간점수의 합)은 최대 6점이 될 수 있다.

② 작성 규정 별표 3의 제2항 위험도 판정표에서 가로축의 사고빈도점수와 세로축의 사고영향점수를 확인하여 두 점수가 만나는 구간의 등급을 확인한다.

4-3. 위험도 구간점수 증감요인

① 화학사고예방관리계획서 검토 시 사업장 주변 환경요인을 고려하고 위험도 감소를 위한 사업장의 안전관리를 연계하기 위해 4-2에서 도출한 위험도 등급에 위험도 구간점수 증감요인을 고려하여 최종적으로 위험도를 결정한다.

1) 위험도 구간점수 증감요인은 도출된 사고빈도점수와 사고영향점수의 합에 적용되며 -2점부터 +2점까지 점수를 부여할 수 있다. 단, 증감요인의 적용으로 인해, 두 단계 이상의 위험도 등급변화를 줄 수 없다.

2) 위험도 구간점수 증가요인은 총괄영향범위 내 「유해화학물질 취급시설 외벽으로부터 보호대상까지의 안전거리 고시」별표 2 및 별표 3의 갑종 보호대상과 하천, 산림지 및 유적지 등을 포함하는 환경수용체를 포함할 때 부여된다. 총괄영향범위 내 갑종보호대상 및 환경수용체 존재여부에 따라 점수를 부여한다. 갑종 보호대상이 1개 이상 있을 경우 1점, 환경수용체가 1개 이상 있을 경우 1점을 부여한다. 증가요인 점수는 사고빈도점수와 사고영향점수의 합에 각 1점씩, 최대 2점까지 부여할 수 있다.

3) 위험도 구간점수 감소요인은 화학물질관리법 별표5 유해화학물질 취급시설 설치 및 관리기준 이상의 수동적 · 능동적 완화장치를 의미한다. 비산방지쉴드, 방호수막/물분무, 지하용기 등 영향범위를 감소시키거나 사고예방에 기여할 수 있는 완화장치의 설치는 사고시나리오 대상 설비를 대상으로 사고영향점수를 이용하여 우선순위로 선정하여야 한다. 사고시나리오 대상 설비에 적용된 완화장치로 인하여 사고시나리오의 영향범위 감소, 영향범위 내 인구수 감소 등 적절한 근거자료 제출이 필요하다. 사고시나리오 대상 설비에 적용된 완화장치의 개수에 따라 사고빈도점수와 사고영향점수의 합에 각 -1점씩, 최대 -2점까지 부여할 수 있다.

② 위험도 구간점수 증감요인 외 화학사고 발생 이력 등 기타 안전원장이 위험도 결정에 필요하다고 판단하는 사항은 증감요인의 점수부여 범위 내에서 부여할 수 있다.

4-4. 위험도 결정 및 등급확인

위험도 판정표에서 도출된 점수와 위험도 구간점수 증감요인의 합으로 사업장의 최종 위험도를 결정한다.

① 가 위험도 : 위험도 판정표 점수와 위험도 증감요인 점수 합이 10점 이상인 경우(10, 11, 12점인 경우)

② 나 위험도 : 위험도 판정표 점수와 위험도 증감요인 점수 합이 6점 이상 10점 미만인 경우(6, 7, 8, 9점인 경우)

③ 다 위험도 : 위험도 판정표 점수와 위험도 증감요인 점수 합이 5점 이하인 경우

부 칙

이 지침은 결재한 날로부터 시행한다.

부록 3

가스누출감지경보기 설치에 관한 기술상의 지침

제정 1993. 5.24. 고시 제1993-18호
개정 2001. 1. 9. 고시 제2001- 3호
제정(폐지후 재발령) 2009. 9. 25 고시 제2009-42호
개정 2012. 9. 25. 고시 제2012-90호
개정 2015. 9. 25. 고시 제2015-59호
개정 2020. 1. 14. 고시 제2020-49호

제1조(목적) 이 고시는 「산업안전보건법」 제13조에 따라 가연성 또는 독성물질의 가스나 증기의 누출을 감지하기 위한 가스누출감지 경보설비 설치에 관하여 사업주에게 지도·권고할 기술상의 지침을 규정함을 목적으로 한다.

제2조(용어의 정의) ① 이 고시에서 사용하는 용어의 뜻은 다음 각 호와 같다.

1. "가스"란 해당 물질의 가스나 증기를 말한다.
2. "가스누출감지경보기"란 가연성 또는 독성물질의 가스를 감지하여 그 농도를 지시하며, 미리 설정해 놓은 가스농도에서 자동적으로 경보가 울리도록 하는 장치를 말한다.

② 그 밖에 이 고시에서 사용하는 용어의 뜻은 이 고시에 특별한 규정이 없으면 「산업안전보건법」, 같은 법 시행령 및 시행규칙, 「산업안전보건기준에 관한 규칙」에서 정하는 바에 따른다.

제3조(선정기준) ① 가스누출감지경보기를 설치할 때에는 감지대상 가스의 특성을 충분히 고려하여 가장 적절한 것을 선정하여야 한다.

② 하나의 감지대상 가스가 가연성이면서 독성인 경우에는 독성가스를 기준하여 가스누출감지경보기를 선정하여야 한다.

제4조(설치장소) 가스누출감지경보기를 설치하여야 할 장소는 다음 각 호와 같다.

1. 건축물 내·외에 설치되어 있는 가연성 및 독성물질을 취급하는 압축기, 밸브, 반응기, 배관 연결부위 등 가스의 누출이 우려되는 화학설비 및 부속설비 주변

2. 가열로 등 발화원이 있는 제조설비 주위에 가스가 체류하기 쉬운 장소
3. 가연성 및 독성물질의 충진용 설비의 접속부의 주위
4. 방폭지역 안에 위치한 변전실, 배전반실, 제어실 등
5. 그 밖에 가스가 특별히 체류하기 쉬운 장소

제5조(설치위치) ① 가스누출감지경보기는 가능한 한 가스의 누출이 우려되는 누출부위 가까이 설치하여야 한다. 다만, 직접적인 가스누출은 예상되지 않으나 주변에서 누출된 가스가 체류하기 쉬운 곳은 다음 각 호와 같은 지점에 설치하여야 한다.

1. 건축물 밖에 설치되는 가스누출감지경보기는 풍향, 풍속 및 가스의 비중 등을 고려하여 가스가 체류하기 쉬운 지점에 설치한다.
2. 건축물 안에 설치되는 가스누출감지경보기는 감지대상가스의 비중이 공기보다 무거운 경우에는 건축물내의 하부에, 공기보다 가벼운 경우에는 건축물의 환기구 부근 또는 해당 건축물내의 상부에 설치하여야 한다.

② 가스누출감지경보기의 경보기는 근로자가 상주하는 곳에 설치하여야 한다.

제6조(경보설정치) ① 가연성 가스누출감지경보기는 감지대상 가스의 폭발하한계 25퍼센트 이하, 독성가스 누출감지경보기는 해당 독성가스의 허용농도 이하에서 경보가 울리도록 설정하여야 한다.

② 가스누출감지경보의 정밀도는 경보설정치에 대하여 가연성 가스누출감지경보기는 ±25퍼센트 이하, 독성가스누출감지경보기는 ±30퍼센트 이하이어야 한다.

제7조(성능) 가스누출감지경보기는 다음 각 호와 같은 성능을 가져야 한다.

1. 가연성 가스누출감지경보기는 담배연기 등에, 독성가스 누출감지경보기는 담배연기, 기계세척유가스, 등유의 증발가스, 배기가스, 탄화수소계 가스와 그 밖의 가스에는 경보가 울리지 않아야 한다.
2. 가스누출감지경보기의 가스 감지에서 경보발신까지 걸리는 시간은 경보농도의 1.6배인 경우 보통 30초 이내일 것. 다만, 암모니아, 일산화탄소 또는 이와 유사한 가스 등을 감지하는 가스누출감지경보기는 1분 이내로 한다.
3. 경보정밀도는 전원의 전압 등의 변동률이 ±10퍼센트까지 저하되지 않아야 한다.
4. 지시계 눈금의 범위는 가연성가스용은 0에서 폭발하한계값, 독성가스는 0에서 허용농도의 3배 값(암모니아를 실내에서 사용하는 경우에는 150)이어야 한다.
5. 경보를 발신한 후에는 가스농도가 변화하여도 계속 경보를 울려야 하며, 그 확인

또는 대책을 조치할 때에는 경보가 정지되어야 한다.

제8조(구조) 가스누출감지경보기는 다음 각 호와 같은 구조를 가져야 한다.

1. 충분한 강도를 지니며 취급 및 정비가 쉬워야 한다.
2. 가스에 접촉하는 부분은 내식성의 재료 또는 충분한 부식방지 처리를 한 재료를 사용하고 그 외의 부분은 도장이나 도금처리가 양호한 재료이어야 한다.
3. 가연성가스(암모니아를 제외한다) 누출감지경보기는 방폭성능을 갖는 것이어야 한다.
4. 수신회로가 작동상태에 있는 것을 쉽게 식별할 수 있어야 한다.
5. 경보는 램프의 점등 또는 점멸과 동시에 경보를 울리는 것이어야 한다.

제9조(보수) 가스누출감지경보기는 항상 작동상태이어야 하며, 정기적인 점검과 보수를 통하여 정밀도를 유지하여야 한다.

제10조(재검토기한) 고용노동부 장관은 이 고시에 대하여 2020년 1월 1일 기준으로 매3년이 되는 시점(매 3년째의 12월 31일까지를 말한다)마다 그 타당성을 검토하여 개선 등의 조치를 하여야 한다.

부칙

제1조(시행일) 이 고시는 2009년 9월 25일부터 시행한다.

제2조(종전 고시의 폐지) 종전의 가스누출 감지경보기설치에 관한기술상의 지침은 이를 폐지한다.

부칙〈제2012호-90호, 2012. 09. 25.〉

이 고시는 발령한 날부터 시행한다.

부 칙〈2015-59호. 2015. 09. 25.〉

이 고시는 발령한 날부터 시행한다.

부 칙〈2020-49호. 2020. 01. 14.〉

이 고시는 2020년 1월 16일부터 시행한다.

참/고/문/헌

1. 산업안전보건법, 시행령, 시행규칙
2. 산업안전보건에 기준에 관한규칙
3. 공정안전보고서의 제출 · 심사 · 확인 및 이행상태평가 등에 관한 규정
4. 화학설비의 재질선정에 관한 기술지침(KOSHA GUIDE D-15-2012)
5. 공정용 안전밸브의 기술지침(KOSHA GUIDE D-26-2012)
6. 내화구조에 관한 기술지침(KOSHA GUIDE D-45-2012)
7. 안전밸브 배출배관의 설계에 관한 기술지침(D-63-2018)
8. 압력용기의 용접설계에 관한 기술지침(M-11-2015)
9. 배관두께 계산 및 검사 기술지침(M-115-2013)
10.경보시스템의 효율적인 관리에 관한기술지침(P-116-2012)
11.안전보건공단 홈페이지 [www.kosha.or.kr/]
12.공정안전보고서(PSM)자체감사실무(지우북스)

저/자/약/력

■ 차유미(laon0107@naver.com)

(전) 차스텍이앤씨(주)
(현) 라온안전 대표
PSM, 환경컨설팅, 위해관리계획서, 장외영향평가, 화학사고관리예방계획서
KOSHA-MS, 공공기관(안전활동) 수준평가,

• 산업안전기사 • 산업위생기사 • 위생사 • 대기환경기사 • 수질환경기사 • 공인중개사

■ 홍 은 주 (laon0107@naver.com)

을지대학교 대학원 보건환경안전학 석사
(전) 에스텍(STEC)E&C
(전) ㈜한국방폭인증센터
(현) 라온안전 공정안전컨설팅 과장
PSM, 환경컨설팅, 화학사고관리예방계획서, 화관법 설치검사 및 영업허가
제조업 유해위험방지계획서, KOSHA-MS, 공공기관(안전활동) 수준평가

• 산업안전기사

■ 노 병 우 (laon0107@naver.com)

(전) ㈜한국방폭인증센터
(현) 라온안전 공정안전컨설팅 대리
PSM, 환경컨설팅, 화학사고관리예방계획서, 화관법 설치검사 및 영업허가
제조업 유해위험방지계획서, KOSHA-MS, 공공기관(안전활동) 수준평가

• 산업안전기사

■ 강 양 현 (kyh93412@hanmail.net)

서울시립대학교 도시과학 대학원 방재공학 석사
충북대학교 공과대학 안전공학전공 공학박사
(현) 태일소방부설 안전시스템연구소 소장
(현) 대전과학기술대학교 겸임교수
PSM자체감사 • KOSHA-MS컨설팅

• 전기안전기술사 • 소방기술사 • 가스기술사 • 국제기술사 •

Process Safety Management

공정안전보고서PSM

공정안전자료 작성실무

1판 1쇄 발행 2021년 9월 20일

공저자 차유미 · 홍은주 · 노병우 · 강양현

발행인 서철종
발행처 도서출판 지우북스
주소 경기도 파주시 문발로 115 세종출판벤처타운 209호
전화 031-915-6670(代)
팩스 031-915-6671
이메일 jwbooks@nate.com
홈페이지 www.jwbooks.co.kr
출판등록 제406-251002017-000032호
ISBN 979-11-88673-80-3 93530

정가 20,000원